大学软件学院软件开发系列教材

Java 程序开发实用教程
(第 2 版)(微课版)

李 鑫 编著

清华大学出版社
北京

内 容 简 介

本书是针对零基础读者研发的 Java 程序开发入门教材。该书侧重案例实训,并以扫码微课来讲解当前的热点案例。

本书分为 17 章,内容包括快速搭建 Java 开发环境、Java 语言基础、程序控制语句、Java 数组的应用、字符串的处理、面向对象编程基础、类的封装与继承、抽象类与接口、程序的异常处理、常用类与枚举类、泛型与集合类、Swing 技术、输入和输出流、线程与并发、JDBC 编程基础、Java 绘图与音频,最后通过热点综合项目电影订票系统的开发,进一步巩固读者的项目开发经验。

本书通过精选热点案例,可以让初学者快速掌握 Java 项目开发技术。通过微信扫码看视频,可以随时在移动端学习技能对应的操作;通过上机练练手可以检验读者的学习情况,并且通过扫码可以看答案。

本书面向初、中级 Java 程序开发人员,适合希望快速、全面掌握 Java 程序开发的人员、高等院校的老师和学生使用。

本书封面贴有清华大学出版社防伪标签,无标签者不得销售。
版权所有,侵权必究。举报: 010-62782989, beiqinquan@tup.tsinghua.edu.cn。

图书在版编目(CIP)数据

Java 程序开发实用教程: 微课版/李鑫编著. —2 版. —北京: 清华大学出版社, 2022.7
大学软件学院软件开发系列教材
 ISBN 978-7-302-60871-4

Ⅰ. ①J… Ⅱ. ①李… Ⅲ. ①JAVA 语言—程序设计—高等学校—教材 Ⅳ. ①TP312.8

中国版本图书馆 CIP 数据核字(2022)第 083099 号

责任编辑: 张彦青
装帧设计: 李 坤
责任校对: 杨作梅
责任印制: 宋 林

出版发行: 清华大学出版社
　　　　网　　址: http://www.tup.com.cn, http://www.wqbook.com
　　　　地　　址: 北京清华大学学研大厦 A 座　　邮　　编: 100084
　　　　社 总 机: 010-83470000　　　　　　　　邮　　购: 010-62786544
　　　　投稿与读者服务: 010-62776969, c-service@tup.tsinghua.edu.cn
　　　　质量反馈: 010-62772015, zhiliang@tup.tsinghua.edu.cn
印 装 者: 三河市君旺印务有限公司
经　　销: 全国新华书店
开　　本: 185mm×260mm　　印　张: 23.5　　字　数: 572 千字
版　　次: 2014 年 4 月第 1 版　2022 年 7 月第 2 版　印　次: 2022 年 7 月第 1 次印刷
定　　价: 78.00 元

产品编号: 093855-01

前　　言

　　Java 语言是目前世界上最为流行的程序开发语言之一。它具有功能丰富、表达能力强、使用方便灵活、执行效率高、跨平台、可移植性好等优点，几乎可用于所有领域。目前学习和关注 Java 语言的人越来越多，初学者需要有一本通俗易懂的讲解新技术案例的参考书。通过本书的案例实训，大学生可以很快地上手流行的工具，提高职业化能力，从而帮助解决公司与学生的双重需求问题。

本书特色

- 零基础、入门级的讲解

　　无论您是否从事计算机相关行业，无论您是否接触过 Java 项目开发，都能从本书中找到最佳起点。

- 实用、专业的范例和项目

　　本书在编排上紧密结合深入学习 Java 项目开发的过程，从 Java 的基本概念开始，逐步带领读者学习 Java 项目开发的各种应用技巧，侧重实战技能，使用简单易懂的实际案例进行分析和操作指导，让读者学起来简明轻松，操作起来有章可循。

- 随时随地学习

　　本书提供了微课视频，通过手机扫码即可观看，随时随地解决学习中的困惑。
　　本书微课视频涵盖书中所有知识点，详细讲解每个实例及项目的开发过程及技术关键点。读者比看书能更轻松地掌握书中所有的 Java 项目开发知识。

- 超多容量王牌资源

　　8 大王牌资源为您的学习保驾护航，包括精美教学幻灯片、本书案例源代码、同步微课视频、教学大纲、精选习题和答案、12 大 Java 企业经典项目、名企招聘考试题库、毕业求职面试资源库。

读者对象

　　本书是一本完整介绍 Java 项目开发技术的教程，内容丰富、条理清晰、实用性强，适合以下读者学习使用：

- 零基础的 Java 项目自学者
- 希望快速、全面掌握 Java 项目的人员
- 高等院校或培训机构的老师和学生
- 参加毕业设计的学生

如何获取本书配套资料和帮助

为帮助读者高效、快捷地学习本书知识点，我们不但为读者准备了与本书知识点有关的配套素材文件，而且还设计并制作了精品视频教学课程，同时还为教师准备了 PPT 课件资源。购买本书的读者，可以通过扫描下方的二维码获取相关的配套学习资源。

读者在学习本书的过程中，使用 QQ 或者微信的扫一扫功能，扫描本书各标题右侧的二维码，在打开的视频播放页面中可以在线观看视频课程，也可以下载并保存到手机中离线观看。

附赠资源

创作团队

本书由李鑫编著，在编写过程中，我们虽竭尽所能将最好的讲解呈现给读者，但难免有疏漏和不妥之处，敬请读者不吝指正。

编　者

目 录

第1章 快速搭建 Java 开发环境 1
1.1 Java 简介 2
- 1.1.1 什么是 Java 2
- 1.1.2 Java 的特性 2
- 1.1.3 Java 的工作原理 4

1.2 搭建 Java 开发环境 5
- 1.2.1 JDK 的下载 5
- 1.2.2 JDK 的安装 7
- 1.2.3 JDK 的环境配置 7
- 1.2.4 测试开发环境 9

1.3 我的第一个 Java 程序 10
1.4 Eclipse 的下载与安装 11
- 1.4.1 Eclipse 的下载 11
- 1.4.2 Eclipse 的安装 12

1.5 Eclipse 的使用 13
- 1.5.1 创建 Java 项目 13
- 1.5.2 创建类(class)文件 14
- 1.5.3 编写和运行 Java 程序 15

1.6 如何学好 Java 16
1.7 就业面试问题解答 16
1.8 上机练练手 17

第2章 Java 语言基础 19
2.1 Java 程序的结构 20
2.2 Java 的基础语法 22
- 2.2.1 基本语法规则 22
- 2.2.2 Java 标识符 22
- 2.2.3 Java 的关键字 23
- 2.2.4 Java 分隔符 25
- 2.2.5 代码注释 26

2.3 常量与变量 28
- 2.3.1 常量 28
- 2.3.2 变量 28
- 2.3.3 变量的作用域 29

2.4 基本数据类型 31
- 2.4.1 整数类型 31
- 2.4.2 浮点类型 32
- 2.4.3 字符类型 33
- 2.4.4 布尔类型 35
- 2.4.5 字符串类型 36

2.5 数据类型转换 36
- 2.5.1 自动类型转换 37
- 2.5.2 强制类型转换 37

2.6 运算符 38
- 2.6.1 赋值运算符 38
- 2.6.2 算术运算符 39
- 2.6.3 关系运算符 41
- 2.6.4 三元运算符 41
- 2.6.5 逻辑运算符 42
- 2.6.6 位运算符 43
- 2.6.7 自增和自减运算符 45
- 2.6.8 圆括号 46
- 2.6.9 运算符优先级 46

2.7 就业面试问题解答 47
2.8 上机练练手 47

第3章 程序控制语句 49
3.1 程序结构 50
3.2 条件语句 51
- 3.2.1 if 语句 51
- 3.2.2 if…else 语句 52
- 3.2.3 if…else if…else 语句 54
- 3.2.4 嵌套使用 if…else 语句 55
- 3.2.5 switch 语句 56

3.3 循环语句 58
- 3.3.1 while 循环语句 59
- 3.3.2 do…while 循环语句 60
- 3.3.3 for 循环语句 61
- 3.3.4 增强型 for 循环语句 62

3.4 循环语句的嵌套 63
   3.4.1 嵌套 for 循环 63
   3.4.2 嵌套 while 循环 64
   3.4.3 嵌套 do...while 循环 65
3.5 跳转语句 66
   3.5.1 break 语句 67
   3.5.2 continue 语句 68
   3.5.3 return 语句 69
3.6 就业面试问题解答 70
3.7 上机练练手 71

第 4 章 Java 数组的应用 73

4.1 数组的概念 74
4.2 一维数组 74
   4.2.1 声明一维数组 74
   4.2.2 初始化一维数组 76
   4.2.3 获取单个元素 78
   4.2.4 获取全部元素 79
4.3 二维数组 80
   4.3.1 声明二维数组 80
   4.3.2 初始化二维数组 81
   4.3.3 获取单个元素 82
   4.3.4 获取全部元素 83
   4.3.5 获取指定行的元素 84
   4.3.6 获取指定列的元素 85
   4.3.7 不规则数组 86
4.4 多维数组 87
4.5 数组排序方法 88
   4.5.1 冒泡排序法 88
   4.5.2 选择排序法 89
   4.5.3 快速排序法 90
   4.5.4 直接插入法 91
4.6 就业面试问题解答 92
4.7 上机练练手 92

第 5 章 字符串的处理 95

5.1 String 类 96
   5.1.1 声明字符串 96
   5.1.2 创建字符串 96

5.2 字符串的连接 98
   5.2.1 使用"+"号连接 98
   5.2.2 使用 concat()方法连接 99
   5.2.3 连接其他数据类型 99
5.3 获取字符串信息 100
   5.3.1 获取字符串长度 101
   5.3.2 获取指定位置的字符 101
   5.3.3 获取子字符串索引位置 ..102
   5.3.4 判断字符串首尾内容 103
   5.3.5 判断子字符串是否存在 ..104
   5.3.6 获取字符串数组 105
5.4 字符串的操作 105
   5.4.1 截取字符串 105
   5.4.2 分割字符串 106
   5.4.3 替换字符串 107
   5.4.4 去除空白内容 107
   5.4.5 比较字符串是否相等 108
   5.4.6 字符串的比较操作 109
   5.4.7 字符串大小写转换 110
5.5 正则表达式 111
   5.5.1 常用正则表达式 111
   5.5.2 正则表达式的实例 112
5.6 字符串的类型转换 113
   5.6.1 字符串转换为数组 113
   5.6.2 基本数据类型转换为字符串 ..114
   5.6.3 格式化字符串 114
5.7 StringBuilder 类 116
   5.7.1 StringBuilder 类的创建 116
   5.7.2 StringBuilder 类的方法 117
5.8 就业面试问题解答 118
5.9 上机练练手 118

第 6 章 面向对象编程基础 119

6.1 面向对象概述 120
   6.1.1 认识类与对象 120
   6.1.2 面向对象的特点 120
6.2 类和对象 121
   6.2.1 什么是类 121
   6.2.2 成员变量 122

6.2.3	成员方法	122
6.2.4	构造方法	124
6.2.5	创建对象	125
6.2.6	局部变量	127
6.2.7	this 关键字	128

6.3 static 关键字 129
- 6.3.1 静态变量 130
- 6.3.2 静态方法 130
- 6.3.3 静态代码块 131

6.4 对象值的传递 132
- 6.4.1 值传递 132
- 6.4.2 引用传递 132
- 6.4.3 可变参数传递 133

6.5 就业面试问题解答 134
6.6 上机练练手 135

第 7 章 类的封装与继承 137

7.1 类的封装 138
- 7.1.1 认识封装 138
- 7.1.2 实现封装 139

7.2 类的继承 140
- 7.2.1 extends 关键字 141
- 7.2.2 super 关键字 142
- 7.2.3 访问修饰符 144

7.3 类的多态 147
- 7.3.1 认识多态 147
- 7.3.2 方法重载 149
- 7.3.3 方法重写 150
- 7.3.4 向上转型 152
- 7.3.5 向下转型 153
- 7.3.6 instanceof 关键字 155

7.4 定义和导入包 155
7.5 就业面试问题解答 157
7.6 上机练练手 157

第 8 章 抽象类与接口 159

8.1 抽象类和抽象方法 160
- 8.1.1 认识抽象类 160
- 8.1.2 定义抽象类 162
- 8.1.3 抽象方法 164

8.2 接口概述 166
- 8.2.1 接口声明 166
- 8.2.2 实现接口 167
- 8.2.3 接口默认方法 168
- 8.2.4 接口与抽象类 169

8.3 接口的高级应用 169
- 8.3.1 接口的多态性 169
- 8.3.2 适配接口 171
- 8.3.4 接口回调 171

8.4 就业面试问题解答 173
8.5 上机练练手 173

第 9 章 程序的异常处理 175

9.1 认识异常 176
- 9.1.1 异常的概念 176
- 9.1.2 异常的分类 176
- 9.1.3 常见的异常 177
- 9.1.4 异常的使用原则 178

9.2 异常的处理 178
- 9.2.1 异常处理机制 178
- 9.2.2 使用 try...catch...finally 语句处理异常 181
- 9.2.3 使用 throws 抛出异常 183
- 9.2.4 finally 和 return 185

9.3 自定义异常 187
9.4 断言语句 189
9.5 就业面试问题解答 190
9.6 上机练练手 190

第 10 章 常用类与枚举类 193

10.1 Math 类 194
10.2 Random 类 195
10.3 日期类 Date 197
10.4 日历类 Calendar 198
10.5 Scanner 类 199
10.6 数字格式化类 201
10.7 包装类 202
- 10.7.1 Boolean 类 202

10.7.2 Byte 类 204
10.7.3 Character 类 205
10.8 枚举类 207
10.8.1 声明枚举类 207
10.8.2 枚举类的常用方法 207
10.8.3 添加属性和方法 208
10.8.4 枚举在 switch 中的使用 209
10.8.5 EnumSet 和 EnumMap 210
10.9 就业面试问题解答 212
10.10 上机练练手 212

第 11 章 泛型与集合类 215

11.1 泛型 216
11.1.1 定义泛型类 216
11.1.2 泛型方法 217
11.1.3 泛型接口 218
11.1.4 泛型参数 220
11.2 认识集合类 221
11.2.1 集合类概述 221
11.2.2 Collection 接口的方法 222
11.3 List 集合 224
11.3.1 List 接口 224
11.3.2 List 接口的实现类 224
11.3.3 Iterator 迭代器 227
11.4 Set 集合 228
11.4.1 Set 接口 228
11.4.2 Set 接口的实现类 228
11.5 Map 集合 231
11.5.1 Map 接口 231
11.5.2 Map 接口的实现类 231
11.5.3 Properties 类 233
11.6 就业面试问题解答 235
11.7 上机练练手 235

第 12 章 Swing 技术 237

12.1 Swing 概述 238
12.1.1 Swing 的特点 238
12.1.2 Swing 包 238
12.1.3 常用 Swing 组件概述 239

12.2 Swing 容器 240
12.2.1 JFrame 窗体 240
12.2.2 JPanel 面板 241
12.2.3 JScrollPane 面板 242
12.3 Swing 的组件 245
12.3.1 按钮 JButton 245
12.3.2 标签 JLabel 246
12.3.3 复选框 JCheckBox 247
12.3.4 单选按钮 JRadioButton 248
12.3.5 单行文本框 JTextField 250
12.3.6 密码文本框
JPasswordField 251
12.3.7 多行文本框 JTextArea 252
12.3.8 下拉列表 JComboBox 254
12.3.9 列表框 JList 255
12.3.10 表格组件 JTable 256
12.4 菜单组件 258
12.4.1 下拉式菜单 258
12.4.2 弹出式菜单 259
12.5 布局管理 260
12.5.1 流式布局管理器 260
12.5.2 边框布局管理器 261
12.5.3 网格布局管理器 262
12.6 就业面试问题解答 263
12.7 上机练练手 263

第 13 章 输入和输出流 265

13.1 文件类 266
13.1.1 文件类的常用方法 266
13.1.2 遍历目录文件 268
13.1.3 删除文件和目录 269
13.2 字节流 270
13.2.1 字节输入流 270
13.2.2 字节输出流 272
13.3 字符流 274
13.3.1 字符输入流 Reader 274
13.3.2 字符输出流 Writer 275
13.4 文件流 276
13.4.1 FileReader 类 276

13.4.2　FileWriter 类...................276
13.5　字符缓冲流.................................277
　　13.5.1　缓冲输入流类...................278
　　13.5.2　缓冲输出流类...................278
13.6　数据操作流.................................280
　　13.6.1　数据输入流.......................280
　　13.6.2　数据输出流.......................281
13.7　就业面试问题解答.....................283
13.8　上机练练手.................................283

第 14 章　线程与并发..........................285

14.1　创建线程.....................................286
　　14.1.1　继承 Thread 类.................286
　　14.1.2　实现 Runnable 接口...........287
14.2　线程的状态与转换.....................288
　　14.2.1　线程状态...........................288
　　14.2.2　线程睡眠...........................289
　　14.2.3　线程合并...........................290
　　14.2.4　线程让出...........................291
14.3　线程的同步.................................292
　　14.3.1　线程安全...........................292
　　14.3.2　同步代码块.......................293
　　14.3.3　同步方法...........................293
　　14.3.4　死锁...................................294
14.4　线程交互.....................................296
　　14.4.1　wait()和 notify()方法.........296
　　14.4.2　生产者—消费者问题.......297
14.5　就业面试问题解答.....................299
14.6　上机练练手.................................300

第 15 章　JDBC 编程基础......................301

15.1　JDBC 的原理...............................302
15.2　JDBC 相关类与接口...................304
　　15.2.1　DriverManager 类..............304
　　15.2.2　Connection 接口................305
　　15.2.3　Statement 接口..................306
　　15.2.4　PreparedStatement 接口....306
　　15.2.5　ResultSet 接口...................306
15.3　JDBC 连接数据库.......................307

　　15.3.1　加载数据库驱动程序...........307
　　15.3.2　创建数据库连接...................307
　　15.3.3　获取 Statement 对象...........307
　　15.3.4　执行 SQL 语句...................307
　　15.3.5　获得执行结果.......................308
　　15.3.6　关闭连接...............................309
15.4　操作数据库.....................................309
　　15.4.1　创建数据表...........................309
　　15.4.2　插入数据...............................310
　　15.4.3　查询数据...............................312
　　15.4.4　更新数据...............................313
　　15.4.5　删除数据...............................315
15.5　就业面试问题解答.........................317
15.6　上机练练手.....................................317

第 16 章　Java 绘图与音频......................319

16.1　Java 绘图基础.................................320
　　16.1.1　绘图方法...............................320
　　16.1.2　Canvas 画布类.....................320
　　16.1.3　Graphics 绘图类.................320
　　16.1.4　Graphics2D 绘图类.............322
16.2　设置颜色与画笔.............................323
　　16.2.1　设置绘图颜色.......................323
　　16.2.2　设置笔画属性.......................325
16.3　图像处理...328
　　16.3.1　绘制图像...............................328
　　16.3.2　缩放图像...............................329
　　16.3.3　倾斜图像...............................329
　　16.3.4　旋转图像...............................331
　　16.3.5　翻转图像...............................332
16.4　播放音频...335
16.5　就业面试问题解答.........................337
16.6　上机练练手.....................................337

第 17 章　开发电影订票系统..................339

17.1　系统简介...340
17.2　系统运行及配置.............................340
　　17.2.1　开发及运行环境...................340
　　17.2.2　运行订票系统.......................340

17.2.3	系统功能分析 346	17.4.1	欢迎界面模块 349
17.3	数据库设计 347	17.4.2	系统对象模块 352
17.3.1	电影信息 347	17.4.3	前台订票模块 354
17.3.2	放映信息 347	17.4.4	后台管理模块 362
17.3.3	用户订单信息 348	17.4.5	数据库模块 362
17.3.4	管理员账号 348	17.4.6	辅助处理模块 363
17.4	系统代码编写 349		

第1章

快速搭建 Java 开发环境

　　Java 语言是当前最为流行的编程语言之一，而且应用领域非常广泛，包括信息技术、科学研究、军事工业、航天航空等领域。本章就来认识 Java，主要内容包括 Java 相关简介、搭建 Java 开发环境、Java 开发工具的下载与使用等。

1.1 Java 简介

通常所说的 Java 语言既是一门编程语言，也是一种网络程序设计语言。本节将向读者简单地介绍 Java 语言的基础知识，包括其运行过程、语言特性和核心技术等。

1.1.1 什么是 Java

Java 是 Sun 公司推出的新一代面向对象程序设计语言，特别适合用于 Internet 应用程序开发。首先，Java 作为一种程序设计语言，具有简单、面向对象、不依赖于机器的结构，以及跨平台性、安全性等特点，并且提供了多线程机制。其次，它最大限度地利用了网络，Java 的小应用程序(Applet)可在网络上传输而不受 CPU 和环境的限制。另外，Java 还提供了丰富的类库，使程序设计者可以很方便地建立自己的系统。

Java 语言可以编写两种程序，一种是应用程序(Application)，另一种是小应用程序(Applet)。应用程序可以独立地运行，可以用于网络、多媒体等。小应用程序自己不能独立地运行，而是嵌入 Web 网页中由带有 Java 插件的浏览器解释运行，主要使用在 Internet 上。

目前 Java 主要有 3 个版本，即 J2SE、J2EE 和 J2ME。本书主要介绍的是 J2SE，也就是 Java 的标准版本。

1. J2SE (即 Java Platform，Standard Edition)

J2SE(Java SE)是 Java 的标准版，是各应用平台的基础，主要用于桌面应用软件的开发，包含构成 Java 语言核心的类，如面向对象等。J2SE 可以分为 4 个主要部分：JVM、JRE、JDK 和 Java 语言。

2. J2EE (即 Java Platform，Enterprise Edition)

J2EE(Java EE)是 Java 的企业版，Java EE 以 Java SE 为基础，定义了一系列的服务、API、协议等，主要用于分布式网络程序的开发，如 JSP 和 ERP 系统等。

3. J2ME (即 Java Platform，Micro Edition)

J2ME(Java ME)即 Java 的微缩版，是 Java 平台版本中最小的，主要用于小型数字设备上应用程序的开发，如手机和 PDA 等。

1.1.2 Java 的特性

Java 语言不仅吸收了 C++语言的各种优点，还摒弃了 C++语言难以理解的多继承、指针等概念，因此 Java 语言具有如下特性。

1. 简单性

Java 语言的结构与 C 语言和 C++语言类似，但是 Java 语言摒弃了 C 语言和 C++语言的许多特征，例如，运算符重载、多继承、指针等。Java 提供了垃圾回收机制，使程序员不必为内存管理问题烦恼。

2. 面向对象

目前，日趋复杂的大型程序只有用面向对象的编程语言才能有效地实现，而 Java 就是一门纯面向对象的语言。在一个面向对象的系统中，类(class)是数据和操作数据的方法的集合。数据和方法一起描述对象(object)的状态和行为。对象是其状态和行为的封装。类是按一定体系和层次安排的，使得子类可以从超类继承行为。在这个类层次体系中有一个根类，它是具有一般行为的类。Java 程序是用类来组织的。

Java 还包括一个类的扩展集合，分别组成各种程序包(package)，用户可以在自己的程序中使用。例如，Java 提供产生图形用户接口部件的类(Java.awt 包)，这里 awt 是抽象窗口工具集(abstract window toolkit)的缩写，处理输入输出的类(Java.io 包)和支持网络功能的类(Java.net 包)。

Java 语言的开发主要集中于对象及其接口，提供了类的封装、继承及多态，更方便程序的编写。

3. 分布性

Java 语言既是面向网络的编程语言，也是分布式语言。Java 既支持各种层次的网络连接，又以 Socket 类支持可靠的流(stream)网络连接，所以用户可以产生分布式的客户机和服务器。网络变成软件应用的分布运载工具。Java 应用程序可以像访问本地文件系统那样通过 URL 访问远程对象。Java 程序只要编写一次，就可到处运行。

4. 可移植性

Java 语言的与平台无关性，也使得 Java 应用程序可以在配备了 Java 解释器和运行环境的任何计算机系统上运行，这成为 Java 应用软件便于移植的良好基础。

5. 高效解释执行

Java 是一种解释性语言，通过在不同的平台上运行 Java 解释器，对 Java 代码进行解释执行，使得 Java 程序可以在任何实现了 Java 解释程序和运行时系统的系统上运行。

6. 安全性

Java 语言的存储分配模型是它防御恶意代码的主要方法之一。Java 语言没有指针，所以程序员不能通过指针指向存储器。更重要的是，Java 编译程序不处理存储安排决策，所以程序员不能通过查看声明去猜测类的实际存储安排。编译的 Java 代码中的存储引用在运行时由 Java 解释程序决定实际存储地址。

Java 运行系统使用字节码验证过程来保证装载到网络上的代码不违背任何 Java 语言限制。这个安全机制部分包括类如何从网上装载。例如，装载的类是放在分开的名字空间而不是局部类。

7. 高性能

Java 语言是一种先编译后解释的语言，因此程序运行性能较弱，为了解决这个问题，Java 设计者制作了"即时"编译程序，它能在运行时把 Java 字节码文件翻译成特定 CPU(中央处理器)的机器代码，而且生成机器代码的过程相当简单，从而实现了高性能操作。

8. 多线程

Java 是多线程的语言，它提供支持多线程的执行(也称为轻便过程)，能处理不同任务，使具有线程的程序设计很容易。Java 的 lang 包提供一个 Thread 类，它支持开始线程、运行线程、停止线程和检查线程状态的方法。

多线程可以使应用程序同时进行不同的操作，处理不同的事件，互不干涉，很容易地实现网络上的实时交互操作。

9. 动态性

Java 语言具有动态特性。Java 的动态特性是其面向对象设计方法的扩展，允许程序动态地调整服务器端库中的方法和变量数目，而客户端不需要进行任何修改。这是用 C++语言进行面向对象程序设计所无法实现的。

1.1.3 Java 的工作原理

Java 程序的运行必须经过编写、编译和运行三个步骤。

(1) 编写是指在 Java 开发环境中编写代码，保存成后缀名为.java 的源文件。
(2) 编译是指用 Java 编译器对源文件进行编译，生成后缀名为.class 的字节码文件，不像 C 语言那样生成可执行文件。
(3) 运行是指使用 Java 解释器将字节码文件翻译成机器代码，然后执行并显示结果。

Java 程序运行流程如图 1-1 所示。

图 1-1 Java 程序运行流程

字节码文件是一种二进制文件，是一种与机器环境及操作系统无关的中间代码，是 Java 源程序由 Java 编译器编译后生成的目标代码文件。编程人员和计算机都无法直接读懂字节码文件，它必须由专用的 Java 解释器来解释执行。

Java 解释器负责将字节码文件解释成具体硬件环境和操作系统平台下的机器代码，然后再执行。因此，Java 程序不能直接运行在现有的操作系统平台上，它必须运行在相应操作系统的 Java 虚拟机上。

Java 虚拟机是运行 Java 程序的软件环境，Java 解释器是 Java 虚拟机的一部分。运行 Java 程序时，首先启动 Java 虚拟机，由 Java 虚拟机负责解释执行 Java 的字节码(*.class)文件，并且 Java 字节码文件只能运行在 Java 虚拟机上。这样利用 Java 虚拟机就可以把 Java

字节码文件与具体的硬件平台及操作系统环境分割开，只要在不同的计算机上安装了针对特定具体平台的 Java 虚拟机，Java 程序就可以运行，而不用考虑当前具体的硬件及操作系统环境，也不用考虑字节码文件是在何种平台上生成的。Java 虚拟机把在不同硬件平台上的具体差别隐藏起来，从而实现了真正的跨平台运行。Java 的这种运行机制可通过图 1-2 来说明。

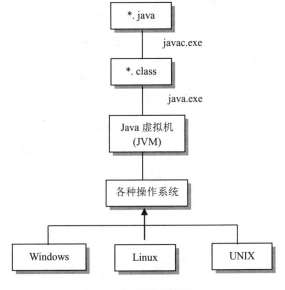

图 1-2　Java 的运行机制

Java 语言采用"一次编译，到处运行"的方式，有效地解决了目前大多数高级程序设计语言需要针对不同系统来编译产生不同机器代码的问题，即硬件环境和操作平台异构问题。

1.2　搭建 Java 开发环境

JDK(Java Development Kit)是 Java 语言的软件开发工具包，主要用于 Java 平台上发布的应用程序、Applet 和组件的开发环境，即编写和运行 Java 程序时必须使用 JDK，它提供了编译和运行 Java 程序的环境。

1.2.1　JDK 的下载

JDK 是整个 Java 的核心，包括 Java 运行环境 JRE、Java 工具和 Java 基础类库。下载 JDK 的具体步骤如下。

01 在浏览器地址栏中输入网址"https://www.oracle.com/java/technologies/javase-downloads.html"，按 Enter 键确认，进入 JDK 的下载页面，选择最新版本，这里是 JDK16。单击 JDK Download 下载链接，如图 1-3 所示。

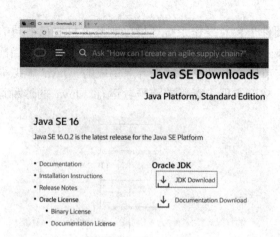

图 1-3　JDK 下载页面

02 进入下载文件选择页面，这里根据操作系统和需求，选择相应的版本。选择 Windows x64 Installer 版本，如图 1-4 所示。

Product / File Description	File Size	Download
Linux ARM 64 RPM Package	144.87 MB	jdk-16.0.2_linux-aarch64_bin.rpm
Linux ARM 64 Compressed Archive	160.73 MB	jdk-16.0.2_linux-aarch64_bin.tar.gz
Linux x64 Debian Package	146.17 MB	jdk-16.0.2_linux-x64_bin.deb
Linux x64 RPM Package	153.01 MB	jdk-16.0.2_linux-x64_bin.rpm
Linux x64 Compressed Archive	170.04 MB	jdk-16.0.2_linux-x64_bin.tar.gz
macOS Installer	166.6 MB	jdk-16.0.2_osx-x64_bin.dmg
macOS Compressed Archive	167.21 MB	jdk-16.0.2_osx-x64_bin.tar.gz
Windows x64 Installer	150.58 MB	jdk-16.0.2_windows-x64_bin.exe
Windows x64 Compressed Archive	168.8 MB	jdk-16.0.2_windows-x64_bin.zip

图 1-4　选择安装版本

注意　在图 1-4 中，Installer 表示安装版本，安装过程自动配置；Compressed Archive 表示压缩版本，安装过程需要自己配置。

03 选择版本之后进入下载页面，选择“I reviewed and accept...”协议复选框，然后单击 Download jdk-16.0.2_windows-x64_bin.exe 按钮进行下载，如图 1-5 所示。

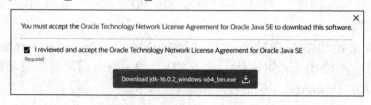

图 1-5　选择接受协议并下载 JDK

1.2.2 JDK 的安装

JDK 安装包下载完毕后，就可以进行安装了，具体安装步骤如下。

01 双击下载的 jdk-16.0.2_windows-x64_bin.exe 文件，进入"安装程序"对话框，单击"下一步"按钮，如图 1-6 所示。

02 弹出"目标文件夹"对话框，可根据自己的需要更改安装路径，单击"下一步"按钮，如图 1-7 所示。

图 1-6　"安装程序"对话框　　　　　图 1-7　"目标文件夹"对话框

03 JDK 开始自动安装。安装成功后，进入"完成"对话框，提示用户 Java 已成功安装，单击"关闭"按钮即可完成 JDK 的安装，如图 1-8 所示。

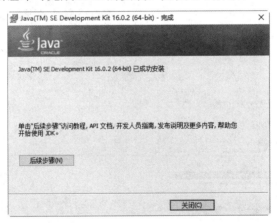

图 1-8　"完成"对话框

1.2.3 JDK 的环境配置

JDK 安装完成后，还需要配置环境变量才能使用 Java 开发环境。这里配置环境变量 Path，具体实现步骤如下。

01 在桌面上右击"此电脑"图标，在弹出的快捷菜单中选择"属性"命令，打开"系统"窗口，如图 1-9 所示。

02 单击"高级系统设置"选项，弹出"系统属性"对话框，切换到"高级"选项卡，单击"环境变量"按钮，如图 1-10 所示。

图 1-9 "系统"窗口   图 1-10 "系统属性"对话框

03 弹出"环境变量"对话框，在"系统变量"列表框中选择 Path 变量，如图 1-11 所示。

04 双击 Path 变量，弹出"编辑环境变量"对话框，单击"编辑文本"按钮，如图 1-12 所示。

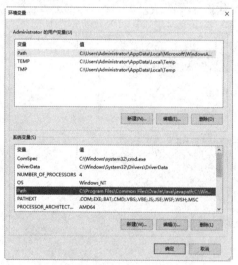

图 1-11 "环境变量"对话框   图 1-12 "编辑环境变量"对话框

05 打开"编辑系统变量"对话框，在"变量值"文本框中的参数最前面加入 JDK 安装路径下的 bin 文件路径，这里所加路径为"C:\Program Files\Java\jdk-16.0.2\bin;"，如图 1-13 所示。

06 单击"确定"按钮，返回"环境变量"对话框，这时可以发现 Path 变量最前面有刚添加的路径"C:\Program Files\Java\jdk-16.0.2\bin;"，如图 1-14 所示。最后单击"确定"按钮，即可完成 JDK 环境配置。

第 1 章 快速搭建 Java 开发环境

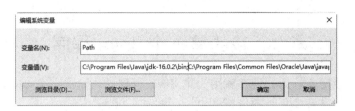

图 1-13 "编辑系统变量"对话框

图 1-14 "环境变量"对话框

1.2.4 测试开发环境

完成 JDK 的安装并成功配置环境后,需要测试配置的准确性,具体操作步骤如下。

01 右击"开始"按钮,在弹出的快捷菜单中选择"运行"命令,打开"运行"对话框,在"打开"下拉列表框中输入"cmd",如图 1-15 所示。

02 单击"确定"按钮,即可打开命令提示符窗口,在其中输入命令 javac 并按下 Enter 键,即可显示 JDK 的编译器信息,这说明开发环境配置成功,如图 1-16 所示。

图 1-15 "运行"对话框

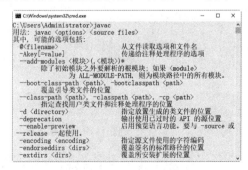

图 1-16 JDK 编译器信息

1.3 我的第一个 Java 程序

Java 开发环境配置好后,现在就用一个 Java 程序——输出文字"Hello Java!"来体验一下 Java 语言的魅力吧!具体步骤如下。

01 新建记事本文件,输入如下代码,并保存成"hello.java"文件,如图 1-17 所示。

```java
public class hello{          //创建类
    public static void main(String[] args){    //程序的主方法
        System.out.println("Hello Java! ");    //打印输出 Hello Java!
    }
}
```

注意

.java 文件名与代码中 class(类)的名字必须是一致的,如图 1-18 所示。另外,由于 Java 是解释性语言,因此,这里可以用记事本来编写 Java 代码。

图 1-17 第一个 Java 程序代码

图 1-18 编译之后生成 class 文件

02 程序写好了,现在开始编译该程序代码。打开命令提示符窗口,进入 hello.java 所在的文件夹,输入编译命令"javac hello.java",按下 Enter 键,这时在 hello.java 文件所在目录下会生成一个 class 文件,如图 1-18 所示。

03 程序代码编译好了,现在开始执行程序输出相应的内容。在命令提示符窗口中的程序文件所在路径下输入执行命令"java hello",按下 Enter 键,这时就会输出 hello.java 程序中的内容——"Hello Java!",如图 1-19 所示。

图 1-19 记事本里写的 Java 程序运行结果

注意

hello.java 程序中用到了 System.out.println()函数,当使用该函数输出文字时,必须将要输出的文字用英文双引号引起来,如 System.out.println("Hello Java! ")。

第 1 章 快速搭建 Java 开发环境

1.4 Eclipse 的下载与安装

当前，主流的 Java 开发工具是 Eclipse，它不仅免费，而且功能齐全，使用起来非常方便且容易上手。

1.4.1 Eclipse 的下载

用户可以到官方网站下载 Eclipse 开发工具，具体步骤如下。

01 在浏览器的地址栏中输入网址"https://www.eclipse.org/downloads"，进入 Eclipse 下载页面，单击 Download Packages 超链接，如图 1-20 所示。

02 进入版本选择页面，这里选择 Eclipse IDE for Java Developers 选项，并根据自己的系统需求来选择相应的版本，这里选择 Windows x86_64 bit，如图 1-21 所示。

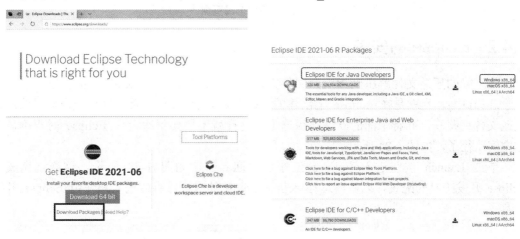

图 1-20 Eclipse 下载首页　　　　　图 1-21 Eclipse 版本选择页

03 单击相应的版本进入下载页，单击 Download 按钮进行下载，如图 1-22 所示。

图 1-22 Eclipse 下载页

如果下载不成功，或者很久都没有下载提示，可以单击 Select Another Mirror 超链接，选择更多的镜像来下载，如图 1-23 所示。

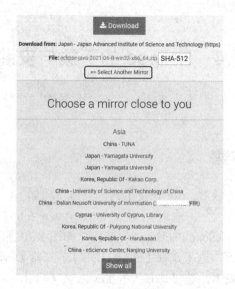

图 1-23　镜像选择页面

1.4.2　Eclipse 的安装

将下载的压缩文件解压到指定的文件夹，然后运行文件 eclipse.exe，会弹出工作空间目录选择页面，也就是在 Eclipse 上创建的 Java 项目文件存放位置，这里根据自己的需要更改文件夹路径，并将下面的默认路径选上，这样就不需要每次运行 Eclipse 时再确认工作空间路径了，如图 1-24 所示。

单击 Launch 按钮进入 Eclipse 工作台欢迎界面，如图 1-25 所示，这样就完成了 Eclipse 开发工具的配置，以后再运行 eclipse.exe 文件就可以直接进入和使用 Eclipse 开发工具了。

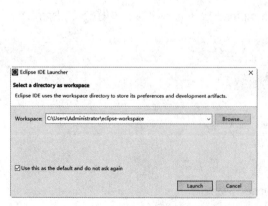

图 1-24　Eclipse 工作空间设置

图 1-25　Eclipse 欢迎界面

第 1 章 快速搭建 Java 开发环境

1.5　Eclipse 的使用

Eclipse 安装完成后，就可以使用它来创建 Java 项目、创建 Java 类、运行以及调试 Java 程序了。启动并运行 Eclipse 开发工具，进入图 1-26 所示的工作界面。

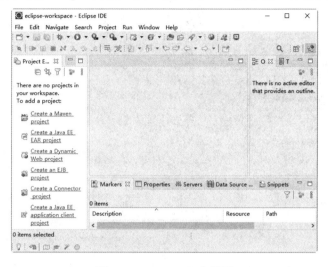

图 1-26　Eclipse 工作界面

1.5.1　创建 Java 项目

成功安装和配置好 Java 及 Eclipse 程序后，会让学习者更轻松地学习 Java，现在开始 Eclipse 下的 Java 学习。这里创建一个 Java 项目，具体步骤如下。

01　选择 File→New→Other 菜单命令，如图 1-27 所示。打开 Select a wizard 对话框，在其中选择 Java Project 选项，如图 1-28 所示。

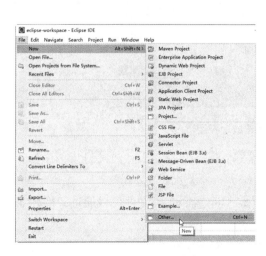

图 1-27　选择 Other 命令

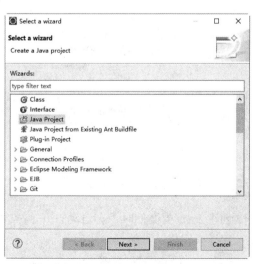

图 1-28　Select a wizard 对话框

02 单击 Next 按钮，打开 New Java Project 对话框，在其中输入 Java 项目的名称，其他参数可以保持默认设置，单击 Finish 按钮，如图 1-29 所示。

03 打开 New module-info.java 对话框，在其中可以输入程序模块化的名称，不过在学习初期，模块化文件没有必要，还有可能影响 Java 项目的运行，所以这里不建议创建程序模块，如图 1-30 所示。

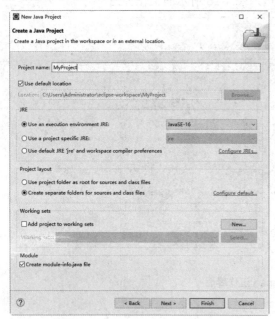

图 1-29 Java 项目命名对话框

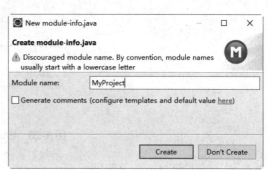

图 1-30 项目模块命名对话框

04 单击 Don't Create 按钮，即可实现 Java 项目的创建，如图 1-31 所示。

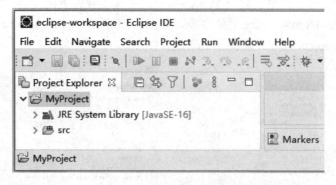

图 1-31 项目创建成功界面

1.5.2 创建类(class)文件

创建 Java 类文件时，会自动打开 Java 编辑器，创建 Java 类文件可以通过"新建 Java 类"向导来完成，具体操作步骤如下。

01 选择 File→New→Other 菜单命令，打开 Select a wizard 对话框，在其中选择 Class 选项，如图 1-32 所示。

02 单击 Next 按钮，弹出 New Java Class 对话框，在 Package 文本框中输入文件包的名称"myPackage"。在 Name 文本框中输入类名称"FirstJava"，选择 public static void main(String[] args)复选框，保证所创建的类是能运行的主类。单击 Finish 按钮完成创建 Java 类文件的操作，如图 1-33 所示。

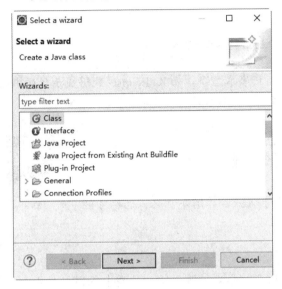

图 1-32　创建新的 Java 类

图 1-33　给 Java 类命名并设置

1.5.3　编写和运行 Java 程序

创建的 Java 类文件会在 Eclipse 的编辑区被打开，该区域可以重叠放置多个文件进行编辑。Eclipse 在运行 Java 程序时会先自动编译，再运行输出相应的程序内容。具体操作步骤如下。

01 编写 Java 程序，在 Java 类文件中输入代码，按快捷键 Ctrl+S 进行保存，这里所编写代码的功能是输出"欢迎来到 Java 世界！"，如图 1-34 所示。

02 运行 Java 程序。可以直接单击 ◉ 按钮，或者选择 Run→Run 菜单命令来运行 Java 程序，如图 1-35 所示。

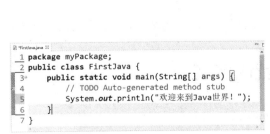

图 1-34　编写 Java 程序

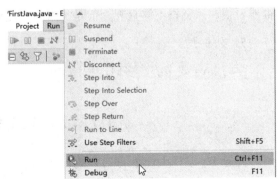

图 1-35　运行 Java 程序

03 运行结果在 console 视图界面中显示，如图 1-36 所示。

图 1-36　Eclipse 下 Java 程序运行结果

使用 Eclipse 编写程序要比使用记事本省事，而且 Eclipse 能够提示代码书写，这就加快了代码的编写速度并提高了代码书写的正确率。

1.6　如何学好 Java

通过前几节的学习，相信读者对 Java 有了大致的了解。那么，怎样才能学好 Java 语言呢？下面通过几点来介绍如何学好 Java。

1．选好书

选择一本适合自己的书。什么样的书是适合初学者的呢？第一，看书的目录是否一目了然，是否能让你清楚地知道要学习的架构；第二，选择的书是否有 80%～90%能看懂。

2．逻辑清晰

逻辑要清晰，这其实是学习所有编程语言的特点。Java 语言的精华是面向对象的思想，就好比指针是 C 语言的精华一样。要清楚地知道你写这个类的作用，写这个方法的目的。

3．基础牢固

打好基础很重要，不要被对象、属性、方法等词汇所迷惑，最根本的是先了解基础知识。同时也要养成良好的习惯，这对以后编程很重要。

4．查看 API 手册

学会看 API 帮助手册，不要因为很难而自己又是初学者就不看。虽然它的文字有时候很难看懂，总觉得不够直观，但是 API 永远是最好的参考手册。

5．多练习

学习 Java 要多练、多问，程序只有自己亲自编写、实践才会掌握，不能纸上谈兵！

1.7　就业面试问题解答

问题 1：编译 Java 程序时，为什么找不到 Java 文件？

答：编译 Java 程序时，找不到 Java 文件，可能是由以下几个方面导致的。

（1）在配置 classpath 时，没有为 classpath 指定存放 Java 源程序的目录。

(2) 文件命名时出错，例如文件名的大小写问题。

(3) 使用记事本保存 Java 程序时，扩展名是.txt 格式，没有改为.java 格式。

(4) 保存文件时，文件名中出现空格。

总之，为 Java 程序命名时，一定要注意 Java 语言大小写敏感，并遵守 Java 程序的命名规范。

问题 2：运行 Java 程序时，为什么会提示"找不到或无法加载主类"？

答：运行 Java 程序的作用是让 Java 解释器装载、检验并运行字节码文件(.class)。因此，在运行 Java 程序时，命令语句不可输错。运行 Java 程序的命令是"java 文件名"，java 后跟空格，文件名后不能再加扩展名。

1.8 上机练练手

上机练习 1：在控制台输出信息"学习 Java 并不难"

编写程序，在窗口中输出信息"学习 Java 并不难！"，程序运行效果如图 1-37 所示。

上机练习 2：打印星号字符图形

编写程序，在窗口中输出用星号组成的倒立三角形，程序运行效果如图 1-38 所示。

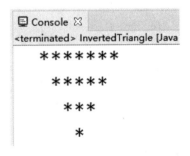

图 1-37　输出信息　　　　　　　图 1-38　打印星号字符图形

上机练习 3：使用 Java 获取本机地址与名称

编写程序，使用 InetAddress 类的 getLocalAddress()方法获取本机 IP 地址及主机名，程序运行效果如图 1-39 所示。

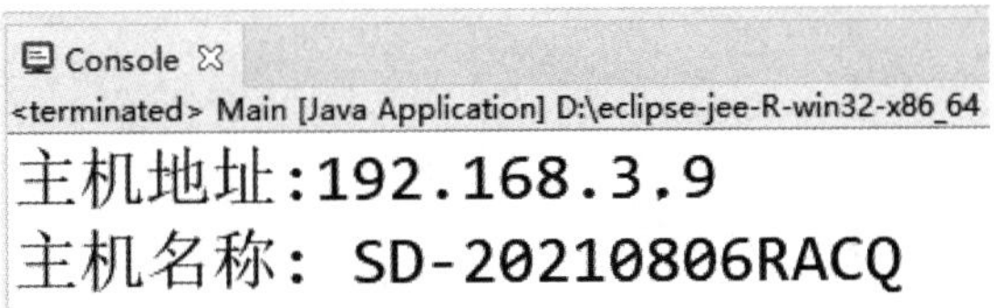

图 1-39　输出本机信息

第 2 章

Java 语言基础

学好一门语言最好的方法就是充分了解、掌握基础知识，并亲自体验。因此，要想学习 Java 语言，首先要做的就是掌握 Java 语言相关的基础知识，包括常量与变量、基本数据类型、运算符等。本章就来学习 Java 语言的基础知识，通过这些知识的学习，将为后面的程序开发奠定坚实的基础。

2.1 Java 程序的结构

在第 1 章编写的 Java 小程序，虽然非常简单，但是也涉及 Java 语法的各个方面。Java 程序的基本结构大体分为包、类、主方法 main()、标识符、关键字、语句和注释等。图 2-1 所示为代码在 Eclipse 编译器中的效果。

```
package myPackage;
public class FirstJava {
    /**
     * 主方法
     * @param args -主方法参数
     */
    public static void main(String[] args) {
        /*
         * 在主方法中编写方法体
         */
        System.out.println("欢迎来到Java世界！");//在控制台输出一行文字
    }
}
```

图 2-1 代码效果

下面通过剖析这个程序，让读者对 Java 程序的基本结构有更进一步的认识。

1. package(包)

在 Java 中定义包，主要是为了避免变量命名重复，定义包时必须使用关键字 package，定义包的语句必须在程序的第一行。语法格式如下：

```
package 包名;
```

例如，以下代码为定义一个名为 myPackage 的包。

```
package myPackage;
```

2. 类

所有的 Java 程序都必须放在一个类中才可以执行，定义类的语法格式如下：

```
[public] class 类名称{
    代码
}
```

定义类的形式有两种，分别如下。

(1) public class：文件名称必须与类名称保持一致，一个*.java 文件中只能定义一个 public class。

(2) class：文件名称可以和类名称不一致，在一个*.java 文件中可以同时定义多个 class，并且编译之后会发现不同的类将保存在不同的*.class 文件中。

  在定义类名称时，每个单词的首字母都必须大写，如 TestJava、HelloDemo 等。

3. 主方法(main())

主方法(main())是一切程序的开始点，主方法的编写形式如下(一定要在类中写)：

```
public static void main(String[] args) {
编写代码语句;
}
```

这是一个主方法(main())，它是整个 Java 程序的入口，所有的程序都是从 public static void main(String[] args)开始运行的，这一行的代码格式是固定的。括号内的 String[] args 不能省掉，如果不写，会导致程序无法执行。String[] args 也可以写成 String args[]，String 表示参数 args 的数据类型为字符串类型，[]表示它是一个数组。

main()之前的 public static void 都是 Java 的关键字，public 表示该方法是公有类型的，static 表示该方法是静态方法，void 表示该方法没有返回值。

4. 输出语句

当需要在屏幕上显示数据时，就可以使用如下两种方法完成。
(1) 输出时增加换行：System.out.println(输出内容)。
(2) 输出时不增加换行：System.out.print(输出内容)。

实例 01 学习 print 与 println 的区别，观察换行(源代码\ch02\2.1.txt)。

```
package myPackage;
public class Test {
    public static void main(String[] args) {
        System.out.print("Hello");
        System.out.print(" Java ");
        System.out.println(" !!! ");
        System.out.println("你好Java! ");
    }
}
```

运行结果如图 2-2 所示。通过运行结果可以看出，虽然"Hello""Java"和"!!!"分为三个语句输出，但显示结果还是在同一行，说明 print 在输出时没有换行，而 println 在输出之后增加了换行。

图 2-2 print 与 println 的区别

5. 修饰符

修饰符用于指定数据、方法以及类的属性的可见度，例如 public、protected、private 等。被它们修饰的数据、方法或者类的可见度是不同的。

6. 语句块

语句块是指一对大括号之间的内容。需要注意的是，程序中的大括号必须是成对出现的。

7. 语句

在 Java 程序中包含很多用";"结束的句子,即语句。语句的作用是完成一个动作或一系列的动作。

2.2 Java 的基础语法

一个 Java 程序可以认为是一系列对象的集合,而这些对象通过调用彼此的方法来协同工作。其中,对象是类的一个实例,有状态和行为;类是一个模板,用于描述一类对象的行为和状态;方法表示一种行为,一个类可以有很多方法,例如逻辑运算、数据修改以及所有动作都是在方法中完成的。

2.2.1 基本语法规则

编写 Java 程序时,应注意以下基本语法规则。

(1) 大小写敏感:Java 是大小写敏感的,这就意味着标识符 Hello 与 hello 是不同的。

(2) 类名:对于所有的类来说,类名的首字母应该大写。如果类名由若干单词组成,那么每个单词的首字母都应该大写,例如 MyFirstJavaClass。

(3) 方法名:所有的方法名都应该以小写字母开头。如果方法名含有若干单词,则后面的每个单词首字母都大写。

(4) 源文件名:源文件名必须和类名相同。当保存文件的时候,应该使用类名作为文件名保存(切记 Java 是大小写敏感的),文件名的后缀为.java(如果文件名和类名不相同则会导致编译错误)。

(5) 主方法入口:所有的 Java 程序由 public static void main(String[] args)方法开始执行。

2.2.2 Java 标识符

标识符可以简单地理解为一个名字,用来标识类名、变量名、方法名以及数组名称。Java 规定标识符由任意顺序的字母、下划线(_)、美元符号($)和数字组成,并且第一个字符不能是数字。标识符不能使用 Java 中的保留关键字。代码行中的 public、class、static、void 这些单词都叫关键字,都不能够作为标识符,如图 2-3 所示。

```
 7  public class Test {
 8      public static void main(String[] args) {
 9          /*
10           * 欢迎来到Java世界,下面的代码会将"你好世界!"显示在控制台。
11           */
12          // 在控制台显示"你好世界!"
13          System.out.println("你好世界!");
14          // System.out.println("此条信息不会显示");
15      }
16  }
```

图 2-3 关键字和标识符

例如，下面的标识符是合法的。

```
myName1       //合法
My_name1      //合法
Points1       //合法
$points       //合法
_my_name      //合法
PI            //合法
_50c          //合法
```

下面的标识符是非法的。

```
for           //不合法，关键字
12name        //不合法，数字开头
254           //不合法，数字开头，只由数字组成
user name     //不合法，不能有空格等非法字符
```

总之，在 Java 中，标识符的命名有如下规则。

(1) 类和接口名：每个字的首字母大写，含有大小写字母，如 MyClass、HelloWorld、Time 等。

(2) 方法名：首单词小写，其余的首字母大写，含大小写字母，尽量少用下划线，如 myName、setTime 等。这种命名方法叫做驼峰式命名。

(3) 常量名：基本数据类型的常量名全部使用大写字母，字与字之间用下划线分隔，如 SIZE_NAME。对象常量可大小写混写。

(4) 变量名：可大小写混写，首字母要小写，不用下划线，少用美元符号。给变量命名要尽量做到见名知义。

另外，关于 Java 标识符，还需要注意以下几点。

(1) 所有的标识符都应该以字母(A～Z 或者 a～z)、美元符($)或者下划线(_)开始。

(2) 首字符之后可以是字母(A～Z 或者 a～z)、美元符($)、下划线(_)或数字的任何字符组合。

(3) 标识符不能够使用 Java 的关键字或保留字。

(4) 标识符是大小写敏感的，应区分字母的大小写。

2.2.3 Java 的关键字

表 2-1 所示列出了 Java 的关键字，这些关键字不能用作常量、变量以及任何标识符的名称。

表 2-1 Java 的关键字

类　别	关键字	说　明
访问控制	private	私有的
	protected	受保护的
	public	公共的

续表

类　别	关键字	说　明
类、方法和变量修饰符	abstract	声明抽象
	class	类
	extends	扩充，继承
	final	最终值，不可改变的
	implements	实现(接口)
	interface	接口
	native	本地，原生方法(非 Java 实现)
	new	新，创建
	static	静态
	strictfp	严格，精准
	synchronized	线程，同步
	transient	短暂
	volatile	易失
程序控制语句	break	跳出循环
	case	定义一个值以供 switch 选择
	continue	继续
	default	默认
	do	运行
	else	否则
	for	循环
	if	如果
	instanceof	实例
	return	返回
	switch	根据值选择执行
	while	循环
错误处理	assert	断言表达式是否为真
	catch	捕捉异常
	finally	有没有异常都执行
	throw	抛出一个异常对象
	throws	声明一个异常可能被抛出
	try	捕获异常
包相关	import	引入
	package	包
基本类型	boolean	布尔型
	byte	字节型
	char	字符型

续表

类别	关键字	说明
基本类型	double	双精度浮点
	float	单精度浮点
	int	整型
	long	长整型
	short	短整型
	null	空
变量引用	super	父类，超类
	this	本类
	void	无返回值
保留关键字	goto	是关键字，但不能使用
	const	是关键字，但不能使用

表 2-1 中的所有关键字都不需要特别强记，只要代码写熟了，自然就记住了。但是对于这些关键字，还有以下几点要说明。

(1) Java 的关键字是随新版本的发布在不断变动中的，不是一成不变的。

(2) 所有关键字都是小写的。

(3) goto 和 const 不是 Java 编程语言中使用的关键字，它们是 Java 的保留字，也就是说 Java 保留了它们，但是没有使用它们。

(4) 有三个严格来讲不是关键字，可是却具备特殊含义的标记：true(真)、false(假)、null(空)。

(5) 表示类的关键字是 class。

2.2.4 Java 分隔符

在 Java 中，有一类特殊的符号称为分隔符，包括空白分隔符和普通分隔符。空白分隔符包括空格、回车、换行和制表符 Tab 键。空白分隔符的主要作用是分隔标识符，帮助 Java 编译器理解源程序。例如：

```
int a;
```

若标识符 int 和 a 之间没有空格，即 inta，则编译程序会认为这是用户定义的标识符，但实际上该语句的作用是定义变量 a 为整型变量。

另外，在编排代码时，适当的空格和缩进可以增强代码的可读性，例如下面这段代码：

```java
public class HelloWorld {
    public static void main(String[] args) {
        System.out.println("Hello World!");
    }
}
```

在这个程序中，用到了大量的用于缩排的空格(主要是制表符和回车)，如果不使用缩排空格，这个程序可能会显示如下：

```
public class HelloWorld{public static void main(String[] args){
System.out.println("Hello World!");}
}
```

相比较上一个程序，这个程序没有使用制表符来做缩排，显然在层次感上差了很多，甚至，还可能是如下情况：

```
1 public class HelloWorld{public static void main(String[] args){System.out.println("Hello World!");}}
```

这个程序将所有的语句都写在同一行上。在语法上，这个程序是正确的，但是，其可读性非常不好。因此，在编写程序的时候要灵活地使用空格来分隔语句或者做格式上的缩排，但是，也不能滥用。使用空白分隔符要遵守以下规则。

(1) 任意两个相邻的标识符之间至少有一个分隔符，以便编译程序能够识别。
(2) 变量名、方法名等标识符不能包含空白分隔符。
(3) 空白分隔符的多少没有什么含义，一个空白符和多个空白符的作用相同，都是用来实现分割功能的。
(4) 空白分隔符不能用普通分隔符替换。

普通分隔符具有确定的语法含义，如表 2-2 所示。

表 2-2 Java 的普通分隔符

分隔符	名 称	功能说明
{}	大括号(花括号)	用来定义块、类、方法及局部范围，也用来包括自己初始化的数组的值。大括号必须成对出现
[]	中括号(方括号)	用来进行数组的声明，也用来撤销对数组值的引用
()	小括号(圆括号)	在定义和调用方法时，用来容纳参数表。在控制语句或强制类型转换的表达式中用来表示执行或计算的优先权
;	分号	用来表示一条语句的结束。语句必须以分号结束，否则即使一条语句跨行显示，仍是未结束的
,	逗号	在变量声明中用于分隔变量表中的各个变量，在 for 控制语句中，用来将圆括号里的语句链接起来
:	冒号	说明语句标号
.	圆"点"	用于类/对象和它的属性或者方法之间的分隔。例如，圆点"."就起到了分隔类/对象和它的方法或者属性的作用

Eclipse 提供了一种简单快速地调整程序格式的功能，即选择 source→format 菜单命令来调整程序格式，如果程序没有错误，格式就会变成预定义的样式。在程序编写完成后，执行快速格式化，可以使代码美观整齐，我们应该养成这个习惯。

2.2.5 代码注释

在代码中添加注释能提高代码的可读性。注释中包含程序的信息，可以帮助程序员更好地阅读和理解程序。Java 程序的代码注释分为 3 种，分别为单行注释、多行注释和文档注释，这些注释在 Eclipse 中的效果如图 2-4 所示。

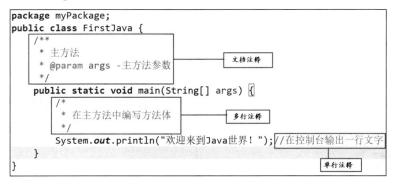

图 2-4　添加代码注释

1. 单行注释

"//"为单行注释标记，从符号"//"开始直到换行为止的所有内容都作为注释被编译器忽略。语法格式如下：

```
// 注释内容
```

例如，以下代码为声明的 int 型变量添加注释：

```
int age;   //声明 int 型变量，用于保存年龄信息。
```

2. 多行注释

"/*...*/"为多行注释标记，符号"/*"与"*/"之间的所有内容均为注释内容。注释中的内容可以换行。语法格式如下：

```
/*
注释内容 1
注释内容 1
…
*/
```

在 Eclipse 中选择要注释的内容，按 Ctrl+Shift+/组合键可以添加多行注释；按 Ctrl+Shift+\组合键可以取消多行注释。

3. 文档注释

"/**...*/"为文档注释标记，符号"/**"与"*/"之间的所有内容均为文档注释内容。注释中的内容可以换行。语法格式如下：

```
/**
注释内容 1
注释内容 1
…
*/
```

当文档注释出现在声明之前时，会被 Javadoc 文档工具读取作为 Javadoc 文档内容。对于初学者来说，文档注释并不重要，了解即可。

2.3 常量与变量

在程序执行的过程中，值能被改变的量称为变量，值不能被改变的量称为常量。变量与常量的命名都必须使用合法的标识符与关键字，熟练掌握变量和常量的用法，可以使代码的可维护性、可读性大大地提高。

2.3.1 常量

在 Java 语言中，为了区别常量与变量，常量的名称通常用大写字母，如 PI、YEAR 等。声明常量的语法如下：

```
final 数据类型 常量名称[=值];
```

注意　final 关键字不仅可以用来修饰基本数据类型的常量，还可以用来修饰对象的引用和方法。

实例 02　声明一个常量 PRICE，并在 main()方法中打印它的值(源代码\ch02\2.2.txt)。

```java
package myPackage;
public class FinalVar {
    static final float PRICE =2.5F;
    public static void main(String[] args) {
        System.out.println("白菜的价格是："+PRICE +"元/公斤");
    }
}
```

运行结果如图 2-5 所示。这里定义了常量 PRICE，并赋初始值，在主函数 main()中打印 PRICE 的值。

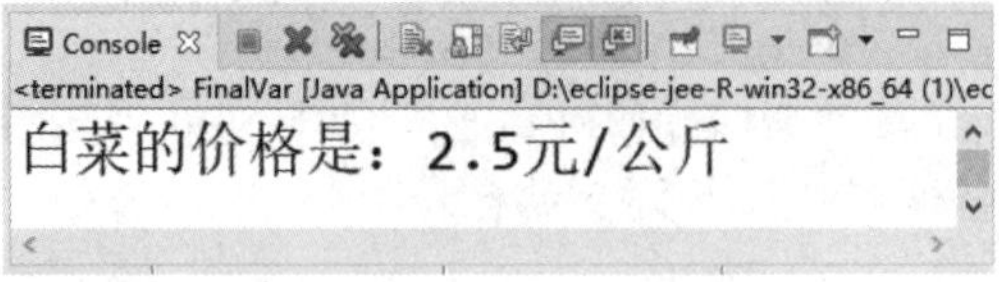

图 2-5　运行结果

2.3.2 变量

在程序中存在大量的数据来代表程序的状态，其中有些数据在程序的运行过程中值会发生改变，这种数据被称为变量。

1. 变量的声明

在 Java 程序中，变量是基本存储单元。所有的变量在使用前必须先声明，它通过联合标识符、类型以及可选的初始化器来定义。声明变量的基本格式如下：

```
type identifier [ = value][, identifier [= value] ...] ;
```

主要参数介绍如下。
- type 为 Java 数据类型。
- identifier 是变量名。可以使用逗号隔开来声明多个同类型变量。

例如，如下就是声明了不同类型的变量。

```
int x, y, z;                  // 声明三个 int 型整数：x、y、z。
int a = 3, b = 4, c = 5;      // 声明三个整数 a、b、c 并赋初值。
byte z = 22;                  // 声明并初始化字节型变量 z。
String s = "Java";            // 声明并初始化字符串 s。
double pi = 3.1415;           // 声明双精度浮点型变量 pi，并赋初值为 3.1415。
char x = 'a';                 // 声明字符型变量 x，并赋初值为'a'。
```

在 Java 中，虽然允许使用汉语中的文字和其他语言文字作为变量名，但是不建议使用这些文字作为变量名。

2. 变量的赋值

声明变量之后，可以使用赋值运算符"="为它赋值。赋值的方法有两种，一种是声明时为其赋值，另一种是先声明后赋值。

例如，首先声明 int 类型的变量 age，声明时为其指定初始值 8，然后声明 double 类型的变量 price，声明后将其赋值为 12.5。代码如下：

```
int age=8;          //声明 age 变量并赋值
double price;       //声明 price 变量
price=12.5;         //为 price 变量赋值
```

如果只声明变量而不赋值，系统将会使用默认值进行初始化。如 byte、short、int、long 类型的默认值为 0；double 和 float 类型的默认值为 0.0；boolean 类型的默认值为 false；所有引用类型的默认值为 null。

实例 03 声明变量 x，然后输出变量 x 的数值(源代码\ch02\2.3.txt)。

```
public class Test {
    public static void main(String[] args) {
        int x = 10;//声明变量 x 为 int 类型，并赋值为 10
        x = 20; //改变变量 x 的值为 20
        System.out.println("x="+x);
    }
}
```

运行结果如图 2-6 所示。

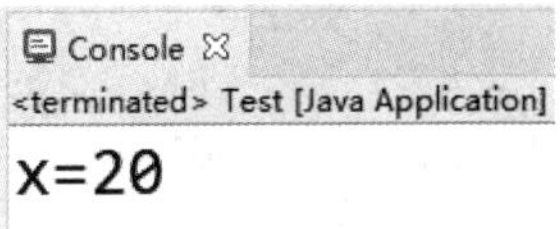

2.3.3 变量的作用域

变量声明的位置决定了变量的作用域，根据作用域的不

图 2-6 输出变量 x 的数值

同，可以将变量分为全局变量和局部变量。

1. 全局变量

全局变量即在程序范围之内都有效的变量。

实例 04 声明一个全局变量 age，并为其赋值，最后将变量值打印出来(源代码\ch02\2.4.txt)。

```java
package myPackage;    //定义包
public class MemberVar {
    int age;    // 声明全局变量
    public void setAge(int a){
        age = a;    //设定全局变量age的值
    }
    // 打印全局变量的信息
    public void printMember(){
        System.out.println("小红今年的年龄是:" +age+"岁");
    }
    public static void main(String args[]){
        MemberVar emp = new MemberVar();
        emp.setAge(20);
        emp.printMember();
    }
}
```

运行结果如图 2-7 所示。这里声明了全局变量 age，通过 setAge()方法为全局变量 age 赋值。在 main() 中通过类的引用 emp，调用 printMember()方法，打印全局变量 age 的信息。

```
Console
<terminated> MemberVar [Java Application] D:\eclipse-jee
小红今年的年龄是:20岁
```

图 2-7 输出全局变量

2. 局部变量

局部变量在方法、构造方法或者语句块中声明，它在方法、构造方法或者语句块被执行的时候创建，当它们执行完成后，变量将会被销毁。访问修饰符不能用于局部变量，局部变量只在声明它的方法、构造方法或者语句块中可见。局部变量没有默认值，所以局部变量被声明后，必须经过初始化才可以使用。

实例 05 声明一个局部变量，并为其赋值，最后将变量值打印出来(源代码\ch02\2.5.txt)。

```java
package myPackage;    //定义包
public class PartVar {
    public void putEngLish(){
        String apple = "Apple";        //给变量apple初始化
        System.out.println("苹果的英文是: " + apple); //打印局部变量的值
    }
    public static void main(String args[]){
        PartVar pvar = new PartVar(); //创建对象
        pvar.putEngLish(); //调用对象的成员方法
    }
}
```

运行结果如图 2-8 所示。这里定义了 putEngLish()方法，在方法中声明了局部变量 apple，并对它进行初始化，然后将局部变量 apple 打印出来。在程序的主函数 main()中调用了 putEngLish()方法。

图 2-8 输出局部变量

2.4 基本数据类型

Java 的数据类型有两种，分为基本数据类型和引用类型(reference)。基本数据类型有整数类型、浮点类型、字符类型、布尔类型、字符串类型等。引用类型有类(class)、接口(interface)和数组(array)三种。

2.4.1 整数类型

整数类型是一类整数值的类型，即没有小数部分的数值，可以是整数、负数和零。根据所占内存的大小不同，可以分为 byte(字节型)、short(短整型)、int(整型)和 long(长整型)4 种类型。它们所占内存和取值范围如表 2-3 所示。

表 2-3 整数类型

数据类型	占用内存(1 字节=8 位)	取值范围
byte	1 字节(8 位)	−128～127
short	2 字节(16 位)	−32 768～32 767
int	4 字节(32 位)	−2 147 483 648～2 147 483 647
long	8 字节(64 位)	−9 223 372 036 854 775 808L～ 9 223 372 036 854 775 807L

注意

在对 long 类型变量赋值时，结尾必须加上"L"或者"l"，否则将不被认为是 long 型。例如：

```
//定义long 型变量x、y、z，并给x、y赋初值
long x = 3563126L,y = 6857485L,z;
```

另外，在定义 long 类型变量时，在结尾最好加上大写字母"L"，因为小写字母"l"和数字"1"容易弄混。

实例 06 定义不同整数类型的变量，然后进行算术运算(源代码\ch02\2.6.txt)。

```
package myPackage;  //定义包
public class TestNumber {
    public static void main(String[] args) {
        byte b = 105;
        short s = 30867;
        int i = 586943;
        long g = 13499689L;
```

```
        long add = b + s + i + g;
        long subtract = g-i-s-b;
        long multiply = i * s;
        long divide = g / i;
        System.out.println("相加结果为: " + add);
        System.out.println("相减结果为: " + subtract);
        System.out.println("相乘结果为: " + multiply);
        System.out.println("相除结果为: " + divide);
    }
}
```

运行结果如图 2-9 所示。

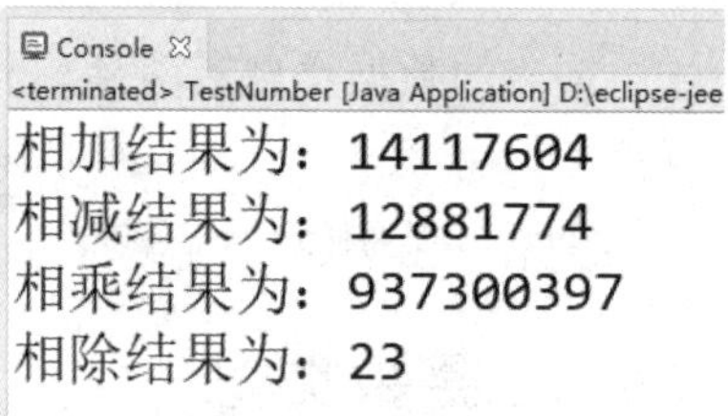

上述 4 种数据类型在 Java 程序中有 3 种表示形式，分别为十进制表示法、八进制表示法和十六进制表示法。

(1) 十进制表示法：以 10 为基础的数字系统，由 0、1、2、3、4、5、6、7、8、9 十个基本数字组成。它是逢十进一，每位上的数字最大是 9，例如 89、50、161 都是十进制数。

图 2-9 整数类型变量

(2) 八进制表示法：以 8 为基础的数字系统，由 0、1、2、3、4、5、6、7 八个基本数字组成。它是逢八进一，每位上的数字最大是 7，且必须以 0 开头。例如，0225(转换成十进制数为 149)、-0225(转换成十进制数为-149)都是八进制数。

(3) 十六进制表示法：它是逢十六进一，每位上的最大数字是 f(十进制的 15)，且必须以 0X 或 0x 开头。例如，0XC8D6(转换成十进制数为 51414)、0x68(转换成十进制数为 104)都是十六进制数。

2.4.2 浮点类型

浮点类型也被称为实型，是指带有小数部分的数据。当计算需要小数精度的表达式时可使用浮点类型数据。在 Java 中，浮点类型分为单精度浮点型(float)和双精度浮点型(double)，有不同的取值范围，如表 2-4 所示。

表 2-4 浮点类型

类 型	占用内存(1 字节=8 位)	取值范围
单精度浮点型(float)	4 字节(32 位)	-3.4E+38～3.4E+38(6～7 位有效小数位)
双精度浮点型(double)	8 字节(64 位)	-1.7E+308～1.7E+308(15 位有效小数位)

使用 float 关键字定义变量时，可以一次定义一个或多个变量并对其赋值，也可以不进行赋值。在给 float 型变量赋值时，在结尾必须加上"F"或"f"，如果不加，系统自动将其定义为 double 型变量。例如：

```
//定义 float 型变量 f1、f2、f3，并给变量 f1、f2 赋值
float f1 = 36.24F,f2 = -5.848f,f3;
```

使用 double 关键字定义变量时，可以一次定义一个或多个变量并对其赋值，也可以不进行赋值。在给 double 型变量赋值时，可以使用后缀"D"或"d"明确表明这是一个 double 型的数据，当然也可以不加，对于浮点型数据，系统默认是 double 型。例如：

```
//定义double型变量d1、d2、d3、d4，并给变量d1、d2、d3赋值
double d1 = 124.523,d2 = 243.546d,d3 = 23.452D,d4;
```

实例 07 使用 float 和 double 类型的数据进行简单的算术运算(源代码\ch02\2.7.txt)。

```
package myPackage;
public class SimpleCalculation {
    public static void main(String[] args) {
        //浮点型float和double数据的四则运算
        float f1 = 6.66f, f2 = 3.33f, ff1,ff2,ff3,ff4;
        ff1 = f1+f2;
        ff2 = f1-f2;
        ff3 = f2*2;
        ff4 = f2/2;
        System.out.println("f1="+f1);
        System.out.println("f2="+f2);
        System.out.println("f1+f2="+ff1);
        System.out.println("f1-f2="+ff2);
        System.out.println("f2*2="+ff3);
        System.out.println("f2/2="+ff4);
    }
}
```

运行结果如图 2-10 所示。

2.4.3 字符类型

字符类型使用 char 关键字进行声明，它占用 16 位(2 个字节)的内存空间，用来存储单个字符。char 类型数值的范围是 0～65 536，没有负值，如表 2-5 所示。

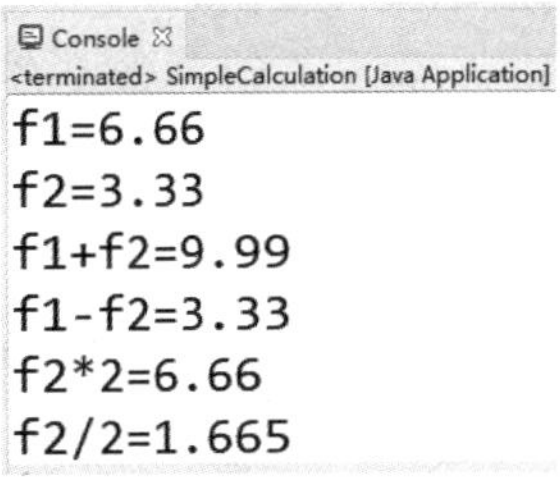

图 2-10 浮点类型运算输出结果

表 2-5 字符类型

类　　型	关键字	占用内存	取值范围
字符型	char	2字节	0～65 536

当需要为 char 型的变量赋值时，可以使用单引号或数字。char 型变量使用两个字节的 Unicode 编码表示，Unicode 定义了一个完全国际化的字符集，能够表示全部人类语言中的所有字符。为此，Unicode 需要 16 位宽度。因此，在 Java 中的 char 是 16 位的。

例如，定义 char 型变量 myChar 并为其赋值。代码如下：

```
char myChar='c';      //定义char型变量c，并初始化
```

由于字符 c 在 Unicode 表中的排序是 99，因此允许将上面的语句写成：

```
char myChar=99;        //定义 char 型变量 c，并初始化
```

char 的默认值是空格，char 还可以与整数做运算。例如：

```
char myChar = 'c',newChar;
newChar = (char) (myChar + 1);
System.out.println(newChar);
```

输出结果为：

```
d
```

这是因为小写字母 c 的 Unicode 编码再加 1，就是 d。

实例 08 将字母 a 转换为 A，并输入对应的 ASCII 码值(源代码\ch02\2.8.txt)。

```
public class Test {
    public static void main(String[] args) {
        char x = 'a';
        int y = x;//将字符型赋值给整型
        System.out.println(y);//输出字符 a 的 ASCII 码值 97
//将字母 a 转换为 A，在 ASCII 码中值相差 32，(char)表示将 int 类型强制转换为 char 类型
        System.out.println((char)(y-32));
    }
}
```

运行结果如图 2-11 所示。

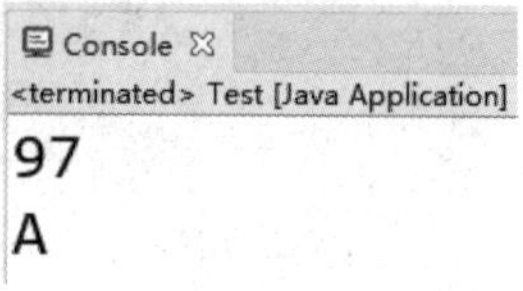

在字符类型中有一种特殊的字符，以反斜线"\"开头，后跟一个或者多个字符，叫转义字符。例如，"\b"就是一个转义字符，意思是"退格符"。Java 中的转义字符如表 2-6 所示。

图 2-11 A 对应的 ASCII 码值

表 2-6 转义字符表

转义字符	含 义
\ddd	1～3 位八进制字符(ddd)
\uxxx	1～4 位十六进制 Unicode 码字符
\'	单引号
\"	双引号
\\	反斜杠
\n	回车换行
\f	换页符
\t	水平跳格符
\b	退格符

实例 09 转义字符的应用(源代码\ch02\2.9.txt)。

```
package myPackage;
public class EscapeCharacter {
    public static void main(String[] args) {
        char c1 = '\t';           //制表符转义字符
```

```java
        char c2 = '\n';           //换行符转义字符
        char c3 = '\r';           //回车符转义字符
        char c4 = '\105';         //八进制表示的字符
        char c5 = '\u0045';       //十六进制表示的字符
        char c6 = '\'';           //单引号转义字符
        char c7 = '\"';           //双引号转义字符
        char c8 = '\\';           //反斜杠转义字符
        System.out.println("[" + c1 + "]");
        System.out.println("[" + c2 + "]");
        System.out.println("[" + c3 + "]");
        System.out.println("[" + c4 + "]");
        System.out.println("[" + c5 + "]");
        System.out.println("[" + c6 + "]");
        System.out.println("[" + c7 + "]");
        System.out.println("[" + c8 + "]");
    }
}
```

运行结果如图 2-12 所示。

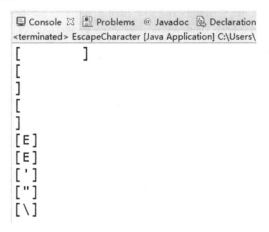

图 2-12 转义字符应用展示

2.4.4 布尔类型

boolean 型即布尔型，使用 boolean 关键字进行声明，它只有 true(真)和 false(假)两个值。也就是说，当将一个变量定义成布尔类型时，它的值只能是 true 或 false，如表 2-7 所示。

表 2-7 布尔类型

类型	关键字	占用内存	取值范围
布尔型	boolean	1 字节	true 或 false

Java 中的布尔值不能与整数型相互转换。布尔值一般用在逻辑判断语句中。布尔型变量的声明示例如下：

```java
boolean myFlag = true;
System.out.println(myFlag);
```

输出结果为:

```
true
```

实例 10 输出 boolean 数据类型(源代码\ch02\2.10.txt)。

```
public class Test {
    public static void main(String[] args) {
        boolean t = true;
        System.out.println("t="+t);
    }
}
```

运行结果如图 2-13 所示。

2.4.5 字符串类型

字符本身只包含单个的内容，这在很多情况下是无法满足要求的，所以在 Java 中专门提供了一种 String 类型。String 是引用型数据，是一个类(因此 String 的 S 一定要大写)，但是这个类稍微特殊一些。如果现在使用"abc"，在 Java 中就表示定义了字符串 abc。

图 2-13 boolean 数据类型示例

在 String 类型的变量上使用"+"，则对于 String 而言表示要执行字符串的连接操作。但"+"既可以表示数据的加法操作，也可以表示字符串连接，那么如果这两种操作碰到一起会怎么样呢？如果遇到与字符串的加法操作，则所有的数据类型(基本、引用)都会自动地变为 String 型数据。

实例 11 输出字符串数据类型(源代码\ch02\2.11.txt)。

```
package myPackage;
public class TString {
    public static void main(String[] args) {
        String s1 = "我爱";
        String s2 = "Java!";
        System.out.println(s1+s2);//此处的加号表示连接
    }
}
```

运行结果如图 2-14 所示。

图 2-14 字符串数据类型示例

2.5 数据类型转换

数据类型的转换是在所赋值的数据类型和被变量接受的数据类型不一致时发生的，它需要从一种数据类型转换成另一种数据类型。在 Java 中，除了 boolean 类型以外的 7 种基本类型，把某个类型的值直接赋给另外一种类型的变量，这种方式称为基本类型转换。一般情况下，基本数据类型转换可分为自动类型转换和强制类型转换两种。

2.5.1 自动类型转换

自动类型转换必须在两种兼容的数据类型的数据之间进行，并且必须是由低精度类型向高精度类型转换。整数类型、浮点类型和字符类型数据可以进行混合运算。在运算过程中，不同类型的数据会自动转换为同一类型，然后进行运算。

自动转换的规则如下。

(1) 数值型之间的转换：byte → short → int → long → float → double
(2) 字符型转换为整型：char → int

以上类型从左到右依次自动转换，最终转换为同一数据类型。例如 byte 和 int 类型运算，则最终转换为 int 类型；如果是 byte、int 和 double 这三种类型参与运算，则最后转换为 double 类型。

实例 12 不同类型之间的自动类型转换(源代码\ch02\2.12.txt)。

```
package myPackage;
public class TestType {
    public static void main(String[] args){
        int i = 520;
        float f = 712.5f;
        char a = 'A';
        System.out.println("i + f = " + (i + f));
        System.out.println("i + a = " + (i + a));
    }
}
```

程序运行结果如图 2-15 所示。声明了 int 型变量 i，float 型变量 f，char 型变量 a，并对它们初始化。对变量 i 和 f 进行加法运算，按照数值之间的转换，变量 i 和 f 的值都被转换成 double 类型，然后再进行加法运算。对变量 i 和 a 进行加法运算，将字符型先转换为整型，然后对 i 和 a 的值进行加法运算。

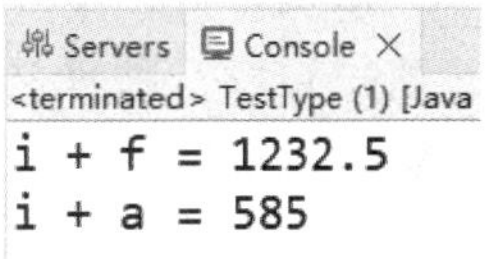

图 2-15 自动类型转换

2.5.2 强制类型转换

强制类型转换是将高精度类型向低精度类型进行转换。需要注意的是，在进行强制类型转换时，如果将高精度数据向低精度数据进行转换，可能会因为超出低精度数据类型的取值范围，导致数据不完整，数据的精度将会降低。

强制类型转换时，要在被转换的变量前添加转换的数据类型，转换格式为：

(目标数据类型)变量名或表达式；

实例 13 不同类型之间的强制类型转换(源代码\ch02\2.13.txt)。

```
package myPackage;
public class ExplicitConversion {
    public static void main(String[] args) {
        int a = (int) 32.14; // double 类型强制转换成 int 类型
```

```
long b = (long) 36.54f; // float 类型强制转换成 long 类型
char c = (char) 97.25;  // double 类型强制转换成 char 类型
System.out.println("32.14 强制转换成 int 的结果：" + a);
System.out.println("36.54f 强制转换成 long 的结果：" + b);
System.out.println("97.25 强制转换成 char 的结果：" + c);
    }
}
```

运行结果如图 2-16 所示。

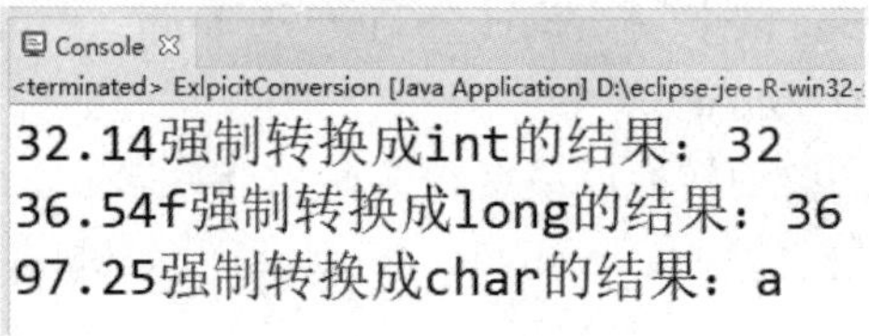

图 2-16　强制类型转换结果

当把整数赋值给 byte、short、int、long 型变量时，不可以超出这些变量的取值范围，否则必须进行强制类型转换。例如，byte 的取值范围是-128～127，如果把 129 赋值给 byte 类型的变量，就必须进行强制类型转换，语句如下：

```
byte b = (byte)129;
```

2.6　运　算　符

运算符是在用变量或常量进行运算时经常使用的符号。Java 语言中的运算符可以分为赋值运算符、算术运算符、关系运算符、三元运算符、逻辑运算符、位运算符以及自增和自减运算符等。

2.6.1　赋值运算符

赋值运算符用于完成赋值运算，最基本的赋值运算符是"="(等号)，在它的基础之上结合加、减、乘、除等，又形成了复合赋值运算符。赋值运算符及其应用示例如表 2-8 所示。

表 2-8　赋值运算符及其示例

操作符	描　　述	举　　例
=	简单的赋值运算符，将右操作数的值赋给左操作数	C=A+B 将把 A+B 得到的值赋给 C
+=	加和赋值操作符，把左操作数和右操作数相加赋值给左操作数	C+=A 等价于 C=C+A
-=	减和赋值操作符，把左操作数和右操作数相减赋值给左操作数	C-=A 等价于 C=C-A

续表

操作符	描 述	举 例
*=	乘和赋值操作符，把左操作数和右操作数相乘赋值给左操作数	C*=A 等价于 C=C*A
/=	除和赋值操作符，把左操作数和右操作数相除赋值给左操作数	C/=A 等价于 C=C/A
(%)=	取模和赋值操作符，把左操作数和右操作数取模后赋值给左操作数	C%=A 等价于 C=C%A

赋值运算符"="是二元运算符，有两个操作数参与运算。将右边操作数的值赋给左边的操作数。例如：

```
int a = 2;
```

左边的操作数必须是一个变量或常量，但必须是被初始化过的，右边的操作数则可以是变量(如 a、number)、常量(如 123、'abc')或者有效的表达式(如 45+20)。

实例 14 使用赋值运算符给变量赋值(源代码\ch02\2.14.txt)。

```
package myPackage;
public class Test{
    public static void main(String[] args) {
        int a,b,c = 20;            //声明整型变量a、b、c
        a = 50;                    //将50赋值给a
        c = b = a + 30;            //将a与30的和赋值给b，然后再赋值给变量c
        System.out.println("a=" + a);
        System.out.println("b=" + b);
        System.out.println("c=" + c);
    }
}
```

运行结果如图 2-17 所示。
Java 中可实现多个赋值运算符之间的连接赋值。例如：

```
int x,y,z;
x = y = z = 1;
```

这个语句中，变量 x、y、z 都得到同样的值 1，但在实际开发过程中不建议使用这种赋值语法。

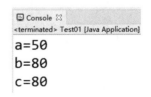

图 2-17 赋值运算符应用示例

2.6.2 算术运算符

算术运算符的功能是进行算术运算，算术运算符可以分为加(+)、减(-)、乘(*)、除(/)及取模(%)这 5 种运算符，它们组成了程序中最常用的算术运算符。各种算术运算符的含义及其应用如表 2-9 所示。表格中的实例假设整数变量 A 的值为 10，变量 B 的值为 20。

表 2-9 算术运算符的含义及其应用

操作符	描述	举例
+	加法，运算符两侧的值相加	A + B 等于 30
-	减法，左操作数减去右操作数	A - B 等于 -10
*	乘法，操作符两侧的值相乘	A * B 等于 200
/	除法，左操作数除以右操作数	B / A 等于 2
%	取模，左操作数除以右操作数的余数	B%A 等于 0

算术运算符的操作规则如下。
(1) 两个操作数可以是常量、变量或有效表达式，但必须是初始化过的。
(2) 当进行除法运算时，右操作数的值不能是 0，0 不能做除数。
(3) 多个算术运算符可以连用，但有优先级，其优先级等同于四则运算优先级。

注意：加法运算符"+"和减法运算符"-"，还可以表示"正号"和"负号"，例如，+6 表示正 6。

实例 15 使用算术运算符对变量进行运算(源代码\ch02\2.15.txt)。

```java
package myPackage;
public class SuanShu {
    public static void main(String[] args){
        int x = 23;
        int z = 2;
        float y = 16.28f;
        System.out.println("x + y = " + (x + y));
        System.out.println("x - y = " + (x - y));
        System.out.println("x * y = " + (x * y));
        System.out.println("x / z = " + (x / z));
        System.out.println("x % z = " + (x % z));
    }
}
```

运行结果如图 2-18 所示。在本实例中，定义了变量 x、y、z 三个变量，对 x、y 和 z 进行加、减、乘、除和取模运算，在控制台输出它们的值。

```
Console
<terminated> SuanShu [Java Application] D:\eclipse-jee-R
x + y = 39.28
x - y = 6.7199993
x * y = 374.44
x / z = 11
x % z = 1
```

图 2-18 算术运算符运行结果

2.6.3 关系运算符

关系运算符也被称为比较运算符,是指对两个操作数进行关系运算的运算符,主要用于确定两个操作数之间的关系,关系运算符的计算结果都是布尔类型的,如表 2-10 所示,这里假设 a=97,b=98。

表 2-10 Java 中的关系运算符

符 号	名 称	实 例	判断结果布尔值
==	等于	'a' ==97	true
>	大于	'a'>'b'	false
<	小于	'a'<'b'	true
>=	大于等于	3>=2	true
<=	小于等于	2<=2	true
!=	不等于	1!='a'	true

> **注意**:表 2-10 所示的各种运算符中,一定要将等于运算符"=="与赋值运算符"="区分开,如果少写一个"=",那就不是比较了,整个语句就变成赋值语句。初学者可能会将赋值运算符错误用作等于运算符,这在编程中一定要避免。

实例 16 使用关系运算符对变量进行运算(源代码\ch02\2.16.txt)。

```
package myPackage;
public class Compare {
    public static void main(String[] args){
        int x=23;
        int y=12;
        System.out.println("x="+x+","+"y="+y);
        System.out.println("x > y :" + (x > y));
        System.out.println("x >= y :" + (x >= y));
        System.out.println("x < y :" + (x < y));
        System.out.println("x <= y :" + (x <= y));
        System.out.println("x != y :" + (x != y));
        System.out.println("x == y :" + (x == y));
    }
}
```

运行结果如图 2-19 所示。这里定义了两个整型变量 x 和 y,通过对 x 和 y 进行比较运算,输出它们的比较结果。

2.6.4 三元运算符

三元运算符是对条件真假不同的结果取不同的值。使用格式如下:

条件表达式? 值1: 值2

```
Console
<terminated> Compare [Java Application] D:\eclipse-jee
x=23,y=12
x > y :true
x >= y :true
x < y :false
x <= y :false
x != y :true
x == y :false
```

图 2-19 关系运算符运行结果

三元运算符的运算规则为：若条件表达式的值为 true，则整个表达式的取值为"值1"，否则取值为"值2"。

实例 17 使用三元运算符对变量进行运算(源代码\ch02\2.17.txt)。

```
package myPackage;
public class Sanyuan{
  public static void main(String[] args){
       int x = 23;
       int y = 12;
       int z = (x > y) ? x : y;
       System.out.println("x 和 y中最大的值是: " + z);
   }
}
```

运行结果如图 2-20 所示。这里定义了两个整型变量 x 和 y，如果条件成立就输出 true，否则输出 false。

```
x=23,y=12
x 和 y中最大的值是：23
```

图 2-20　三元运算符运行结果

2.6.5　逻辑运算符

逻辑运算符是对真和假这两种逻辑值进行运算，运算后的结果仍是一个逻辑值。逻辑运算符包括&&(逻辑与)、||(逻辑或)和!(逻辑非)。逻辑运算符计算后的结果必须是 boolean 型数据。在逻辑运算符中，除了"!"是一元运算符之外，其他都是二元运算符。表 2-11 所示是逻辑运算符。

表 2-11　逻辑运算符

运算符	含义	实例	判断结果
&&	逻辑与	A&&B	(真)与(假)=假
||	逻辑或	A||B	(真)或(假)=真
!	逻辑非	!A	不(真)=假

表 2-12 所示是逻辑运算符的运算结果。

表 2-12　逻辑运算符的运算结果

操作数		逻辑运算		
A	B	A&&B	A||B	!B
真(true)	真(true)	真(true)	真(true)	假(false)
真(true)	假(false)	假(false)	真(true)	真(true)
假(false)	真(true)	假(false)	真(true)	假(false)
假(false)	假(false)	假(false)	假(false)	真(true)

关系运算符的结果是布尔值，关系运算符与逻辑运算符结合使用，可以完成更为复杂的逻辑运算，从而解决生活中的问题。

实例 18 使用逻辑运算符对变量进行运算(源代码\ch02\2.18.txt)。

```java
package myPackage;
public class Calculation {
    public static void main(String[] args) {
        boolean x = true;      //定义boolean型变量x并初始化
        boolean y = false;     //定义boolean型变量y并初始化
        System.out.println("x && y : " + (x && y));
        System.out.println("x || y : " + (x || y));
        System.out.println("!x : " + (!x));
    }
}
```

运行结果如图 2-21 所示。这里定义了 boolean 型的两个变量 x 和 y 并初始化。对 x 和 y 做逻辑与和逻辑或运算，并输出它们的值。再对变量 x 做逻辑非运算，并输出它的值。

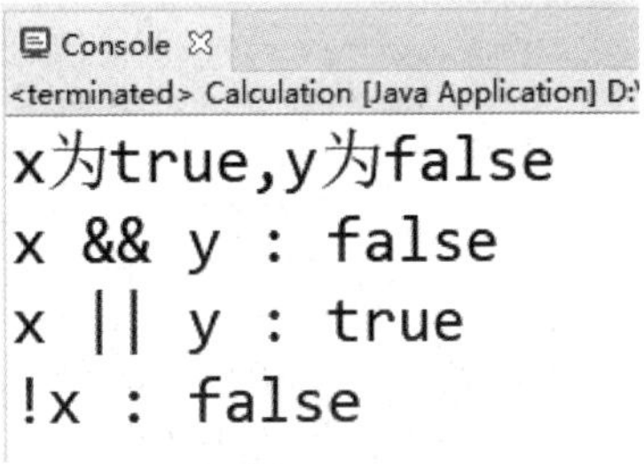

图 2-21 逻辑运算符运行结果

2.6.6 位运算符

位运算符的操作数类型是整型，可以是有符号的也可以是无符号的。位运算符分为两类：位逻辑运算符和位移运算符，如表 2-13 所示。

表 2-13 位运算符

符 号	名 称	实 例	含 义
&	与	A&B	A 和 B 对应位的与运算，有 0 则 0，否则为 1
|	或	A|B	A 和 B 对应位的或运算，有 1 则 1，否则为 0
~	取反	~A	A 对应位取反
^	异或	A^B	A 和 B 对应位的异或运算，相同为 0，相异为 1
<<	左移	A<<2	A 向左移 2 位，低位补 0
>>	右移	A>>2	A 向右移 2 位，正数高位补 0，负数高位补 1
>>>	无符号右移	A>>>2	A 向右移 2 位，高位补 0

1. 位逻辑运算符

位逻辑运算符有&、|、^和～，其中&、|、^是双目运算符，～是单目运算符。这 4 个运算符的运算结果如表 2-14 所示。

表 2-14 位逻辑运算符计算二进制值的结果

A	B	A&B	A|B	A^B	~A
0	0	0	0	0	1
1	0	0	1	1	0
0	1	0	1	1	1
1	1	1	1	0	0

&、|和^运算符还可以用于逻辑运算，运算结果如表2-15所示。

表2-15 位逻辑运算符计算布尔值的结果

A	B	A&B	A|B	A^B
false	false	false	false	false
true	false	false	true	true
false	true	false	true	true
true	true	true	true	false

实例 19 使用位逻辑运算符进行运算(源代码\ch02\2.19.txt)。

```java
public class BitLogicalOperator {
    public static void main(String[] args) {
        int a = 12,b=34;
        System.out.println("12 与 34 的运算结果："+(a&b));
        System.out.println("12 或 34 的运算结果："+(a|b));
        System.out.println("12 异或 34 的运算结果："+(a^b));
        System.out.println("12 取反的运算结果："+(~a));
        System.out.println("12>13 与 14!=17 的与运算结果："+(12>13&14!=17));
        System.out.println("12>13 与 14!=17 的或运算结果："+(12>13|14!=17));
        System.out.println("12>13 与 14!=17 的异或运算结果："+(12>13^14!=17));
    }
}
```

运行结果如图2-22所示。

```
12与34的运算结果：0
12或34的运算结果：46
12异或34的运算结果：46
12取反的运算结果：-13
12>13与14!=17的与运算结果：false
12>13与14!=17的或运算结果：true
12>13与14!=17的异或运算结果：true
```

图2-22 位逻辑运算符的应用

2. 位移运算符

位移运算符有3个，分别为左移"<<"、右移">>"和无符号右移">>>"，这三个运算符都可以将任意数字以二进制的方式进行位数移动运算。其中左移"<<"和右移">>"不会改变数字的正负，但是经过无符号右移后，只能产生正数结果。

实例 20 使用位移运算符进行运算(源代码\ch02\2.20.txt)。

```java
public class BitOperator {
    public static void main(String[] args) {
        int a =14;
        System.out.println("14 左移 2 位的运算结果："+ (a<<2));
```

```
        System.out.println("14 右移 2 位的运算结果："+ (a>>2));
        System.out.println("14 无符号向右移 2 位的运算结果："+ (a>>>2));
    }
}
```

运行结果如图 2-23 所示。

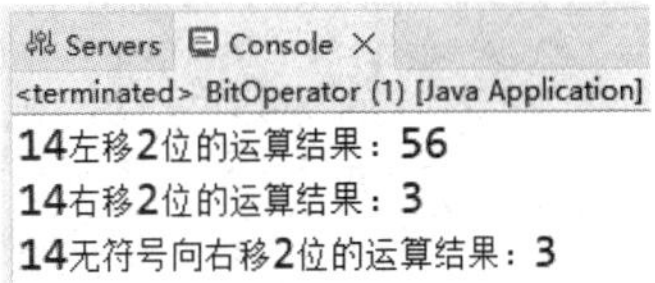

2.6.7 自增和自减运算符

自增(++)和自减(--)运算符是一种特殊的算术运算符，在一般的算术运算符中需要两个操作数来进行运算，而自增和自减运算符只需一个操作数。因此，自增和自减运算符是单目运算符，可以放在变量之前，也可以放在变量之后，因符号位置不同，其运算结果也会不同。自增和自减运算符的作用是使变量的值加 1 或减 1。语法格式如下：

图 2-23 位移运算符的应用

```
a++;    //先输出 a 的原值，后做+1 运算
++a;    //先做+1 运算，再输出 a 计算之后的值
a--;    //先输出 a 的原值，后做-1 运算
--a;    //先做-1 运算，再输出 a 计算之后的值
```

实例 21 自增运算符++a 的应用示例(源代码\ch02\2.21.txt)。

```
public class Test {
    public static void main(String[] args) {
        int a = 10;
        int b = 20;
        b = ++a;
        System.out.println("a="+a+",b="+b);
    }
}
```

运行结果如图 2-24 所示。通过结果我们看到，++a 是 a 先+1，然后把结果赋值给 b。

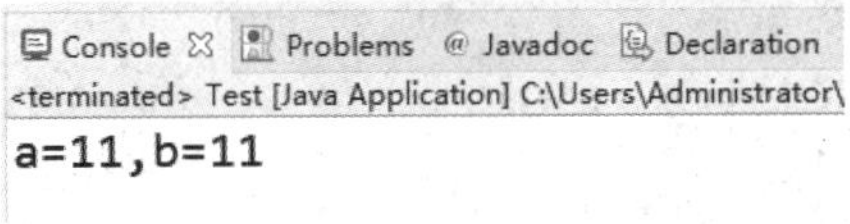

图 2-24 自增运算符++a 的应用示例

实例 22 自增运算符 a++的应用示例(源代码\ch02\2.22.txt)。

```
public class Test {
    public static void main(String[] args) {
        int a = 10;
        int b = 20;
        b = a++;
        System.out.println("a="+a);
        System.out.println("b="+b);
        System.out.println("a="+a+", b="+b);
    }
}
```

运行结果如图 2-25 所示。通过结果我们看到，a++是先将 a 赋值给 b，然后 a 再+1。

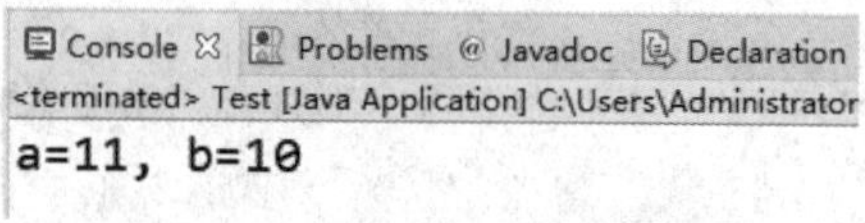

```
a=11, b=10
```

图 2-25 自增运算符 a++的应用

总之，a++或者++a，对 a 来说最后的结果都是自加 1，但对 b 来说，结果就不一样了。通过这两个例子，希望读者能够明白 a++和++a 的区别，并以此类推 a--和--a 等。

2.6.8 圆括号

圆括号大家都很熟悉，在数学运算中是一个神器，把最先计算的内容括起来就可以跨越四则运算当中的乘除成为第一优先级。Java 中有很多运算符号与运算表达式，读者可以通过圆括号来实现更为复杂和更为灵活的表达式运算。

圆括号在算术运算符运算当中将优先运算，例如以下代码：

```
int a=20, b=30, c=25,d1,d2;
d1 = a+b-c*2+b/10 ;
```

上面表达式要想实现从左到右的顺序计算是不可能的，这时就需要添加圆括号了，代码如下：

```
d2 = ((a+b-c)*2+b)/10 ;
```

这样就实现了从左到右的顺序计算。

运算结果为：d1 取值为 3，d2 取值为 8

注意

圆括号必须成对出现，而且一定是英文输入法当中的圆括号。

2.6.9 运算符优先级

当多个运算符同时出现在一个表达式中时，就会遇到运算符的优先级问题。在一个多运算符的表达式中，运算符优先级不同，会导致最后得出的结果不同。在实际编写程序时一般都使用括号来划分优先级，初学者也应养成这个习惯。表 2-16 中列出了常见运算符之间的优先级。

表 2-16 运算符优先级

优 先 级	运 算 符
1	括号，如( )和[ ]
250	一元运算符，如-、++、--和！
3	算术运算符，如*、/、%、+和-
4	关系运算符，如>、>=、<、<=、==和!=
5	逻辑运算符，如 &、^、|、&&、||

| 6 | 三元运算符和赋值运算符，如 ？：、=、*=、/=、+= 和 -= |

2.7 就业面试问题解答

问题 1:"&""|"和"&&""||"的区别是什么?

答:在 Java 程序中,"&""|"和"&&""||"的区别在于,如果使用"&""|"连接,那么在任何情况下,"&""|"两边的表达式都会参与计算。如果使用"&&""||"连接,当"&&""||"的左边为 false 时,则不会计算其右边的表达式。"&&"通常称为"短路与","||"通常称为"短路或"。

问题 2:"b=a++""b=++a"的区别是什么?

答:"b = a++"表示先将 a 的值赋给 b,a 再自加 1;"b = ++a"表示 a 先自加 1,然后再将 a 的值赋给 b。

2.8 上机练练手

上机练习 1:根据分数判断考试成绩

编写程序,定义 score 为 int 类型,赋值 68,通过条件运算符判断考试成绩,并输出判断结果。程序运行结果如图 2-26 所示。

上机练习 2:计算圆的面积和周长

编写程序,将圆周率 PI 使用常量声明,通过输入半径 r 来计算并输出圆的面积与周长。程序运行结果如图 2-27 所示。

图 2-26 三元运算符应用示例

图 2-27 圆的面积与周长计算

上机练习 3:根据输入值,判断输入值与默认值是否相等

编写程序,创建 OpenDoor 类,首先弹出输入提示,然后获取用户输入的值,判断用户输入的值是否与默认值相等,最后将结果赋给一个 boolean 变量并输出。程序运行结果如图 2-28 所示。

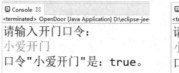

图 2-28 判断口令是否正确

第 3 章

程序控制语句

在 Java 中,程序能够按照人们的意愿执行,主要是依靠程序的控制结构。多么复杂的程序,都是由这些基本的语句组成的。本章将介绍 Java 语言的流程控制。

3.1 程序结构

从结构化程序设计角度出发,程序有 3 种结构:顺序结构、选择结构和循环结构。顺序结构是自上而下地逐行执行代码;选择结构是根据逻辑判断执行代码;循环结构是根据逻辑重复执行某个代码块。使用这 3 种结构,可以完成任何复杂的程序,这 3 种结构也是书写复杂的 Java 语言程序的基础。3 种基本流程的结构如图 3-1 所示。

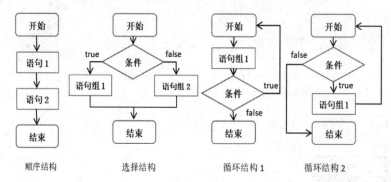

图 3-1 基本程序流程结构

通过上述 3 种程序结构,可以进行程序的结构化设计。结构化程序设计是采用自顶向下、逐步求精的设计方法,各个模块通过基本控制结构进行连接,且整个过程只有一个入口和一个出口。下面介绍程序流程结构的执行顺序。

(1) 顺序结构:顺序结构是最简单的程序结构,也是最常用的程序结构,只要按照解决问题的顺序写出相应的语句就行,它的执行顺序是自上而下,依次执行。

(2) 选择结构:程序的处理出现了分支,它需要根据某一特定的条件选择其中的一个分支执行。选择结构有单选择、双选择和多选择 3 种形式。

(3) 循环结构:程序反复执行某个或某些操作,直到某条件为假(或为真)时才可终止循环。循环结构的基本形式有两种:当型循环和直到型循环。

- 当型循环:表示先判断条件,当满足给定的条件时执行循环体,并且在循环体执行完之后,循环返回到循环流程入口;如果条件不满足,则退出循环直接到达流程出口。
- 直到型循环:表示从程序入口直接执行循环体,在循环终端处判断条件,如果条件不满足,返回入口继续执行循环体,直到条件为真时再退出循环。

本章之前所涉及的程序大多是顺序结构,例如,声明并输出一个 int 类型的变量,代码如下:

```
int age=23;
System.out.println("小明今年的年龄为: "+ age);
```

下面将主要对选择结构中的条件语句和循环结构中的循环语句进行介绍。

3.2 条件语句

条件语句也被称为分支语句,它是对语句中不同条件的值进行判断,然后根据不同的条件执行不同的语句。在 Java 语言中,条件语句主要包括 if 语句和 switch 语句,其中 if 语句又可以再进行细分。

3.2.1 if 语句

if 语句用来判断所给定的条件是否满足,根据判定结果(真或假)决定所要执行的操作。Java 语言把任何非零和非空的值假定为 true(真),把零或 null 假定为 false(假)。if 语句的语法格式如下:

```
if (布尔表达式)
{
    语句   //如果布尔表达式为true 将执行的语句块
}
```

主要参数介绍如下。
- 布尔表达式:必要参数,最后返回的结果必须是一个布尔值。它可以是一个单纯的布尔变量或常量,也可以是关系表达式。
- 语句:可以是一条或多条语句,当布尔表达式的值为 true 时执行这些语句,若仅有一条语句,则可以省略条件语句中的"{ }"。

如果布尔表达式为 true,则 if 语句内的代码块将被执行。如果布尔表达式为 false,将跳过语句块,执行大括号后面的语句。if 语句的执行流程如图 3-2 所示。

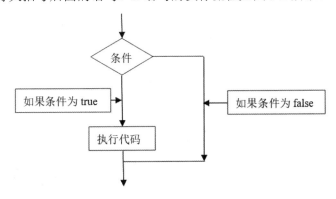

图 3-2 条件语句的执行流程

使用 if 语句应注意以下几点。

(1) if 关键字后的一对小括号不能省略。小括号内的布尔表达式要求结果为布尔型或可以隐式转换为布尔型的表达式、变量或常量,即表达式返回的一定是布尔值 true 或 false。

(2) if 表达式后的一对大括号是语句块的语法。程序中的多个语句使用一对大括号括起来,就构成了语句块。if 语句中的语句块如果是一条语句,大括号可以省略,如果是一条语句以上，大括号一定不能省略。

(3) if 语句表达式后一定不要加分号，如果加上分号代表条件成立后执行空语句，在调试程序时不会报错，只会警告。

实例 01 从大到小排序数值(源代码\ch03\3.1.txt)。

```java
package myPackage;
import java.util.Scanner; //引入扫描器库
public class Test {
    public static void main(String[] args) {
        Scanner s = new Scanner(System.in);
        System.out.println("请输入3个整数：");
        int a = s.nextInt();
        int b = s.nextInt();
        int c = s.nextInt();
        if (a < b) {
            int t = a;
            a = b;
            b = t;
        }
        if (a < c) {
            int t = a;
            a = c;
            c = t;
        }
        if (b < c) {
            int t = b;
            b = c;
            c = t;
        }
        System.out.println("从大到小的顺序输出:");
        System.out.println(a + "," + b + "," + c);
        s.close();
    }
}
```

运行结果如图 3-3 所示。

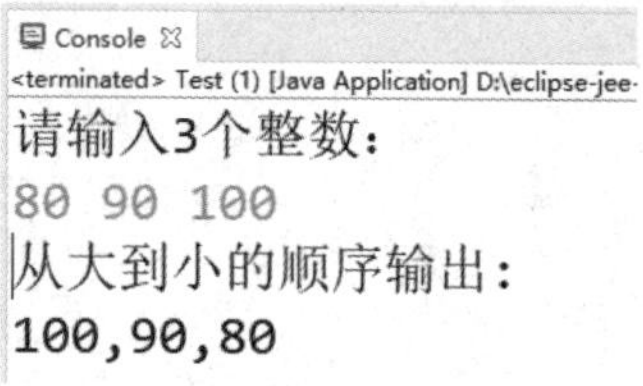

3.2.2 if…else 语句

if 语句后面可以跟 else 语句，当 if 语句的布尔表达式值为 false 时，else 语句块会被执行。该语句还可以嵌套使用，完成多路分支及更复杂的程序流程。if…else 语句的语法结构如下：

图 3-3 从大到小排列数据

```
if (布尔表达式){
    语句块1 //如果布尔表达式的值为true
} else {
    语句块2 //如果布尔表达式的值为false
}
```

if…else 的功能是先判断表达式的值，如果为真，执行语句块 1，否则执行语句块 2。if…else 语句的执行流程如图 3-4 所示。

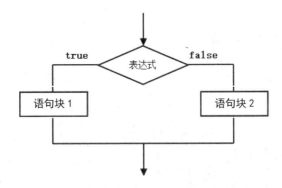

图 3-4　if…else 语句的执行流程

　　if 和 else 后面的语句块里如果只有一条语句，大括号可以省略不写，但为了增强程序的可读性，最好不要省略。有时为了编程的需要，else 或 if 后面的大括号里可以没有语句。

实例 02　判断输入的年份是否为闰年(源代码\ch03\3.2.txt)。

```java
package myPackage;
import java.util.Scanner;
public class IfelseCheck {
    public static void main(String[] args) {            //主方法
        Scanner scan = new Scanner(System.in);          //扫描器
        System.out.println("请输入一个年份:");
        int year = scan.nextInt();                      //接收变量值
        if (year%4 == 0&&year%100!=0||year%400==0) {    //闰年
            System.out.println(year+"年是闰年！");
        } else {
            System.out.println(year+"年不是闰年！");
        }
        scan.close();
    }
}
```

运行程序，如果输入的年份为闰年，运行结果如图 3-5 所示；如果输入的年份不是闰年，那么运行结果如图 3-6 所示。

```
Console
<terminated> IfelseCheck [Java Application]
请输入一个年份:
2020
2020年是闰年！
```

```
Console
<terminated> IfelseCheck [Java Application]
请输入一个年份:
2021
2021年不是闰年！
```

图 3-5　判断 2020 年是否为闰年　　　　图 3-6　判断 2021 年是否为闰年

　　当布尔表达式是一个布尔值的等值判断时，就是使用 "==" 判断布尔值，如果误写成赋值符号 "="，程序不会出错，能执行，但是判断结果可能会有误。

3.2.3 if...else if...else 语句

if 语句后面还可以跟 else if...else 语句,这种语句可以检测到多种可能的情况。语法结构格式如下:

```
if(布尔表达式1){
    语句块1    //如果布尔表达式 1 的值为true 将执行的代码
}else if(布尔表达式2){
    语句块2    //如果布尔表达式 2 的值为true 将执行的代码
}else if(布尔表达式3){
    语句块3    //如果布尔表达式 3 的值为true 将执行的代码
…
}else {
    语句块n    //如果以上布尔表达式都不为true 将执行的代码
}
```

该流程控制语句的功能是首先执行布尔表达式 1,如果返回值为 true,则执行语句块 1,再判断布尔表达式 2,如果返回值为 true,则执行语句块 2,再判断布尔表达式 3,如果返回值为 true,则执行语句块 3……否则执行语句块 n。if...else if...else 多分支语句的执行流程如图 3-7 所示。

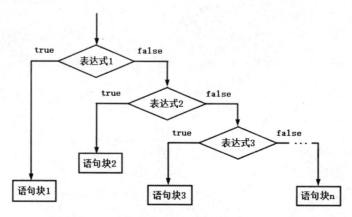

图 3-7 if...else if...else 多分支语句的执行流程

使用 if...else if...else 这个语句时,需要注意下面几点。

(1) if 语句至多有 1 个 else 语句,else 语句在所有的 else if 语句之后。
(2) if 语句可以有若干个 else if 语句,它们必须在 else 语句之前。
(3) 一旦其中一个 else if 语句检测为 true,其他的 else if 以及 else 语句都将跳过执行。

实例 03 根据输入的成绩划分等级(源代码\ch03\3.3.txt)。

```
package myPackage;
import java.util.Scanner;
public class StuCore {
    public static void main(String [] args){
```

```java
        System.out.println("输入数学考试成绩:");
        Scanner console=new Scanner(System.in);
        int math= console.nextInt();
        if(math >= 90){
            System.out.println("数学成绩优秀");
        }else if(math >=75 && math < 90){
            System.out.println("数学成绩良好");
        }else if(math >= 60 && math <75){
            System.out.println("数学成绩及格");
        }else{
            System.out.println("数学成绩不及格");
        console.close();
        }
    }
}
```

运行结果如图 3-8 所示，这里输入数学成绩为 95，则返回的结果为"数学成绩优秀"。

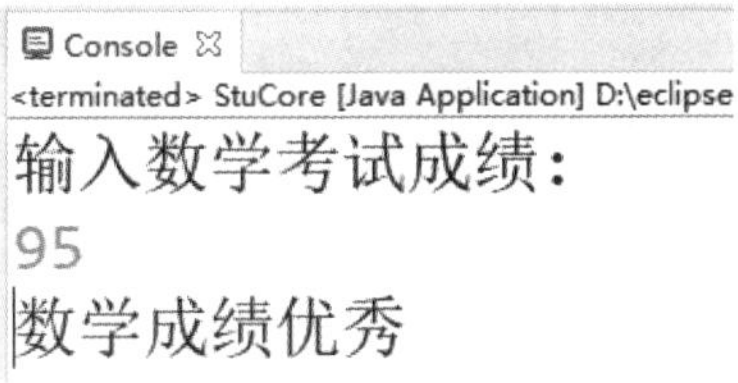

图 3-8 if...else if...else 语句应用示例

3.2.4 嵌套使用 if...else 语句

if...else 语句可以实现嵌套使用，不论是在 if 语句块还是在 else 语句块中，都可以再次嵌入 if...else 语句。嵌套使用 if...else 语句，可以实现控制程序的多个流程，实现多路分支，满足编程的需求。嵌套使用 if...else 的语法结构如下：

```
if(布尔表达式1){
    语句块1    //如果布尔表达式 1 的值为 true 执行的代码
    if(布尔表达式2){
    语句块2    //如果布尔表达式 2 的值为 true 执行的代码
    } else {
    语句块3    //如果布尔表达式 2 的值为 false 执行的代码
    }
else{
    语句块4}  //如果布尔表达式 1 的值为 false 执行的代码
}
```

实例 04 根据输入数值实现对学生成绩判定的功能(源代码\ch03\3.4.txt)。

编写程序，使用 if...else 嵌套语句，实现对学生成绩判定的功能。

```java
package myPackage;
public class QianTaoIf {
    public static void main(String [] args){
        System.out.println("输入数学考试成绩:");
```

```
Scanner console = new Scanner(System.in);
int math = console.nextInt();
    if(math >= 60){
        if(math >= 85){
            System.out.println("数学成绩优秀");
        }else if(math>=75){
            System.out.println("数学成绩良好");
        }else{
            System.out.println("数学成绩及格");
        }
    }else{
        System.out.println("数学成绩不及格");
        console.close();
    }
}
```

运行结果如图 3-9 所示，这里输入数学成绩为 75，则返回的结果为"数学成绩良好"。

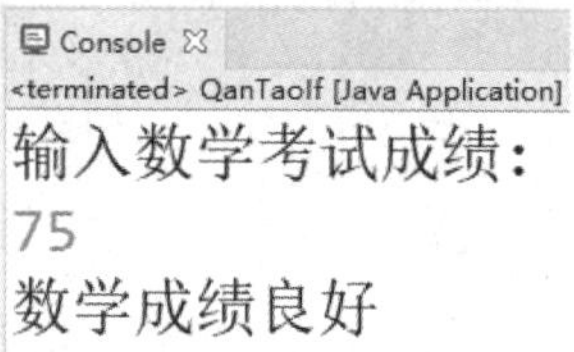

3.2.5 switch 语句

虽然可以使用 if...else 语句嵌套实现程序的多路径分支，但在分支过多的情况下，使用 if...else 嵌套不但会使程序的可读性降低，而且执行效率也低，在这种情况下，可以使用 switch 语句解决 if...else 带来的弊端。

图 3-9 嵌套 if...else 语句应用示例

一个 switch 语句允许测试一个变量等于多个值时的情况。每个值称为一个 case，且被测试的变量会对每个 switch case 进行检查。一个 switch 语句相当于一个 if...else 嵌套语句，因此它们的相似度很高，几乎所有的 switch 语句都能用 if...else 嵌套语句表示。switch 语句的语法结构如下：

```
switch(用户判断的参数)
{
    case 常量表达式1:语句块1; [break;]
    case 常量表达式2:语句块2; [break;]
    case 常量表达式3:语句块3; [break;]
    ...
    case 常量表达式n:语句块n; [break;]
    default:语句块n+1; [break;]
}
```

switch 语句的分支结构判断流程如图 3-10 所示。首先计算表达式的值，当表达式的值等于常量表达式 1 的值时，执行语句块 1；当表达式的值等于常量表达式 2 的值时，执行语句块 2……当表达式的值等于常量表达式 n 的值时，执行语句块 n；否则执行 default 后面的语句块 n+1。当执行到 break 语句时跳出 switch 结构。

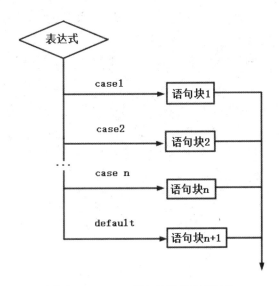

图 3-10 switch 语句的流程判断结构

switch 语句有如下规则。

(1) switch 语句中的变量类型可以是 byte、short、int 或 char。从 Java SE 7 开始，switch 支持字符串类型了，同时 case 标签必须为字符串常量。

(2) switch 语句有多个 case 语句。每个 case 语句后面跟一个要比较的值和冒号。

(3) case 语句中的值的数据类型必须与变量的数据类型相同，而且只能是常量。

(4) 当变量的值与 case 语句的值相等时，则执行这条 case 语句，直到 break 语句出现，跳出 switch 语句。

(5) 遇到 break 语句时，跳出 switch 语句，程序跳转到 switch 语句后面执行。如果没有 break 语句出现，程序会继续执行下一条 case 语句，直到出现 break 语句。

(6) switch 语句还可以包含一个 default 分支，该分支必须是 switch 语句的最后一个分支。default 在没有 case 语句的值和变量值相等的时候执行。default 分支不需要 break 语句。

实例 05 根据输入的数值输出相应的月份信息(源代码\ch03\3.5.txt)。

```java
package myPackage;
import java.util.Scanner;
public class SwitchTest {
    public static void main(String [] args){
        System.out.println("请输入当前月份(如3表示3月)：");
        Scanner input = new Scanner(System.in);
        int month = input.nextInt();
        switch(month){
            case 1:
                System.out.println("现在是：一月份");
                break;
            case 2:
                System.out.println("现在是：二月份");
                break;
            case 3:
```

```
                System.out.println("现在是：三月份");
                break;
            case 4:
                System.out.println("现在是：四月份");
                break;
            case 5:
                System.out.println("现在是：五月份");
                break;
            case 6:
                System.out.println("现在是：六月份");
                break;
            case 7:
                System.out.println("现在是：七月份");
                break;
            case 8:
                System.out.println("现在是：八月份");
                break;
            case 9:
                System.out.println("现在是：九月份");
                break;
            case 10:
                System.out.println("现在是：十月份");
                break;
            case 11:
                System.out.println("现在是：十一月份");
                break;
            case 12:
                System.out.println("现在是：十二月份");
                break;
            default:
                System.out.println("对不起，你输入的月份不正确！");
                input.close();
        }
    }
}
```

运行上述程序，这里输入数字 10，运行结果如图 3-11 所示。当输入月份不正确时，例如输入 15，运行结果如图 3-12 所示。

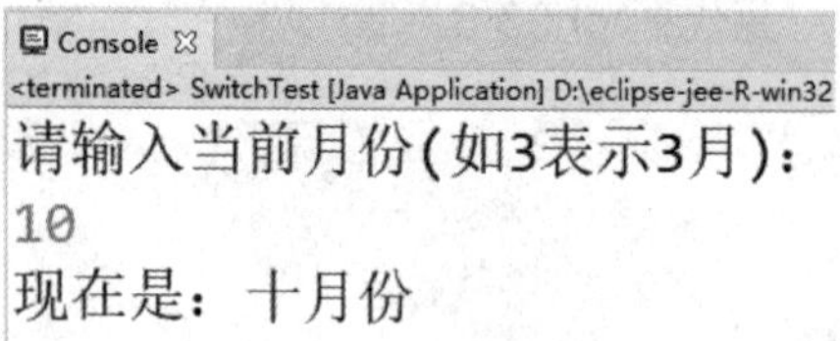

图 3-11 输入月份 10 输出的结果 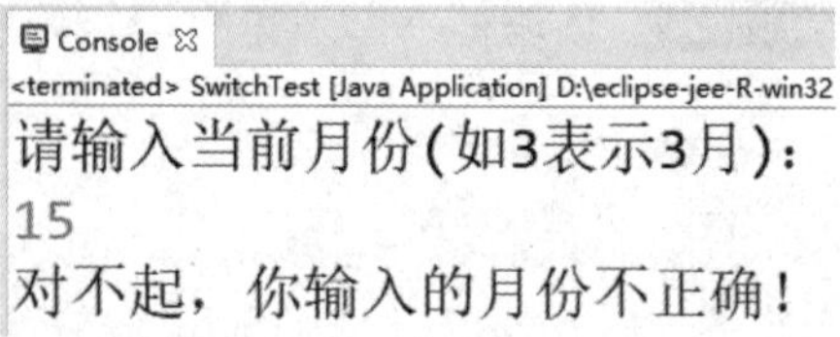   图 3-12 输入 15 时输出的结果

3.3 循环语句

顺序结构的程序语句只能被执行一次。如果要让同样的操作执行多次，就需要使用循环结构。Java 中有三种主要的循环结构，分别是 while 循环、do...while 循环和 for 循环。

另外，在 Java 5 中引入了一种主要用于数组的增强型 for 循环。

3.3.1 while 循环语句

while 循环语句是最基本的循环，它可以控制一条或者多条语句的循环执行。while 循环根据条件表达式的返回值来判断执行零次或多次循环体。while 循环语句的语法结构如下：

```
while(条件表达式)
{
    语句块;  //条件表达式成立时，执行语句块
}
```

在这里，语句块可以是一个单独的语句，也可以是几个语句组成的代码块。while 循环语句的执行流程如图 3-13 所示。

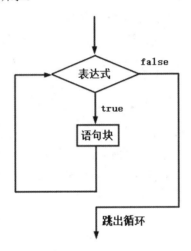

图 3-13 while 循环语句的执行流程

当遇到 while 循环时，首先计算表达式的返回值，当表达式的返回值为 true 时，执行一次循环体中的语句块，循环体中的语句块执行完毕时，将重新查看是否符合条件，若表达式的值还返回 true，将再次执行相同的代码，否则跳出循环。while 循环的特点：先判断条件，后执行语句。

实例 06 while 循环语句的使用(源代码\ch03\3.6.txt)。

编写程序，实现 100 以内自然数的求和，即 1+2+3+...+100，最后输出计算结果。

```
package myPackage;
public class GetSum{
    public static void main(String[] args) {
        int i=1;
        int sum=0;
        while(i<=100){
            sum=sum+i;
            i++;
        }
```

```
            System.out.println("1~100间自然数求和：");
            System.out.println("1+2+3+...+100="+sum);
    }
}
```

运行结果如图 3-14 所示。

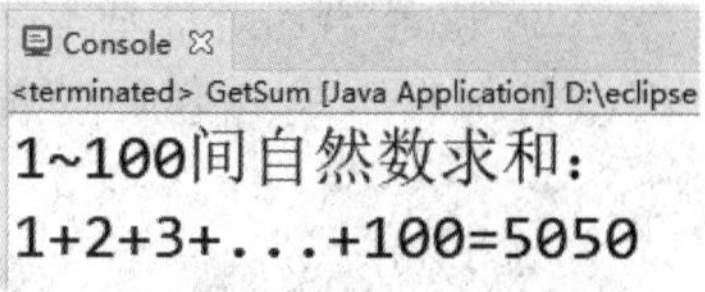

注意

使用 while 循环时，要注意死循环的情况。当循环条件永远满足时，循环体将永远执行下去，这就是死循环。为了防止出现死循环，需要在循环体中改变循环条件，让它在某个情况下不成立，这样就不会有死循环了。

图 3-14 while 循环语句的执行流程

3.3.2 do...while 循环语句

在 Java 语言中，do...while 循环是在循环的尾部检查它的条件，执行顺序为先执行循环体，后判断循环条件，最少执行次数为 1 次。do...while 循环的语法格式如下：

```
do
{
    语句块;
}
while(条件表达式);
```

如果条件表达式的值为真，控制流会跳转回上面的 do，然后重新执行循环中的语句块，这个过程会不断重复，直到给定条件变为假为止。do...while 循环语句的执行流程如图 3-15 所示。

使用 do...while 语句应注意以下几点。

(1) do...while 语句是先执行"循环体语句"，后判断循环终止条件，与 while 语句不同。二者的区别在于：当 while 后面的表达式开始的值为 0(假)时，while 语句的循环体一次也不执行，而 do...while 语句的循环体至少要执行一次。

(2) 在书写格式上，循环体部分要用"{}"括起来，即使只有一条语句也如此；do...while 语句最后以分号结束。

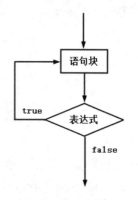

图 3-15 do...while 循环语句的执行流程

(3) 通常情况下，do...while 语句是从后面控制表达式退出循环。但它也可以构成无限循环，此时要利用 break 语句或 return 语句直接从循环体内跳出循环。

实例 07 do...while 循环语句的使用(源代码\ch03\3.7.txt)。

编写程序，实现 100 以内自然数的求和，即 1+2+3+...+100，最后输出计算结果。

```
package myPackage;
public class GetSum {
    public static void main(String[] args) {
        int i = 1;
        int sum = 0;
        do {
```

```
            sum += i;
            i++;
        } while (i <= 100);
        System.out.println("1~100间自然数求和：");
        System.out.println("1+2+3+...+100=" + sum);
    }
}
```

运行结果如图 3-16 所示。

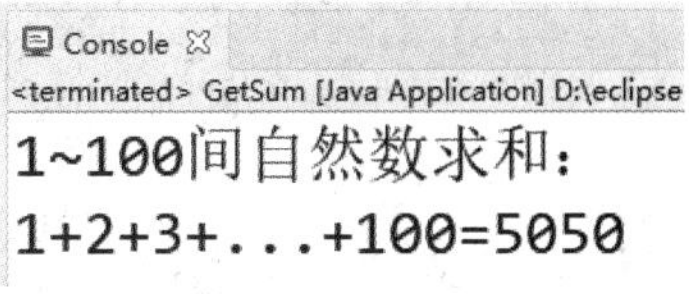

3.3.3 for 循环语句

for 循环语句是计数型循环语句，提前指定循环的次数，适用于循环次数已知的情况。for 循环和 while 循环、do...while 循环一样，可以循环重复执行一个语句块，直到指定的循环条件返回值为假。for 循环的语法格式如下：

```
for(表达式 1;表达式 2;表达式 3)
{
    语句块；
}
```

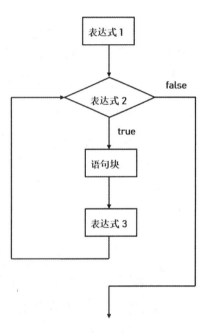

图 3-16 do...while 循环语句的应用

主要参数介绍如下。
- 表达式 1 为赋值语句，如果有多个赋值语句可以用逗号隔开，形成逗号表达式，即循环四要素中的循环变量初始化。
- 表达式 2 返回一个布尔值，用于检测循环条件是否成立，即循环四要素中的循环条件。
- 表达式 3 为赋值表达式，用来更新循环控制变量，以保证循环能正常终止，即循环四要素中的改变循环变量的值。

for 循环的执行流程如图 3-17 所示。

for 循环语句具体的执行过程如下。

图 3-17 for 循环语句的执行流程

(1) 计算表达式 1，为循环变量赋初值。

(2) 计算表达式 2，检查循环控制条件。若表达式 2 的值为 true，则执行一次循环体语句；若为 false，则终止循环。

(3) 执行完一次循环体语句后，计算表达式 3，对循环变量进行增量或减量操作，再重复第 2 步操作，判断是否要继续循环。

实例 08　for 循环语句的使用(源代码\ch03\3.8.txt)。

编写程序，实现 100 以内自然数的求和，即 1+2+3+...+100，最后输出计算结果。

```
package myPackage;
public class GetSum {
    public static void main(String[] args) {
        int i = 1;
        int sum = 0;
```

```
        for (i = 1; i <= 100; i++) {
            sum += i;
        }
        System.out.println("1~100间自然数求和：");
        System.out.println("1+2+3+...+100=" + sum);
    }
}
```

运行结果如图 3-18 所示。

for 循环可以不进行变量初始化，而在循环体内初始化，但是分号(;)不可以省略；不允许省略 for 语句中的 3 个表达式，否则将出现死循环现象；for 循环没有最后一个表达式时，可以在循环体内进行变量的更新。for 循环也可以没有循环体，但是要在 for 循环后加分号(;)。

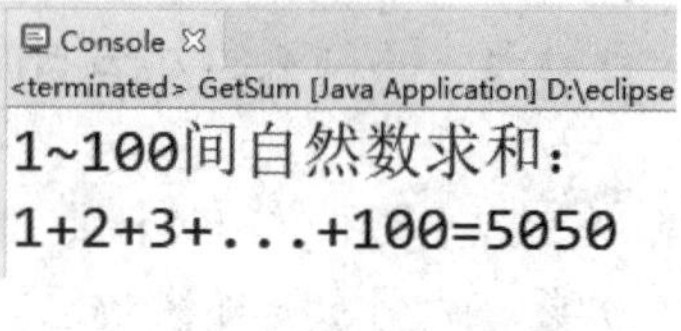

图 3-18 for 循环语句的应用示例

3.3.4 增强型 for 循环语句

Java 5 引入了一种主要用于数组的增强型 for 循环。语法格式如下：

```
for(声明语句:表达式)
{
    //代码句子
}
```

参数如下。
- 声明语句：声明新的局部变量，该变量的类型必须和数组元素的类型匹配。其作用域限定在循环语句块，其值与此时数组元素的值相等。
- 表达式：表达式是要访问的数组名，或者是返回值为数组的方法。

实例 09 增强型 for 循环语句的使用(源代码\ch03\3.9.txt)。

编写程序，使用增强型 for 循环语句输出字符串数组中的内容。

```
package myPackage;
public class JavaFor {
    public static void main(String args[]){
        System.out.println("使用增强型for循环");
        String[] fruits ={"Apple", "Banana", "Orange", "Pear"};
        for( String fruit : fruits ) {
          System.out.print( fruit );
          System.out.print(",");
        }
        System.out.print("\n");
    }
}
```

运行结果如图 3-19 所示。这里定义了一个字符串型的数组 fruits，使用增强的 for 循环输出。在增强 for 循环中，定义变量 fruit，用于输出数组中的元素，fruits 是数组的名，在增强 for 循环体中输出数组的值。

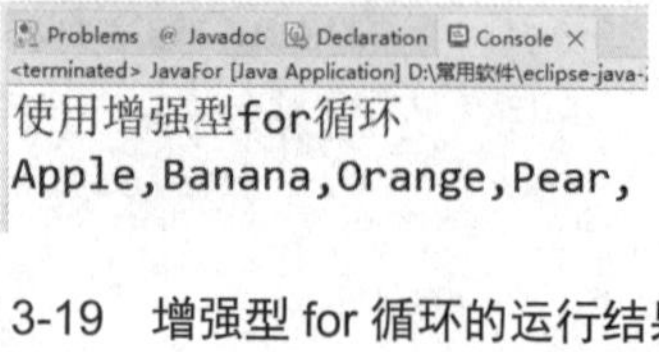

图 3-19 增强型 for 循环的运行结果

3.4 循环语句的嵌套

在一个循环体内又包含另一个循环结构,称为循环嵌套。如果内嵌的循环中还包含循环语句,则称为多层循环。while 循环、do...while 循环和 for 循环语句之间可以相互嵌套。

3.4.1 嵌套 for 循环

Java 语言中,嵌套 for 循环的语法结构如下:

```
for (表达式1;表达式2;表达式3)
{
    语句块;
    for(表达式1;表达式2;表达式3)
    {
        语句块;
        ...
    }
    ...
}
```

嵌套 for 循环的流程如图 3-20 所示。

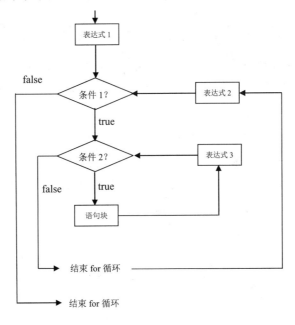

图 3-20 嵌套 for 循环的流程

实例 10　使用嵌套 for 循环输出九九乘法表(源代码\ch03\3.10.txt)。

```
public class MultiplicationTable {
    public static void main(String[] args) {
        for(int i=1;i<=9;i++) {
            for(int j=1;j<=i;j++) {
```

```
                System.out.print(j+"×"+i+"="+i*j+"\t");// \t 跳到下一个 TAB 位置
            }
            System.out.println();
        }
    }
}
```

运行结果如图 3-21 所示。

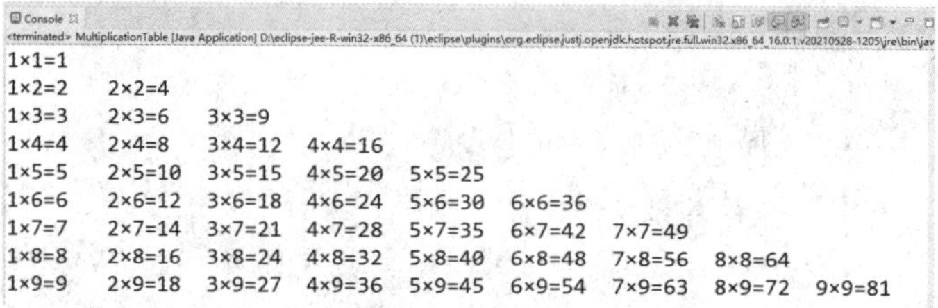

Console
1×1=1
1×2=2 2×2=4
1×3=3 2×3=6 3×3=9
1×4=4 2×4=8 3×4=12 4×4=16
1×5=5 2×5=10 3×5=15 4×5=20 5×5=25
1×6=6 2×6=12 3×6=18 4×6=24 5×6=30 6×6=36
1×7=7 2×7=14 3×7=21 4×7=28 5×7=35 6×7=42 7×7=49
1×8=8 2×8=16 3×8=24 4×8=32 5×8=40 6×8=48 7×8=56 8×8=64
1×9=9 2×9=18 3×9=27 4×9=36 5×9=45 6×9=54 7×9=63 8×9=72 9×9=81

图 3-21　嵌套 for 循环语句输出的九九乘法口诀表

3.4.2　嵌套 while 循环

Java 语言中，嵌套 while 循环的语法结构如下：

```
while (条件 1)
{
    语句块
    while (条件 2)
    {
        语句块;
        ...
    }
    ...
}
```

嵌套 while 循环的流程如图 3-22 所示。

true
条件 1?
条件 2?
false
false
true
语句
结束 while 循环
结束 while 循环

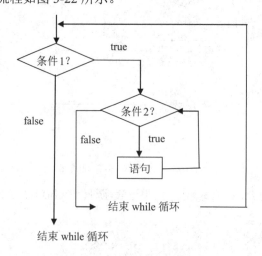

图 3-22　嵌套 while 循环的流程

实例 11 使用嵌套 while 循环语句输出九九乘法表(源代码\ch03\3.11.txt)。

```
package myPackage;
public class Multiplication {
    public static void main(String[] args) {
        int i = 1;
        int j = 1;
        while (i <= 9) {
            j = 1;
            while (j <= i) {
                int answer;
                answer = i * j;
                System.out.print(j + "×" + i + "=" + answer + "  ");
                j++;
            }
            System.out.println();
            i++;
        }
    }
}
```

运行结果如图 3-23 所示。

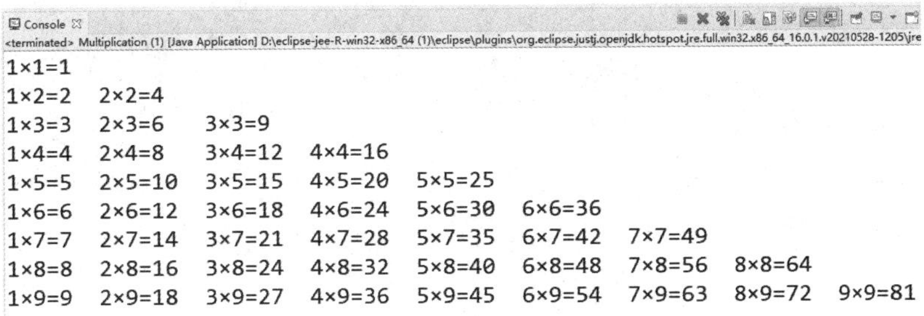
Console
<terminated> Multiplication (1) [Java Application] D:\eclipse-jee-R-win32-x86_64 (1)\eclipse\plugins\org.eclipse.justj.openjdk.hotspot.jre.full.win32.x86_64_16.0.1.v20210528-1205\jre
1×1=1
1×2=2 2×2=4
1×3=3 2×3=6 3×3=9
1×4=4 2×4=8 3×4=12 4×4=16
1×5=5 2×5=10 3×5=15 4×5=20 5×5=25
1×6=6 2×6=12 3×6=18 4×6=24 5×6=30 6×6=36
1×7=7 2×7=14 3×7=21 4×7=28 5×7=35 6×7=42 7×7=49
1×8=8 2×8=16 3×8=24 4×8=32 5×8=40 6×8=48 7×8=56 8×8=64
1×9=9 2×9=18 3×9=27 4×9=36 5×9=45 6×9=54 7×9=63 8×9=72 9×9=81

图 3-23　嵌套 while 循环语句输出的九九乘法口诀表

3.4.3　嵌套 do...while 循环

Java 语言中，嵌套 do...while 循环的语法结构如下：

```
do
{
   语句块;
   do
   {
      语句块;
      ...
   }while (条件 2);
   ...
}while (条件 1);
```

嵌套 do…while 循环的流程如图 3-24 所示。

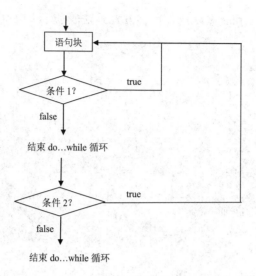

图 3-24 嵌套 do...while 循环的流程

实例 12 使用嵌套 do...while 循环输出九九乘法表(源代码\ch03\3.12.txt)。

```
package myPackage;
public class Testmulti {
    public static void main(String[] args) {
        int c = 1;
        do {
            int d = 1;
            do {
                System.out.print(d + "×" + c + "=" + d * c + "\t");
                d++;
            } while (d <= c);
            c++;
            System.out.println();
        } while (c <= 9);
    }
}
```

运行结果如图 3-25 所示。

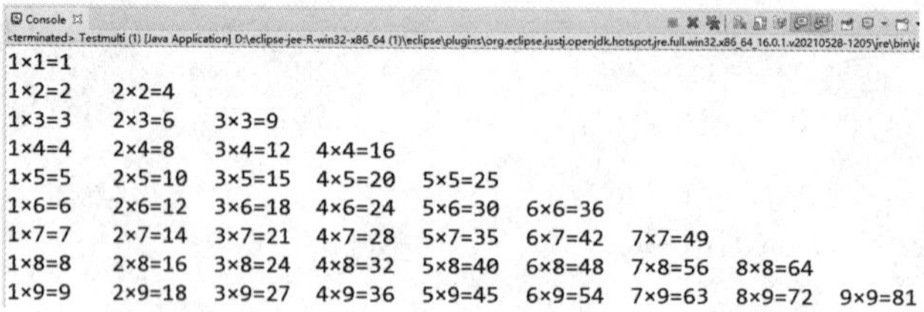

```
1×1=1
1×2=2   2×2=4
1×3=3   2×3=6   3×3=9
1×4=4   2×4=8   3×4=12  4×4=16
1×5=5   2×5=10  3×5=15  4×5=20  5×5=25
1×6=6   2×6=12  3×6=18  4×6=24  5×6=30  6×6=36
1×7=7   2×7=14  3×7=21  4×7=28  5×7=35  6×7=42  7×7=49
1×8=8   2×8=16  3×8=24  4×8=32  5×8=40  6×8=48  7×8=56  8×8=64
1×9=9   2×9=18  3×9=27  4×9=36  5×9=45  6×9=54  7×9=63  8×9=72  9×9=81
```

图 3-25 嵌套 do...while 循环输出的九九乘法口诀表

3.5 跳转语句

在使用循环语句时，只有循环条件表达式的值为假时才能结束循环。如果想提前中断循环，就需要在循环语句块中添加跳转语句。跳转语句有 break 语句、continue 语句和

return 语句三种。

3.5.1 break 语句

break 主要用在循环语句或者 switch 语句中,用来跳出整个语句块。当 break 跳出最里层的循环后,将继续执行该循环下面的语句。Java 语言中 break 语句的语法结构如下:

```
break;
```

break 语句的书写格式有如下 3 种。

第 1 种:

```
while(...){
   ...
   break;
   ...
}
```

第 2 种:

```
do{
   ...
   break;
   ...
}while(...);
```

第 3 种:

```
for{
   ...
   break;
   ...
}
```

当循环执行到"break;"语句时,就跳出循环,不用执行"break;"后面的语句。如果用户使用的是嵌套循环(即一个循环内嵌套另一个循环),break 语句会停止执行最内层的循环,然后开始执行该语句块之后的下一行代码。

实例 13 break 语句的使用(源代码\ch03\3.13.txt)。

在 for 循环中,使用 break 语句跳出循环,输出 100 以内第一个被 13 整除的数。

```
package myPackage;
public class BreakTest {
    public static void main(String args[]) {
        System.out.println("使用break跳出循环: ");
        System.out.println("100 内第一个被 13 整除的数: ");
        for(int i = 1;i <=100 ;i++ ) {
            if( i % 13 == 0 ) {
                System.out.println(i);      //输出 100 内第一个被 13 整除的数
                break;                      //跳出 for 循环,不再执行
            }
        }
    }
}
```

运行结果如图 3-26 所示。这里使用 for 循环输出 100 内可以被 13 整除的数。在 for 循环中嵌套了 if 语句判断 i 的值是否可以被 13 整除，条件成立输出 i 的值，并使用 break 语句跳出循环，不再执行。通过运行结果可以看出，只执行了一次 for 循环。

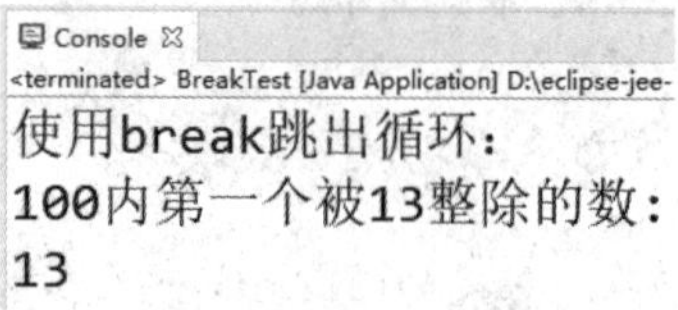

```
使用break跳出循环：
100内第一个被13整除的数：
13
```

图 3-26 break 语句的应用结果

3.5.2 continue 语句

continue 适用于任何循环控制结构，作用是让程序立刻跳转到下一次循环的迭代。Java 语言中 continue 语句的语法结构如下：

```
continue;
```

continue 跟 break 跳转是不一样的，它不是结束整个循环，而是跳过当前循环，直接进入下次循环。对于 for 循环，continue 语句执行后自增语句仍然会执行。对于 while 和 do...while 循环，continue 语句重新执行条件判断语句。continue 语句的书写格式有如下 3 种。

第 1 种：

```
while(...){
   ...
   continue;
   ...
}
```

第 2 种：

```
do{
   ...
   continue;
   ...
}while(...);
```

第 3 种：

```
for{
   ...
   continue;
   …
}
```

通常情况下，continue 语句总是与 if 语句一起使用，用来加速循环。假设 continue 语句用于 while 循环语句，要求在某个条件下跳出本次循环，则一般形式如下：

```
while(表达式1) {
   ...
   if(表达式2) {
      continue;
   }
   ...
}
```

这种形式和前面介绍的 break 语句用于循环的形式十分相似。其区别是，continue 只终止本次循环，继续执行下一次循环，而不是终止整个循环；而 break 语句则是终止整个循环过程，不会再去判断循环条件是否还满足。在循环体中，continue 语句被执行之后，其后面的语句均不再执行。

实例 14 continue 语句的使用(源代码\ch03\3.14.txt)。

在 for 循环中使用 continue 语句，输出 100 以内被 13 整除的数。

```java
package myPackage;
public class ContinueTest {
    public static void main(String args[]) {
        System.out.println("使用continue 结束本次循环：");
        System.out.println("输出 100 内被 13 整除的数：");
        for(int i = 1;i <=100 ;i++ ) {
            if( i % 13 == 0 ) {
                System.out.print(i+" "); //输出 100 内被 13 整除的数
                continue;   //跳出 for 循环，不再执行
            }
        }
    }
}
```

运行结果如图 3-27 所示。这里使用 for 循环输出 100 内可以被 13 整除的数。在 for 循环中嵌套了 if 语句判断 i 的值是否可以被 13 整除，条件成立输出 i 的值，并使用 continue 结束本次循环，不再执行后面的输出语句，而是进行下一次循环。

图 3-27 continue 语句的应用结果

3.5.3 return 语句

return 语句可以从一个方法返回，并把控制权交给调用它的语句，语法格式如下：

return [表达式];

其中，表达式是一个可选参数，表示要返回的值。它的数据类型必须同方法声明中的返回值类型一致。

return 语句通常放在被调用方法的最后，用于退出当前方法并返回一个值。当把单独的 return 语句放在一个方法的中间时，会产生编译错误。但通过将 return 语句用 if 语句括起来的方法，把 return 语句放在一个方法中间，可以用来实现在程序未执行完方法中的全部语句时退出的操作。

实例 15 return 语句的使用(源代码\ch03\3.15.txt)。

编写程序，首先声明用于打印倒立三角形的 printS()方法，然后再用 main()方法接收用户在控制台输入的层数，并调用 printS()方法打印符合条件的倒立三角形。

```java
package myPackage;
import java.util.Scanner;
public class ReturnTest {
```

```java
public static void main(String[] agrs){
    System.out.print("请输入要打印的三角形的层数：");
    Scanner scan= new Scanner(System.in);
    int m=scan.nextInt();
    int n= printS(m);
    if(n==1) {
        System.out.println("输入的层数不合法");
    }
}
public static int printS(int m){
    if(m>21||m<3){
        return 1;
    }
    for(int i=0;i<m;i++) {
        if((m-i)%2==0) {
            System.out.println("");
        }else{
            for(int k=0;k<i;k=k+2) {
                System.out.print(" ");
            }
            for(int j=m;j>i;j--) {
                System.out.print("*");
            }
        }
    }
    return 0;
}
```

运行上述代码，如果用户输入的层数不合法，则输出如图 3-28 所示的运行效果，当输入的层数合法时，则输出如图 3-29 所示的运行效果。

图 3-28　输入层数不合法时的结果

图 3-29　输入层数合法时的结果

3.6　就业面试问题解答

问题 1： for 循环语句与 while 循环语句有什么区别？

答： while 循环语句和 for 循环语句相似，都需要一个判断条件，如果该条件为真，则执行循环语句，否则跳出循环。而 for 循环语句与 while 循环语句不同的是，for 循环语句的循环次数确定，而 while 循环语句的循环次数不确定。

问题 2： break 语句、continue 语句和 return 语句有什么区别？

答： break 语句跳出循环，执行循环后面的语句。continue 语句是跳过本次循环，开始执行下一次循环。return 语句是跳出方法，并为方法返回相应的值。

3.7 上机练练手

上机练习 1：输出 100 以内可以被 5 整除的数，并统计其个数

编写程序，在控制台输出 100 以内可以被 5 整除的数，并统计其个数。程序运行结果如图 3-30 所示。

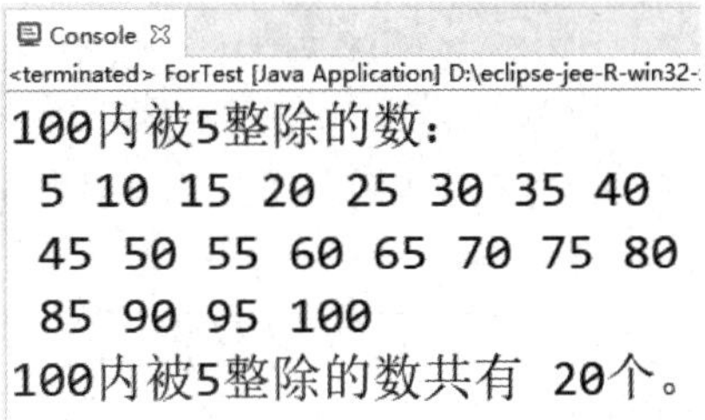

图 3-30　程序运行结果

上机练习 2：使用嵌套 for 循环语句在窗口输出数字金字塔（源代码\ch03\3.1.txt）

编写程序，使用嵌套 for 循环语句在窗口输出数字金字塔，运行结果如图 3-31 所示。

上机练习 3：计算整数的阶乘

编写程序，使用 if...else 语句计算 1～10 的阶乘，运行结果如图 3-32 所示。

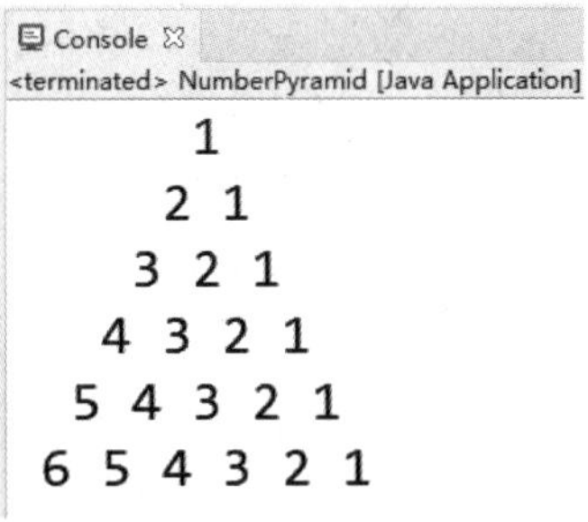

图 3-31　数字金字塔 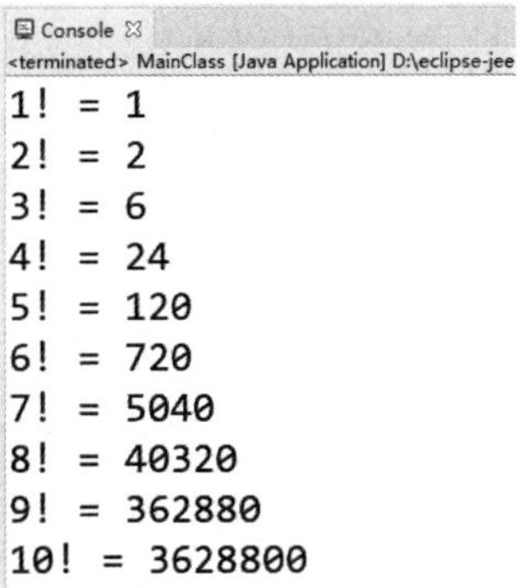　　　　图 3-32　数的阶乘

第 4 章

Java 数组的应用

在 Java 语言中，数组也是最常用的类型之一，它是引用类型的变量，数组是有序数据的集合，数组中的所有元素都属于同一个数据类型。本章将详细介绍数组的使用。

4.1 数组的概念

数组，顾名思义就是一组数据。数组对于每一门编程语言来说都是重要的数据结构，当然不同语言对数组的实现及处理也不尽相同。Java 语言中提供的数组用来存储固定大小的同类型元素。

如果需要存储大量的数据，例如需要读取 100 个数，那么就需要定义 100 个变量，显然重复写 100 次代码，是没有太大意义的。解决这个问题，可以声明一个数组变量，如用 numbers[100]来代替直接声明 100 个独立变量 number0，number1，…，number99。

在 Java 中，数组也可以认为是一种数据类型，它本身是一种引用类型。Java 中的数组可以存储基本类型的数据，也可以存储引用数据类型的数据。下面就是一个 int 类型数组的例子：

```
int[] x;
x = new int[100];
```

首先声明一个 int[]类型的变量 x，然后创建一个长度为 100 的数组。

数组中的变量可以通过索引进行访问，数组中的变量也称为数组的元素，数组能够容纳元素的数量称为数组的长度。数组中的每个元素都具有唯一的索引(或称为下标)与其相对应，在 Java 语言中数组的索引从 0 开始。

数组中的变量可以使用 numbers[0]，numbers[1]，…，numbers[n]的形式来表示，这里的数据代表一个个单独的变量。所有的数组都是由连续的内存位置组成的，最低的地址对应第一个元素，最高的地址对应最后一个元素，具体的结构形式如图 4-1 所示。

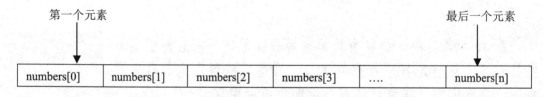

图 4-1 数组的结构形式

根据数组的维度来分，数组主要分为一维数组、二维数组和多维数组。Java 语言中的数据类型可以分为基本数据类型和引用类型，所以数组的类型也分为基本数据类型的数组和引用类型的数组。

4.2 一维数组

一维数组就是一组具有相同类型的数据的集合，一维数组中的元素是按顺序存放的。

4.2.1 声明一维数组

要使用 Java 中的数组，必须先声明数组。声明一维数组的方式有两种，语法格式如下：

```
type array[];     //第一种声明方式
type[] array;     //第二种声明方式
```

参数说明如下。
- type：表示数组中元素的数据类型，它可以是 Java 中的基本数据类型，也可以是引用类型。
- array：表示数组名称，必须符合 Java 标识符的定义规则。
- 方括号([])：表示数组的维数。一个"[]"表示一维数组。

例如，下面分别声明 int、char 和 double 三种类型的数组。int 类型用于存储年龄；char 类型用于存储颜色；double 类型用于存储学生的成绩。代码如下：

```
int[] age;        //声明 int 型数组，数组中的每个元素都是 int 型数值
char[] color;     //声明 char 型数组，数组中的每个元素都是 char 型数值
double[] score;   //声明 double 型数组，数组中的每个元素都是 double 型数值
```

注意　表示数组维数的方括号([])，可以放在数据类型后面，也可以放在数组名后面。

声明数组后，还不能访问它的任何元素，因为声明数组只是给出了数组名字和数组的数据类型。要想真正使用数组，还需要为数组分配内存空间。在为数组分配内存空间时必须指明数组的长度。为数组分配内存空间的语法格式如下：

```
数组名 = new 数据元素类型[数组元素个数];
```

主要参数介绍如下。
- 数组名：被连接到数组变量的名称。
- 数组元素个数：指定数组中变量的个数，即数组的长度。

例如，下面为数组分配内存空间，语法格式如下：

```
myarray=new int[5];   //数组长度为 5
```

这里表示要创建一个有 5 个元素的整型数组，并且将创建的数组对象赋给引用变量 myarray，即变量 myarray 引用这个数组，如图 4-2 所示。

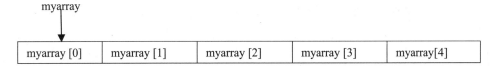

图 4-2　一维数组的内存模式

这里的 myarray 是数组名称，方括号([ ])中的值为数组的下标，也称为索引。数组通过下标来区分不同的元素，也就是说，数组中的元素都可以通过下标来访问。数组中的下标从 0 开始，这里创建的数组 myarray 有 5 个元素，因此数组中的元素下标为 0~4。

实例 01　声明一维数组，并输出该数组的默认值(源代码\ch04\4.1.txt)。

```
public class Test {
```

```
public static void main(String[] args) {
    int[] arr1;              // 声明一位数组
    arr1 = new int[3];       // 为数组分配内存空间
    System.out.println("arr1[0]=" + arr1[0]);  // 访问数组中的第一个元素
    System.out.println("arr1[1]=" + arr1[1]);  // 访问数组中的第二个元素
    System.out.println("arr1[2]=" + arr1[2]);  // 访问数组中的第三个元素
    }
}
```

运行结果如图 4-3 所示。首先声明了一个 int[]类型的变量 arr，并将数组在内存中的地址赋值给它。arr[0]、arr[1]、arr[2]表示使用数组的索引来访问数组的元素，数组的索引从 0 开始，但没有赋值，所以显示的都是默认值 0。

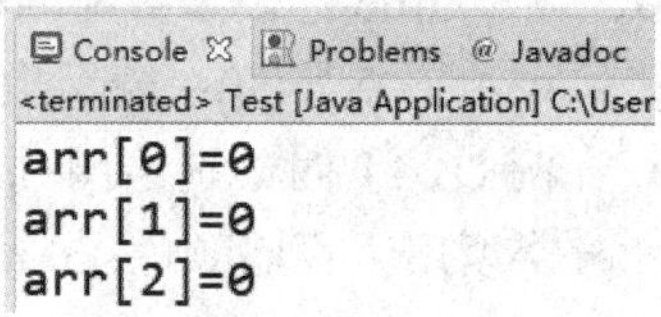

在声明数组的同时也可以为数组分配内存空间，这种创建数组的方法是将数组的声明和内存的分配合在一起执行。语法格式如下：

图 4-3 输出一维数组的默认值

```
数据元素类型 数组名= new 数据元素类型[元素个数];
```

例如，创建数组 myarr，并指定数组的长度为 5，这种创建数组的方法也是编写 Java 程序过程中的常用方法。

```
int myarr= new int[5];
```

4.2.2 初始化一维数组

数组可以进行初始化操作，在初始化数组的同时，可以指定数组的大小，也可以分别初始化数组中的每一个元素。在 Java 语言中，初始化数组有以下 3 种方式。

1. 使用 new 指定数组大小后进行初始化

使用 new 关键字创建数组，在创建时指定数组的大小。其语法格式如下：

```
type array[]=new int[size]
```

创建数组之后，元素的值并不确定，需要为每一个数组的元素赋值。

数组的下标是从 0 开始的。

例如，创建包含 5 个元素的 int 类型的数组，然后分别将元素的值设置为 10、20、30、40、50。代码如下：

```
int[] number=new int[5];
number[0]=10;
number[1]=20;
number[2]=30;
number[3]=40;
number[4]=50;
```

注意

使用 new 创建数组之后，它还只是一个引用，直接将值赋给引用，初始化过程才算结束。

2. 使用 new 指定数组元素的值

使用 new 指定数据元素的值，在初始化时其值就已经确定。其语法格式如下：

```
type[] array=new type[]{值1,值2,值3,…,值n};
```

例如，创建包含 5 个元素的 int 类型的数组，然后使用 new 指定数组元素的值。代码如下：

```
int[] number=new int[]{20,40,60,80,100};
```

3. 直接指定数组元素的值

声明一维数组时，可以直接对数组赋值，将赋给数组的值放在大括号中，多个数值之间用逗号(,)隔开。声明并初始化数组的一般格式如下：

```
type[] array= {值1,值2,值3,…,值n};
```

在声明数组时，不需要指明数组元素的个数，Java 编译器会根据给出的初值个数，确定数组的长度。

例如，创建包含 5 个元素的 int 类型的数组，然后直接指定数组元素的值。代码如下：

```
int[] number={20,40,60,80,100};
```

实例 02 创建并初始化一维数组，然后输出数组元素值(源代码\ch04\4.2.txt)。

```java
public class Test {
    public static void main(String[] args) {
        int[] ar1={10,20,30};            //静态初始化
        String[] ar2=new String[] {"《西游记》","《红楼梦》","《水浒传》"};
        int[] myList = new int[3];       //定义数组
        myList[0] =10;
        myList[1] =12;
        myList[2] =14;
        //下面的代码是依次访问数组中的元素
        System.out.println("数组 ar1 中的元素值：");
        System.out.println("ar1[0]=" + ar1[0]);
        System.out.println("ar1[1]=" + ar1[1]);
        System.out.println("ar1[2]=" + ar1[2]);
        System.out.println("数组 ar2 中的元素值：");
        System.out.println("ar2[0]=" + ar2[0]);
        System.out.println("ar2[1]=" + ar2[1]);
        System.out.println("ar2[2]=" + ar2[2]);
        System.out.println("数组 myList 中的元素值：");
        System.out.println("myList[0]=" + myList[0]);
        System.out.println("myList[1]=" + myList[1]);
        System.out.println("myList[2]=" + myList[2]);
    }
}
```

运行结果如图 4-4 所示。这里使用三种初始化的方式为每个元素赋初值。数组 ar1 直接使用{}来初始化元素的值；数组 ar2 使用 new String[]{}来初始化，这里要特别注意的是不能写成 new String[3]{}，这样编译器会报错；数组 myList 使用 new 指定数组大小后进行初始化。

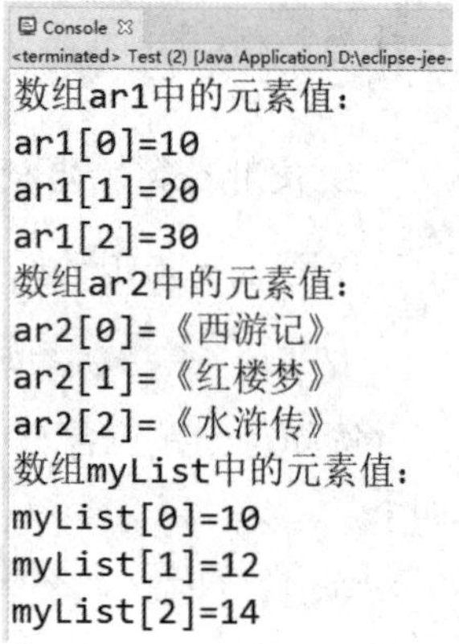

在直接指定数组元素的值初始化数组时，数组的声明和初始化操作要同步进行，即不能省略数组变量的类型。例如，下面的代码就是错误的。

```
int[] number;
number={20,40,60,80,100};
```

图 4-4　输出数组元素值

4.2.3　获取单个元素

数组中的每个元素都拥有同一个数组名，通过数组的下标来唯一确定数组中的元素。获取数组中的单个元素是指获取数组中的一个元素，如第一个元素或最后一个元素，获取单个元素非常简单，只需通过下标即可获取，语法格式如下：

```
array[index]
```

参数说明如下。
- array：是指数组的名称。
- index：表示数组的下标，下标为 0 表示获取第一个元素，下标为 array.length-1 表示获取最后一个元素。当指定的下标值超出数组的总长度时，就会抛出异常。

数组下标的值范围是"0"到"数组元素个数-1"。一维数组的长度表示格式为：

```
array.length
```

实例 03　创建一维数组，获取数组中的单个元素(源代码\ch04\4.3.txt)。

编写程序，这里已知定义的数组中存有商品名单，获取第一个商品与最后一个商品的名称，最后统计出所有商品的数量。

```
public class Shopping {
    public static void main(String[] args) {
        String[] names = {"钢笔","铅笔","铅笔","蜡笔","转笔刀"};
        System.out.println("需要购买的商品有:");
        System.out.println(names[0]+", "+names[1]+", "+names[2]+", "+names[3]+", "+names[4]);
        System.out.println("获取第一个商品的名称："+names[0]);
        System.out.println("获取最后一个商品的名称："+names[names.length-1]);
        System.out.println("所有商品的数量为："+names.length+"个");
    }
}
```

运行结果如图 4-5 所示。

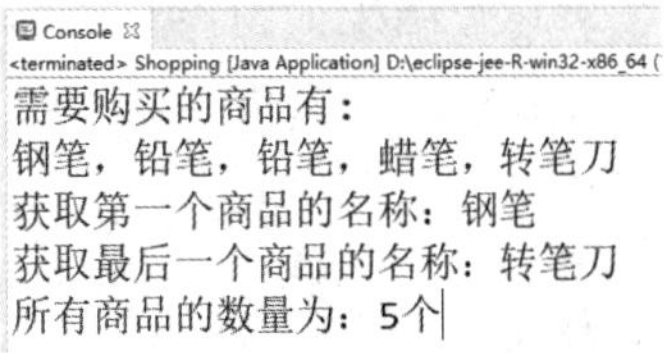

4.2.4 获取全部元素

当数组中的元素不多时，要获取数组中的全部元素，可以使用元素的单个下标。但是，如果数组中的元素过多，再使用单个下标则显得过于烦琐，这时就需要遍历数组了，使用 for 循环语句可以遍历数组，获取全部元素。

图 4-5 获取单个元素

实例 04 使用 for 循环获取数组中的全部元素(源代码\ch04\4.4.txt)。

```
public class OneArray {
    public static void main(String[] args) {
        int array[] = {1,2,3,4,5,6};
        System.out.println("输出数组中的元素：");
        for(int i=0;i<array.length;i++){
            System.out.print(array[i] + " ");
        }
    }
}
```

运行结果如图 4-6 所示。这里声明了一个一维数组 array，并在声明时初始化，再通过 for 循环输出数组元素，其中 array.length 指一维数组的长度。

 一定要记住数组索引号或者下标是从 0 开始的。不能访问索引号大于等于元素数量的内容，该内容不属于该数组的内存空间，系统会报错。

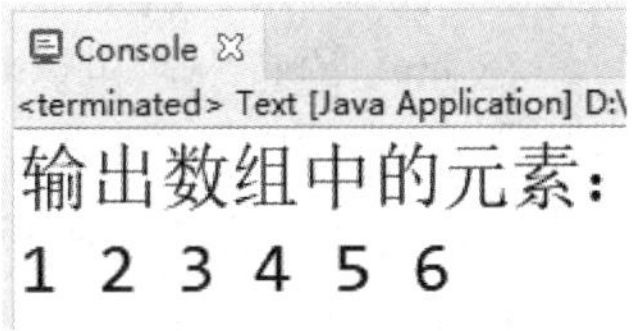

图 4-6 遍历一维数组

在实例 04 中，使用 for 循环遍历了数组的所有元素，这种写法读者一定要掌握。另外，Java JDK 1.5 引进了一种新的循环类型，被称为增强型 for 循环，它能在不使用索引的情况下遍历数组。其语法格式如下：

```
for(type element: array)
{
System.out.println(element);
}
```

实例 05 使用增强型 for 循环输出数组中的全部元素(源代码\ch04\4.5.txt)。

```
public class Text {
    public static void main(String[] args) {
        int[] array= new int[] {1,2,3,4,5,6};
        System.out.println("输出数组中的元素：");
        // 输出所有数组元素
        for (int number: array) {
            System.out.print(number+ " ");
        }
    }
}
```

运行结果如图 4-7 所示，这里使用增强型 for 循环语句对数组进行遍历。

 增强型 for 循环相对于 for 语句要简洁，但也有缺点，就是丢掉了索引信息。因此，当访问数组时，如果需要访问数组的索引，最好使用 for 语句来实现循环或遍历，而不要使用增强型 for 循环，因为它丢失了索引信息。

图 4-7 使用增强型 for 循环语句遍历数组元素

4.3 二维数组

多维数组的声明与一维、二维数组类似，一维数组要使用一个大括号，二维数组要使用两个大括号，依次类推，三维数组使用三个大括号。三维数组初始化时也比较麻烦，需要用三层大括号，因此不常用。经常使用的多维数组是二维数组，本节主要介绍二维数组的使用。

4.3.1 声明二维数组

在 Java 语言中，可以将二维数组看作一维数组的数组，即二维数组是一个特殊的一维数组。二维数组常用于表示二维表，表中的信息以行和列的形式表示，它有两个下标，第一个下标代表元素所在的行，第二个下标代表元素所在的列。二维数组有两种声明方式。

```
数据元素类型  数组名[][];
数据元素类型[][]  数组名;
```

例如，下面分别声明 int 类型和 char 类型的数组：

```
char myChars[][];
int[][] myInts;
```

同一维数组一样，二维数组在声明时也没有分配内存空间，同样要使用关键字 new 来分配内存，然后才能访问每个数组元素。分配内存空间的语法格式如下：

```
数组名 = new 数据元素类型[行数][列数];
```

为二维数组分配内存空间有两种方式，一种是直接分配行列，格式如下：

```
char myChars[ ][ ];
myChars = new char[2][2];    //声明两行两列的 char 型二维数据空间
```

另一种是先分配行，再分配列，格式如下：

```
int myInts[ ][ ];
myInts = new int[2][ ];
myInts[0]= new int[2];
myInts[1]= new int[2];        //声明两行两列的 int 型二维数据空间
```

综合上述创建二维数组并为其分配空间的过程，二维数组的声明语法格式如下：

数据元素类型 数组名 = new 数据元素类型[行数][列数];

例如，下面声明一个三行两列的 int 型二维数组：

`int  myInts2 = new int[3][2];     //声明三行两列的 int 型二维数组`

二维数组的两个中括号分别表示行和列。行号和列号确定一个元素，相当于一个面上的一点。

> 注意：创建二维数组时，可以只声明"行"的长度，而不声明"列"的长度，例如：
>
> `int myInts[ ][ ]=new int[2][ ];`

如果不声明"行"的数量，就是错误的写法，例如：

```
int myInts[ ][ ]= new int[ ][ ];
int myInts[ ][ ]= new int[ ][2];
```

4.3.2 初始化二维数组

声明二维数组时，也可以直接对数组赋值，将赋给数组的值放在大括号中，多个数值之间用逗号(,)隔开。声明并初始化数组的一般格式如下：

`数据类型 数组名[][] = {{初值1,初值2,初值3},{初值4,初值5,初值6}...};`

例如，声明二维数组并初始化。

```
int array[][] = {{1,2,3},{4,5},{6,7}};     //声明并初始化一个不规则二维数组
int array[][] = {{1,2,3},{4,5,6},{7,8,9}}; //声明并初始化规则数组
```

在声明二维数组时初始化，这时二维数组的维数可以不指定，系统会根据初始化的值来确定二维数组第一维的维数和第二维的维数。初始化数组时，要明确数组的下标是从 0 开始的。

二维数组的初始化有 3 种方式，二维数组有两个索引(下标)，构成由行和列组成的一个矩阵。

第 1 种方式：

```
int[][] a1 = {{2, 5, 8}, {1, 5, 4}};    //表示两行三列的二维数组
int a2[][] = {{5,6},{8,7}};             //表示两行两列的二维数组
```

第 2 种方式：

```
int[] b2 = new int[][]{{2, 5, 8}, {1, 5, 4}};   //表示两行三列的二维数组
int b1[] = new int[][]{{5,6},{8,7}};            //表示两行两列的二维数组
```

第 3 种方式：

```
int[][] c1 = new int[2][2];      //声明两行两列的二维数组空间
int c2[][] = new int[2][3];      //声明两行三列的二维数组空间
c1[0] = new int[]{8,4};          //给数组 c1 的第一行分配一个数组
c2[0] = new int[]{8,4,6};        //给数组 c2 的第一行分配一个数组
c1[1][0] = 6;  c2[1][0] = 9;     //给数组 c1 和 c2 的第二行第一列赋值 6 和 9
c1[1][1] = 9;  c2[1][1] = 7;     //给数组 c1 和 c2 的第二行第二列赋值 9 和 7
```

```
c2[1][2] = 6;                           //给数组 c2 的第二行第三列赋值 6
```

前两种是通过{ }中的元素来确定二维数组的行和列，所以不能在[][]中写行数和列数。可以发现，数组的每一行对应的是一个数组数据，就可以理解为一维数组的元素对应的是另一个一维数组。最后一种是先确定数组的行列数，然后再在对应行列位置进行赋值。

当二维数组元素较多的时候，比如 100 行、100 列的 10 000 个数据，就可以通过 for 循环的方式赋值，例如如下代码。

```
int[][] c1 = new int[100][100];      //声明 100 行 100 列的二维数组空间
for(int i=0;i<100;i++){              //遍历行数，注意行标号一定小于行数
    for(int j=0;j<100;j++){          //遍历列数，注意列标号一定小于列数
        c1[i][j] = 1;                //给确定行列的位置填写数据
    }
}
```

实例 06 初始化二维数组，然后使用 for 循环将二维数组中的值输出(源代码\ch04\4.6.txt)。

```
public class Test {
    public static void main(String[] args) {
        int[][] num = new int[3][3];  // 定义三行三列的二维数组
        num[0][0] = 1; // 给第一行第一个元素赋值
        num[0][1] = 2; // 给第一行第二个元素赋值
        num[0][2] = 3; // 给第一行第三个元素赋值

        num[1][0] = 4; // 给第二行第一个元素赋值
        num[1][1] = 5; // 给第二行第二个元素赋值
        num[1][2] = 6; // 给第二行第三个元素赋值

        num[2][0] = 7; // 给第三行第一个元素赋值
        num[2][1] = 8; // 给第三行第二个元素赋值
        num[2][2] = 9; // 给第三行第三个元素赋值
        System.out.println("输出二维数组中的元素：");
        for (int x = 0; x < num.length; x++) {           //定位行
            for (int y = 0; y < num[x].length; y++) {    //定位每行的元素个数
                System.out.print(num[x][y] + " ");
            }
            System.out.println("");
        }
    }
}
```

运行结果如图 4-8 所示。创建了一个二维数组 num，num 是一个三行三列的二维数组，并为每个元素赋值，通过 for 循环将数组的所有元素显示出来。

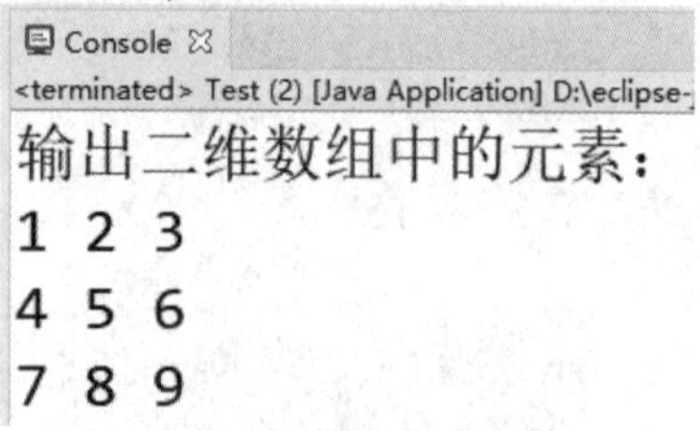

图 4-8 for 循环输出数组元素

4.3.3 获取单个元素

当需要获取二维数组中元素的值时，可以使用下标来表示，语法格式如下：

```
array[i-1] [j-1]
```

其中，array 表示数组名称，i 表示数组的行数，j 表示数组的列数。例如，要获取第 3 行第 2 列元素的值应该使用 array[2][1]来表示。由于数组的下标起始值为 0，因此行和列的下标需要减 1。

实例 07 获取二维数组中的单个元素(源代码\ch04\4.7.txt)。

编写程序，通过下标获取数组中第 2 行第 2 列元素的值与第 4 行第 1 列元素的值。

```
public class Test{
    public static void main(String[] args) {
        double array[][] = {{100,99,90},{100,98,75},{100,100,99.5},
                             {99.5,99,98.5}};    //声明二维数组时初始化
        //输出数组中的单个元素值
        System.out.println("第2行第2列元素的值："+ array[1][1]);
        System.out.println("第4行第1列元素的值："+ array[3][0]);
    }
}
```

运行结果如图 4-9 所示。

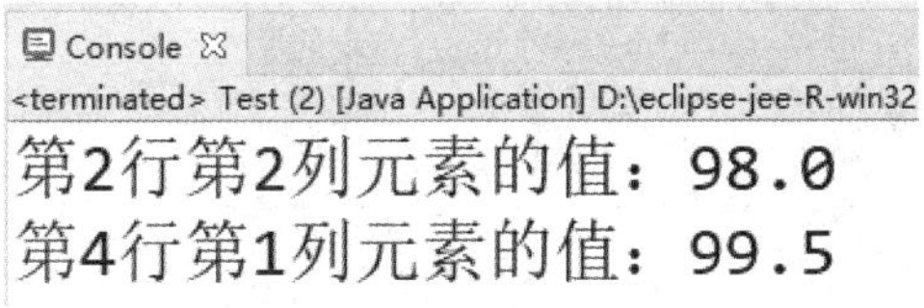

```
第2行第2列元素的值：98.0
第4行第1列元素的值：99.5
```

图 4-9 获取单个元素

4.3.4 获取全部元素

在一维数组中，直接使用 array.length 可以获取数组元素的个数。在二维数组中，使用 array.length 表示数组的行数，在指定的索引后加上 length(如 array[0].length)表示该行拥有多少个元素，即列数。

如果要获取二维数组中的全部元素，最简单、最常用的方法就是使用 for 语句。例如：

```
int b1[][] = new int[][]{{5,6},{8,7}};  //表示两行两列的二维数组
for(int i=0;i<2;i++){                    //循环每一行
    for(int j=0;j<2;j++){                //循环每一行中的每一列
        System.out.print(b1[i][j] +" ");  //输出行和列确定的元素
    }
    System.out.println();                //每一行内容输出完了之后换行
}
```

运行结果如图 4-10 所示。这里的二维数组是通过两层 for 循环输出的结果，其中外层 for 循环遍历的是数组的行数，内循环遍历的是每行的每一个元素。

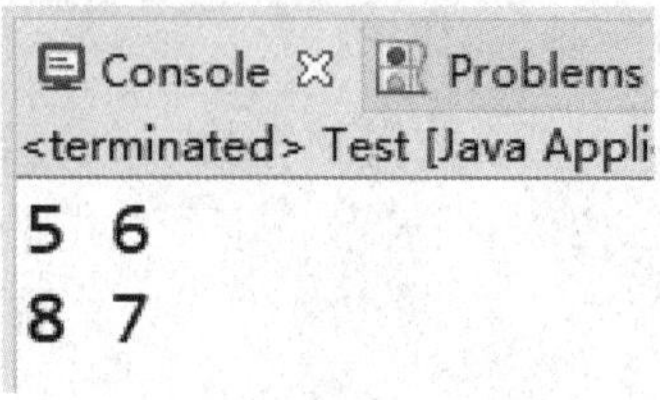

图 4-10 二维数组输出结果

 不能访问索引号大于或等于行数和列数的内容,这些内容不属于该数组的内存空间,系统会报错。

另外,使用增强型 for 循环语句也可以遍历二维数组的元素,并输出访问结果。

实例 08 使用增强型 for 循环获取二维数组中的全部元素(源代码\ch04\4.8.txt)。

```
public class Test {
    public static void main(String[] args) {
        int[][] num = new int[3][3]; // 定义了三行三列的二维数组
        num[0][0] = 1; // 给第一行第一个元素赋值
        num[0][1] = 2; // 给第一行第二个元素赋值
        num[0][2] = 3; // 给第一行第三个元素赋值

        num[1][0] = 4; // 给第二行第一个元素赋值
        num[1][1] = 5; // 给第二行第二个元素赋值
        num[1][2] = 6; // 给第二行第三个元素赋值

        num[2][0] = 7; // 给第三行第一个元素赋值
        num[2][1] = 8; // 给第三行第二个元素赋值
        num[2][2] = 9; // 给第三行第三个元素赋值
        System.out.println("使用增强型for循环获取全部元素:");
        for (int[] n : num) {
            for (int i : n) {
                System.out.print(i + " ");
            }
            System.out.println("");
        }
    }
}
```

运行结果如图 4-11 所示。这里创建了一个二维数组 num,num 是一个 3 行 3 列的二维数组,并为每个元素赋值,通过增强型 for 循环将数组中的所有元素显示出来。

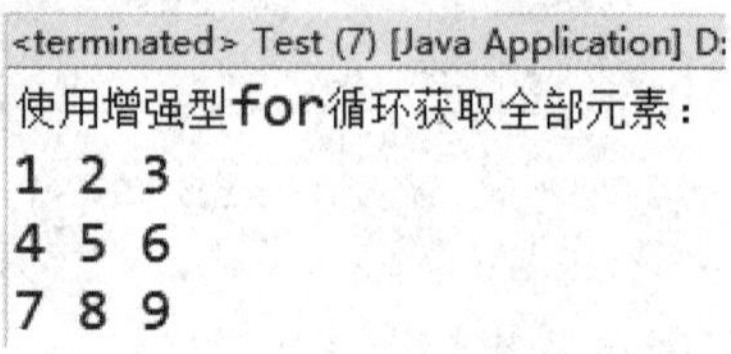

图 4-11 用增强型 for 循环输出数组元素值

4.3.5 获取指定行的元素

除了可以获取单个元素和全部元素之外,还可以单独获取二维数组中某一行元素的值,或者二维数组中某一列元素的值。

在获取指定行的元素时，需要将行固定，然后只遍历该行中的全部列即可。

实例 09 获取二维数组中指定行的元素值(源代码\ch04\4.9.txt)。

编写程序，在控制台中输入行数，然后获取二维数组中指定行的元素值。

```java
import java.util.Scanner;
public class Test{
    public static void main(String[] args) {
        double array[][] = {{100,99,90},{100,98,75},{100,100,99.5},
                        {99.5,99,98.5}};    //声明二维数组时初始化
        Scanner scan = new Scanner(System.in);
        System.out.print("当前数组只有"+ array.length+"行，您想要查看第几行的元素？请输入：");
        int number=scan.nextInt();
        for(int j=0;j<array[number-1].length;j++){
            System.out.println("第"+number+ "行的第["+j+"]个元素的值是："+ array[number-1][j]);
        }
    }
}
```

运行结果如图 4-12 所示。

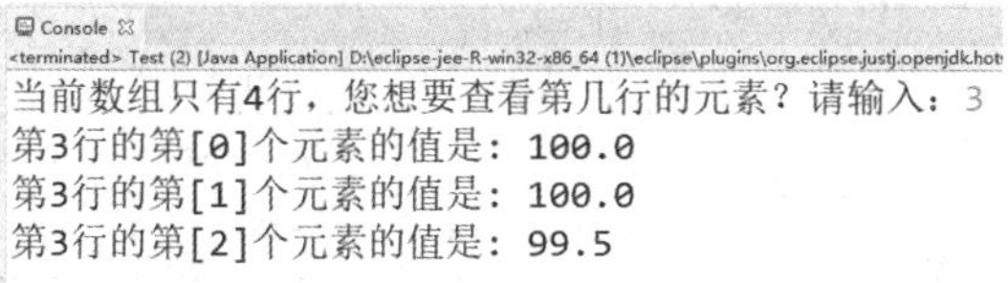

图 4-12 获取指定行的元素

4.3.6 获取指定列的元素

获取指定列的元素与获取指定行的元素相似。

实例 10 获取二维数组中指定列的元素值(源代码\ch04\4.10.txt)。

编写程序，在控制台中输入列数，然后获取二维数组中所有行中该列的元素值。

```java
import java.util.Scanner;
public class Test{
    public static void main(String[] args) {
        double array[][] = {{100,99,90},{100,98,75},{100,100,99.5},
            {99.5,99,98.5}};    //声明二维数组时初始化
        Scanner scan= new Scanner(System.in);
        System.out.print("您要获取哪一列的值？请输入：");
        int number=scan.nextInt();
        for(int i=0;i<array.length;i++){
            System.out.println("第"+(i+1)+ "行的第["+number+"]个元素的值是："+
                array[i][number]);
        }
    }
}
```

运行结果如图 4-13 所示。这里需要注意的是，列的下标是从 0 开始的，因此输入 2，获取的就是二维数组中最后一列的数值。

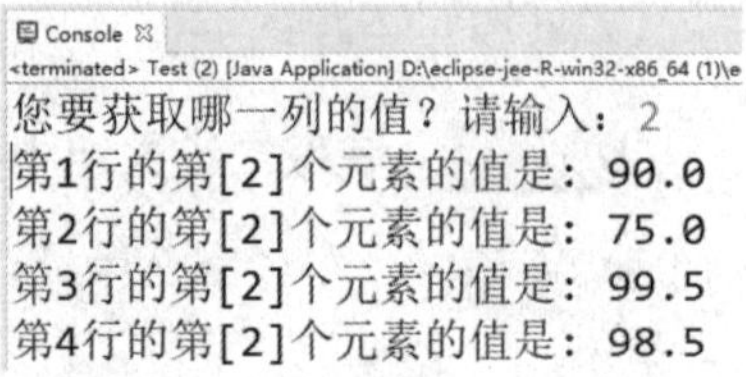

4.3.7 不规则数组

图 4-13 获取指定列的元素

Java 除了支持行、列固定的矩形方阵数组类型外，还支持不规则的数组。例如二维数组中，不同行的元素个数可以不同，格式如下：

```
int c1[][]= new int[4][];    //创建二维数组，指定行数，不指定列数
c1[0] = new int[5];          //第一行分配 5 个元素
c1[1] = new int[2];          //第二行分配 2 个元素
c1[2] = new int[4];          //第三行分配 4 个元素
c1[3] = new int[6];          //第四行分配 6 个元素
```

这个不规则数组的内存空间分布如表 4-1 所示。

表 4-1　不规则数组中数据的分布

行 号	列 号					
	0	1	2	3	4	5
0	第1个	第2个	第3个	第4个	第5个	
1	第1个	第2个				
2	第1个	第2个	第3个	第4个		
3	第1个	第2个	第3个	第4个	第5个	第6个

实例 11　使用不规则二维数组输出员工信息(源代码\ch04\4.11.txt)。

编写程序，使用不规则二维数组输出员工信息。这里二维数组 0 行是信息表头，0 列是员工编号，其余内容是员工信息，没信息的内容是空的(源代码\ch04\4.10.txt)。

```java
public class emp {
    public static void main(String[] args) {
        //声明一个信息表
        String[][] emp = new String[8][];
        //给信息表添加内容
        emp[0] = new String[] {" ","姓名","性别","年龄","职务","职称"};
        emp[1] = new String[] {"1","张燕"," 女"," 35"," 经理"," "};
        emp[2] = new String[] {"2","李庆"};
        emp[3] = new String[] {"3","王帅"};
        emp[4] = new String[] {"4","云超"};
        emp[5] = new String[] {"5","张飞"," 男"," 25"," 销售"," "};
        emp[6] = new String[] {"6","明静","","","",""};
        emp[7] = new String[] {"7","李宏"," 男"," 45"};
        //输出表头
        System.out.println("\t 员工信息表");
        //输出员工信息表
        for(int i=0;i<emp.length;i++) {
            for(int j=0;j<emp[i].length;j++) {
```

```
            System.out.print(emp[i][j]+" ");
        }
        System.out.println();//每一行输出之后换行
    }
}
```

运行结果如图4-14所示。

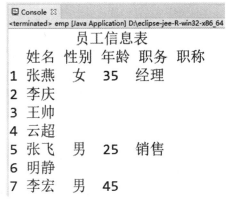

图4-14 信息表输出结果

 若不确定数组行列信息,就用length属性获取对应行列数进行遍历,以免访问非法地址。

4.4 多维数组

除了一组数组和二维数组外,Java还支持多维数组,如三维数组、四维数组和五维数组等。严格来说,二维数组也可以看作是多维数组。以三维数组为例,三维数组有3个层次,可以将三维数组理解为一个一维数组,这个一维数组中的每个元素都是二维数组。依次类推,可以获取任意维数的数组。

多维数组的声明、初始化和使用都与二维数组相似,这里不再进行具体说明。

实例12 创建一个三维数组,然后输出数组中的每一个元素(源代码\ch04\4.12.txt)。

```
public class namelist {
    public static void main(String[] args) {
        // 声明一个信息表
        String[][][] namelist = {{{"张燕","李峰","张飞"}, {"王帅","小飞","明镜" } },{{"Jack","Kimi"}, {"Luck","Lily","Rose"}}, {{"徐璐","于途","张玲"},{"李小莉","陈帅"}}};
        for (int i = 0; i < namelist.length; i++) {
            for (int j = 0; j < namelist[i].length; j++) {
                for (int k = 0; k < namelist[i][j].length; k++) {
                    System.out.println("namelist["+i+"]["+j+"]["+k+"]="+
                        namelist[i][j][k]);
                }
```

            }
        }
    }
}
```

运行结果如图4-15所示。

图 4-15 输出三维数组元素值

## 4.5 数组排序方法

数组排序的方法有冒泡排序、选择排序、快速排序、插入排序、希尔排序等。本节将通过例子详细介绍用不同排序方法对数组中的元素进行排序。

### 4.5.1 冒泡排序法

冒泡排序(bubble sort)，是一种计算机科学领域较简单的排序算法。冒泡排序就是比较相邻的两个数据，小数放在前面，大数放在后面，这样一趟下来，最小的数就被排在了第一位，第二趟也是如此，依此类推，直到所有的数据排序完成。这样值小的数组元素就像气泡一样从底部上升到顶部。

**实例 13** 使用冒泡排序法排序一维数组元素(源代码\ch04\4.13.txt)。

```
public class ArrayBubble{
    public static void main(String[] args) {
        int array[] = {15,6,2,13,8,4,};   //定义并声明数组
        int temp = 0;   //临时变量
        //输出未排序的数组
        System.out.println("未排序的数组：");
        for(int i=0;i<array.length;i++){
            System.out.print(array[i] + " ");
        }
        System.out.println();//输出空行
        //通过冒泡排序为数组排序
```
```

```
            for(int i=0;i<array.length;i++){
                for(int j=i+1;j<array.length;j++){
                    if(array[i]>array[j]){
                        //比较两个的值，如果满足条件，执行 if 语句。
                        //将 array[i]的值和 array[j]的值做交换，将值小的给 array[i]
                        temp = array[i];      //将 array[i]的值交给临时变量 temp
                        array[i] = array[j];
                        //将两者中值小的 array[j]赋给 array[i]
                        array[j] = temp;
                        //将 temp 中暂存的大值交给 array[j]，完成一次值的交换
                    }
                }
            }
            //输出排好序的数组
            System.out.println("冒泡排序，排好序的数组：");
            for(int i=0;i<array.length;i++){
                System.out.print(array[i] + " ");
            }
        }
    }
```

运行结果如图 4-16 所示。这里首先声明并初始化一个一维数组，通过 for 循环输出数组的元素。通过冒泡排序算法，对一维数组进行排序。使用冒泡算法进行排序时，首先比较数组中的前两个元素，即 array[i]和 array[j]，借助中间变量 temp，将值小的元素放到数组的前面，即 array[i]中，值大的放在数组的后边，即 array[j]中。最后将排序后的数组输出。

```
未排序的数组：
15 6 2 13 8 4
冒泡排序，排好序的数组：
2 4 6 8 13 15
```

图 4-16 冒泡排序法排序数组

4.5.2 选择排序法

选择排序(selection sort)是一种简单直观的排序算法。它的工作原理是每一次从待排序的数据元素中选出最小(或最大)的一个元素，存放在序列的起始位置，直到全部待排序的数据元素排完。选择排序是不稳定的排序方法。

实例 14 使用选择排序法排序一维数组元素(源代码\ch04\4.14.txt)。

```java
public class ArraySelect {
    public static void main(String[] args) {
        int array[] = {15,6,2,13,8,4,};  //定义并声明数组
        int temp = 0;
        //输出未排序的数组
        System.out.println("未排序的数组：");
        for(int i=0;i<array.length;i++){
```

```
            System.out.print(array[i] + " ");
        }
        System.out.println();//输出空行
        //选择排序
        for(int i=0;i<array.length;i++){
            int index = i;
            for(int j=i+1;j<array.length;j++){
                if(array[index]>array[j]){
                    index = j;    //将数组中值最小的元素的下标找出,放到index中
                }
            }
            if(index != i){    //如果值最小的元素不是下标为i的元素,将两者交换
                temp = array[i];
                array[i] = array[index];
                array[index] = temp;
            }
        }    //输出排好序的数组
        System.out.println("选择排序,排好序的数组:");
        for(int i=0;i<array.length;i++){
            System.out.print(array[i] + " ");
        }
    }
}
```

运行结果如图 4-17 所示。这里首先声明并初始化一个一维数组,通过 for 循环输出数组的值。通过选择排序算法,对一维数组进行排序。

```
未排序的数组:
15 6 2 13 8 4
选择排序,排好序的数组:
2 4 6 8 13 15
```

图 4-17 选择排序法排序数组

4.5.3 快速排序法

通过 Arrays 类的静态方法(sort()方法)可以对数组中的元素快速排序,排序方式是根据数组元素的自然顺序进行升序排列。

实例 15 使用快速排序法排序一维数组元素(源代码\ch04\4.15.txt)。

```java
import java.util.Arrays;
public class Test {
    public static void main(String[] args) {
        int[] a = { 5, 26, 3, 12, 8, -29, 55 };
        System.out.print("排序前: ");
        for (int i = 0; i < a.length; i++) {
            System.out.print(a[i] + " ");
        }
        System.out.println();// 输出空行
```

```
            System.out.print("排序后：");
            Arrays.sort(a); // 数组排序
            for (int i = 0; i < a.length; i++) {
                System.out.print(a[i] + " ");
            }
        }
    }
```

运行结果如图 4-18 所示。这里使用数组类 Arrays 的静态方法 sort()对数组的元素进行升序排列，然后使用 for 循环将数组元素按排列后的顺序显示出来。

```
排序前：5 26 3 12 8 -29 55
排序后：-29 3 5 8 12 26 55
```

图 4-18　快速排序法排序数组

4.5.4　直接插入法

直接插入排序的基本思想是：将 n 个有序数存放在数组 a 中，要插入的数为 x，首先确定 x 插在数组中的位置 p，数 p 之后的元素都向后移一个位置，空出 a(p)，将 x 放入 a(p)，这样可实现插入后的数列仍然有序。

实例 16　使用直接插入法排序一维数组元素(源代码\ch04\4.16.txt)。

```java
public class Test {
    public static void main(String[] args) {
        int[] number = { 5, 26, 3, 12, 8, -29, 55 };
        System.out.print("排序前：");
        for (int val : number) { // 遍历数组元素
            System.out.print(val + " ");// 输出数组元素
        }
        System.out.println();// 输出空行
        int temp, j;
        for (int i = 1; i < number.length; i++) {
            temp = number[i];
            for (j = i - 1; j >= 0 && number[j] > temp; j--) {
                number[j + 1] = number[j];
            }
            number[j + 1] = temp;
        }
        System.out.print("排序后：");
        for (int val : number) { // 遍历数组元素
            System.out.print(val + " ");// 输出数组元素
        }
    }
}
```

运行结果如图 4-19 所示。这里首先在控制台中输出 number 数组中的元素，然后通过 for 循环对数组中的元素进行排序，最后再次输出排序后的元素。

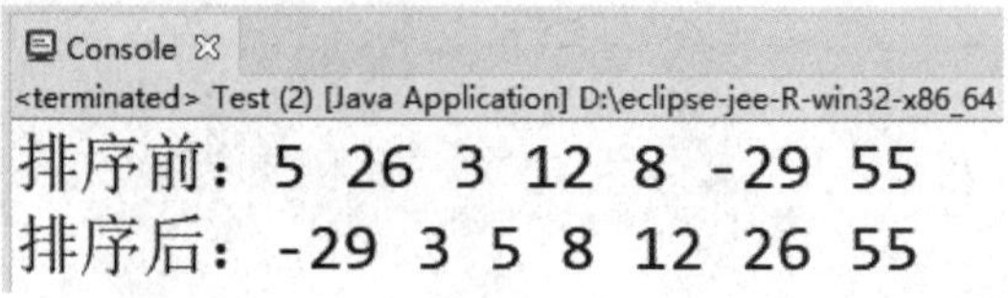

图4-19 直接插入法排序数组

4.6 就业面试问题解答

问题 1：定义了一个字符数组 char[] c = {{'r','a','i'}}，使用时出错。

答：定义的数组是一维数组，但是赋值时的大括号是双层的。一个大括号才是一维数组，在这里是双层大括号，定义的是二维数组。此字符串数组应定义为 char[][] c = {{'r','a','i'}}或者 char[] c = {'r','a','i'}。

问题 2：数组作为方法的形参，在方法中修改形参数组的值，为什么实参数组的值也被修改了？

答：在方法中，数组作为参数传递的只是数组在内存中的地址(即引用)，而不是将数组中的元素直接传给形参。这样的引用传递，使方法的形参和实参同时指向数组在内存中的位置，无论是通过形参还是实参修改数组，内存中数组的值都会发生改变。

4.7 上机练练手

上机练习 1：输出一个 10 行 10 列的矩阵

编写程序，在 3×3 的九宫格中，填入 1 到 9 这九个数，使得每一行、每一列、正斜线和反斜线上每 3 个数的和都相等，程序运行结果如图 4-20 所示。

上机练习 2：杨辉三角算法

编写程序，使用二维数组实现杨辉三角算法。程序运行结果如图 4-21 所示。

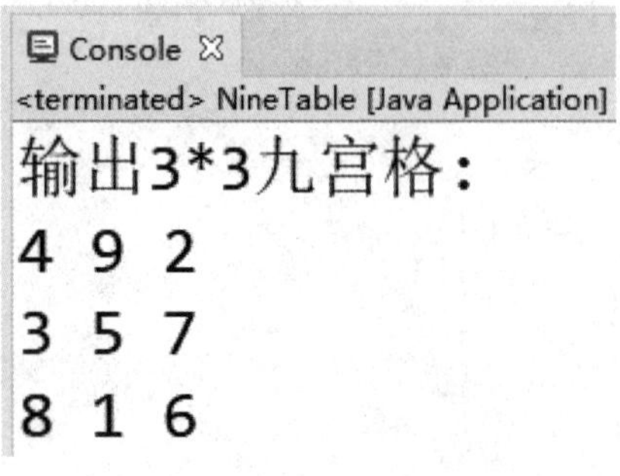

图4-20 九宫格输出结果

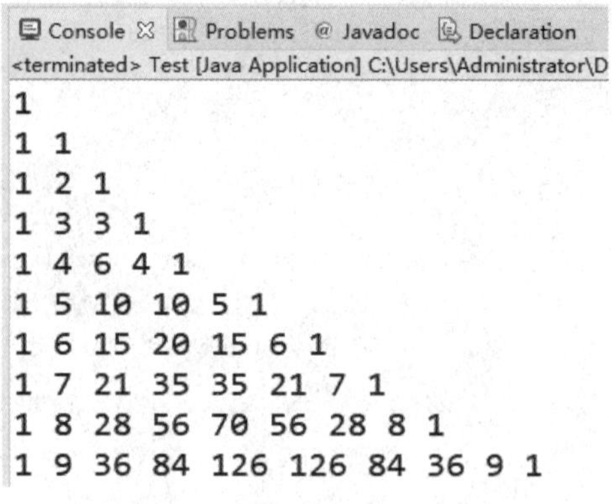

图4-21 杨辉三角算法

上机练习 3：交换二维数组中的行列数据

编写程序，交换二维数组的行与列，然后遍历输出行列交换前与交换后的二维数组。程序运行结果如图 4-22 所示。

```
Console    Problems   @ Javadoc   Declaration
<terminated> Test [Java Application] C:\Users\Administrator
行列互调前：
1  2  3
4  5  6
7  8  9
行列互调后：
1  4  7
2  5  8
3  6  9
```

图 4-22 交换二维数组的行与列

第 5 章

字符串的处理

　　Java 语言中的 char 类型只能保存单个字符，如果要用 char 类型来保存比较长的文章段落就会非常麻烦，这种情况下可以使用 Java 中最常用的字符串来解决。字符串在存储上类似于数组，不仅字符串的长度可取，而且每一位上的字符也可取。本章就来介绍 Java 字符串的处理。

5.1 String 类

在 Java 语言中，字符串是被当作对象来处理的，可以通过 java.lang 包中的 String 类创建字符串。String 类的本质是字符数组，String 类是 Java 中的文本数据类型。

5.1.1 声明字符串

String 类操作的数据是字符串，字符串是由字母、数字、汉字以及下划线组成的一串字符。字符串常量是用双引号括起来的内容，它们的值在创建之后不能更改，但是可以使用其他变量重新赋值的方式进行更改。

在 Java 语言中，单引号中的内容表示字符，如'H'；双引号中的内容则表示字符串，例如：

```
"我是字符串", "Java", "123456789", "_name"
```

Java 通过 String 类来创建可以保存字符串的变量，所以字符串变量是一个对象。下面声明一个字符串变量 a，代码如下：

```
String a
```

还可以一次声明多个字符串变量，代码如下：

```
String a,b
```

上面一次声明两个字符串变量，分别是 a 和 b。

注意　　在不给字符串变量赋值的情况下，其默认值为 null，如果此时调用 String 的方法，则会出现异常。

5.1.2 创建字符串

创建字符串的方法有多种，下面分别进行介绍。

1. 直接创建字符串

直接使用双引号为字符串常量赋值，语法格式如下：

```
String 字符串名 = "字符串";
```

主要参数介绍如下。
- 字符串名：一个合法的标识符。
- 字符串：由字符组成。

例如，直接将字符串常量赋值给 String 类型变量，代码如下：

```
String name = "张晓霞";
String s = "Hello Java!";
String str1,str2;
```

```
str1 = "锄禾日当午,";
str2 = "汗滴禾下土。";
```

2. 利用构造方法实例化

在 java.lang 包中的 String 类有多种重载的构造方法,可以通过 new 关键字调用 String 类的构造方法创建字符串。例如:

```
String a = new String("张晓霞");
String b = new String(a);
```

3. 利用字符数组实例化

使用一个带 char 型数组参数的构造函数创建字符串,具体代码如下:

```
char[] nameChar = {'张','晓霞'};
String name = new String(nameChar);
```

4. 提取字符数组中的一部分创建字符串对象

例如,使用带三个参数的构造函数创建字符数组,具体代码如下:

```
char[] ch = {'我','是','张','晓霞'};
String name = new String(ch,2,2);
```

三个参数分别是:字符数组,提取字符串的首个字符在字符数组中的位置,提取的字符个数。

5. 创建空字符串

使用 String()构造方法,可以创建空字符串,然后给空字符串赋值。其具体代码如下:

```
String s = new String();
s="己所不欲,勿施于人。";
```

注意

使用 String 声明的空字符串,它的值不是 null(空值),而是 "",它是实例化的字符串对象,不包含任何字符。

实例 01 使用不同的赋值方法给字符串赋值并输出(源代码\ch05\5.1.txt)。

```
public class CreatString {
    public static void main(String[] args) {
        String str1 ="相互了解是朋友,相互理解是知己。";
        System.out.println("str1=" + str1);
        String str2 = new String();
        str2 = "活着就是有福气,就该珍惜。";
        System.out.println("str2=" + str2);
        String str3 = new String("己所不欲,勿施于人。");
        System.out.println("str3=" + str3);
        char[] strChar1 = { '与', '朋', '友', '交', ',', '言', '而', '有',
'信', '。'};
        String str4 = new String(strChar1);
        System.out.println("str4=" +str4);
```

```
        char[] strChar = { '一', '日', '之', '计', '在', '于', '晨', '，',
    '一', '年', '之', '计', '在', '于', '春', '。' };
        String str5 = new String(strChar, 0, 8);
        System.out.println("str5="+str5);
    }
}
```

运行结果如图 5-1 所示。

```
str1=相互了解是朋友，相互理解是知己。
str2=活着就是有福气，就该珍惜。
str3=己所不欲，勿施于人。
str4=与朋友交，言而有信。
str5=一日之计在于晨，
```

图 5-1　使用 String 类创建字符串

5.2　字符串的连接

字符串的连接有两种方式，一种是使用"+"号，另一种是使用 String 类提供的 concat()方法。

5.2.1　使用"+"号连接

字符串可以通过"+"和"+="运算符进行连接。使用多个"+"号可以连接多个字符串。

实例 02　使用"+"和"+="将多个字符串连接成一个字符串(源代码\ch05\5.2.txt)。

```java
public class Test{
    public static void main(String[] args) {
        String str1 = "一个能思考的人";
        String str2 = "才真是一个力量无边的人。";
        String str3 = str1 + "," + str2;       //使用"+"来连接字符串
        System.out.println(str1);
        System.out.println(str2);
        System.out.println("使用+号连接："+str3);
        String str4="——巴尔扎克";
        str3+=str4;                             //使用"+="来连接字符串
        System.out.println("使用+=号连接："+str3);
    }
}
```

运行结果如图 5-2 所示。

```
一个能思考的人
才真是一个力量无边的人。
使用+号连接：一个能思考的人，才真是一个力量无边的人。
使用+=号连接：一个能思考的人，才真是一个力量无边的人。——巴尔扎克
```

图 5-2　连接字符串

第 5 章　字符串的处理

Java 中连接的字符串不可以直接分成两行。例如：

```
System.out.println("天才
需要勤奋");
```

以上这种写法是错误的。如果一个字符串太长，为了方便阅读，可以将这个字符串分在两行上书写，此时就可以使用"+"将两个字符串连起来，之后在加号处换行。因此，语句可以修改为：

```
System.out.println("天才"+
"需要勤奋");
```

这是因为字符串是常量，是不能修改的，所以连接两个字符串之后，原先的字符串不会发生变化，而是在内存中生成一个新的字符串。

5.2.2　使用 concat()方法连接

使用 String 类提供的 concat()方法，将一个字符串连接到另一个字符串的后面。其语法格式如下：

```
String concat(String str);
```

参数介绍如下。

- str：要连接到调用此方法的字符串后面的字符串。
- String：返回一个新的字符串。

实例 03　使用 concat()方法将多个字符串连接成一个字符串(源代码\ch05\5.3.txt)。

```
public class test {
    public static void main(String[] args) {
        String str1 = "天才";
        String str2 = "需要勤奋";
        String str = str1.concat(str2);
        System.out.println(str);
    }
}
```

运行结果如图 5-3 所示。这里定义了两个字符串 str1 和 str2，使用 concat()方法将字符串 str2 连接到 str1 的后面，并赋值给字符串变量 str，然后输出。

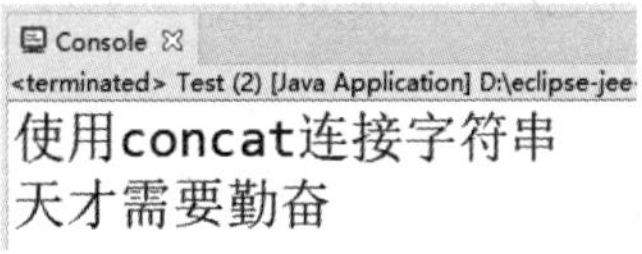

图 5-3　用 concat()方法连接字符串

5.2.3　连接其他数据类型

如果与字符串连接的是 int、long、float、double 和 boolean 等基本数据类型的数据，那么在做连接前系统会自动将这些数据转换成字符串。

实例 04　使用"+"号将字符串与其他数据类型连接并输出(源代码\ch05\5.4.txt)。

```
public class test {
    public static void main(String[] args) {
        String s1 = "今日西红柿特价：";
```

```
        float f = 1.99f;
        String s2 = "元/公斤。";
        String s = s1 + f + s2;
        System.out.println(s);
    }
}
```

运行结果如图 5-4 所示。这里定义了两个字符串 s1 和 s2，一个 float 型的变量 f，在程序中使用 "+" 号，将 s1、s2 和 f 连接起来，赋值给字符串 s。

今日西红柿特价：1.99元/公斤。

图 5-4　用 "+" 连接字符串

　只要 "+" 运算符的一个操作数是字符串，编译器就会将另一个操作数转换成字符串形式，所以应谨慎地将其他数据类型与字符串相连，以免出现意想不到的结果。

另外，当字符串与数字运算连接时，会有优先级之分。当数字连接在字符串前面时，先计算再连接；当数字连接在字符串后面时，则按照顺序连接。

实例 05　将字符串与数字运算连接并输出计算结果(源代码\ch05\5.5.txt)。

```java
public class ConnectIntristing {
    public static void main(String[] args) {
        String str1 = "18" + 15 + 8 + 9;  // 数字连接在后
        System.out.println("\"18\"+15+8+9=" + str1);
        String str2 = 15 + 8 + 9 + "18";  // 数字连接在前，先计算，再拼接
        System.out.println(" 15+8+9+\"18\"=" + str2);
        String str3 = "18" + (15 + 8 + 9);
        // 数字连接在后，但是括号保持运算功能，先运算再连接
        System.out.println("\"18\"+(15+8+9)=" + str3);
    }
}
```

运行结果如图 5-5 所示。

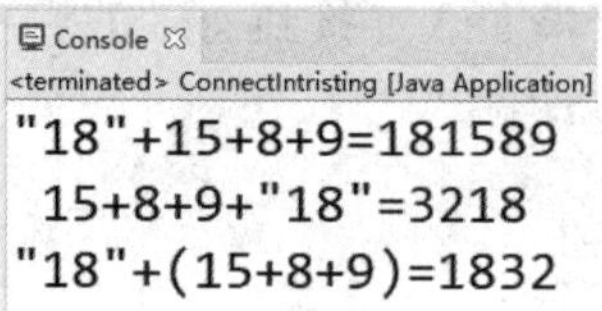

```
"18"+15+8+9=181589
 15+8+9+"18"=3218
"18"+(15+8+9)=1832
```

图 5-5　字符串与数字的连接

5.3　获取字符串信息

字符串作为对象，可以通过 String 类中的方法获取有效信息，如字符串的长度、某个索引位置的字符等。

5.3.1 获取字符串长度

使用 length()方法可以获取字符串的长度,长度指的是字符串中字符的个数,其中空格也是长度的一部分。语法格式如下:

```
str.length();
```

例如,定义一个字符串 str,使用 length()方法获取其长度,代码如下:

```
String str="I Love Java!"
int size=str.length();
```

将 size 输出,得出的结果就是

```
12
```

这里 length()方法的返回值是 int 型,所以需要一个 int 型变量来保存结果。

实例 06 创建一个字符串,获取它的长度并输出(源代码\ch05\5.6.txt)。

```java
public class Test {
    public static void main(String[] args) {
        String s = "在人生中最艰难的是选择!";  // 声明字符串
            // 获取字符串长度,即字符个数
            System.out.println("字符串的长度为: " + s.length());
    }
}
```

运行结果如图 5-6 所示。

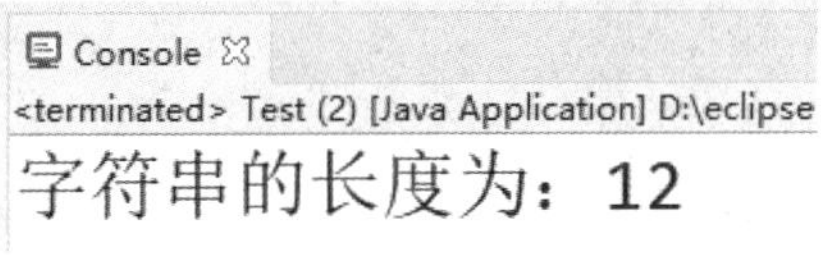

字符串的长度为:12

图 5-6 获取字符串的长度

5.3.2 获取指定位置的字符

使用 charAt()方法可以获取指定位置的字符,语法格式如下:

```
str.charAt(index);
```

参数介绍如下。

- str:任意字符串对象。
- index:char 值的索引。

实例 07 创建一个字符串,找出字符串中索引位置是 4 的字符(源代码\ch05\5.7.txt)。

```java
public class Test {
    public static void main(String[] args) {
        String s = "千树万树梨花开";  // 声明字符串
        System.out.println("字符串为:" + s);
```

```
        System.out.println("字符串中索引位置为4的字符为:" + s.charAt(4));
    }
}
```

运行结果如图 5-7 所示。

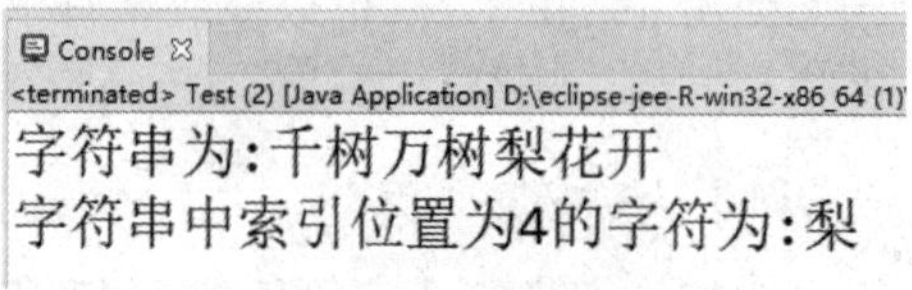

5.3.3 获取子字符串索引位置

indexOf()方法返回的是搜索的字符或字符串在字符串中首次出现的索引位置,如果没有检索到要查找的字符或字符串,则返回-1,语法如下:

图 5-7 获取指定位置的字符

```
str.indexOf(substr);
```

参数介绍如下。
- str:任意字符串对象。
- substr:要搜索的字符或字符串。

例如,查找字符 e 在字符串 s 中首次出现的索引位置,代码如下:

```
String s = "hello world"; // 声明字符串
int size = s.indexOf('e');
```

这里返回到结果为

```
1
```

lastIndexOf()方法返回的是搜索的字符或字符串在字符串中最后一次出现的索引位置,如果没有检索到要查找的字符或字符串,则返回-1,语法格式如下:

```
str.lastindexOf(substr);
```

参数介绍如下。
- str:任意字符串对象。
- substr:要搜索的字符或字符串。

例如,查找字符 o 在字符串 s 中最后一次出现的索引位置,代码如下:

```
String s = "hello world"; // 声明字符串
int size = s.lastindexOf('o');
```

这里返回的结果为

```
7
```

空格也算一个字符长度。

实例 08 找出某字符在字符串首次出现的索引值和最后一次出现的索引值(源代码\ch05\5.8.txt)。

```
public class Test {
    public static void main(String[] args) {
```

```
        String s = "How are you?";  // 声明字符串
        System.out.println("字符o第一次出现的位置:" + s.indexOf('o'));
        System.out.println("字符o最后一次出现的位置:" + s.lastIndexOf('o'));
    }
}
```

程序运行结果如图 5-8 所示。

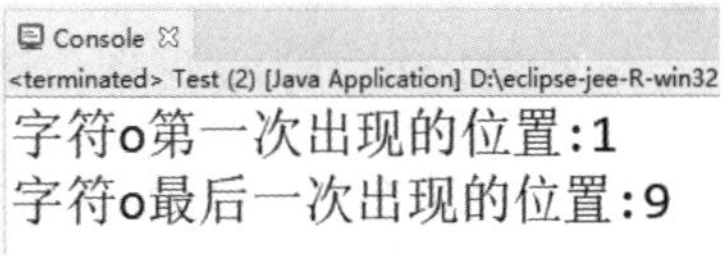

5.3.4 判断字符串首尾内容

startsWith()方法和 endsWith()方法分别用于判断字符串是否以指定的内容开始或结束。这两个方法的返回值都是 boolean 类型。

字符o第一次出现的位置:1
字符o最后一次出现的位置:9

图 5-8 获取子字符串索引位置

1. startsWith(String prefix)方法

该方法用于判断字符串是否以指定的前缀开始，语法格式如下：

```
str.startsWith(prefix)
```

参数介绍如下。
- str：任意字符串对象。
- prefix：作为前缀的字符串。

实例 09 查找商品列表中以"电"开头的商品信息(源代码\ch05\5.9.txt)。

```java
public class Search{
    public static void main(String[] args) {
        String shopping[] = { "电话", "电灯", "电视机", "电磁炉", "电烤箱", "电饭煲", "炒锅", "蒸锅", "水壶"};
        int sum=0;
        System.out.println("以"电"开头的商品有：");
        for (int i = 0; i < shopping.length; i++) {
            // 循环查找以"电"开头的商品信息
            if (shopping[i].startsWith("电")) {
                // 用 startWith 方法验证是否为以"电"开头的商品
                sum++;
                System.out.println(shopping[i]);
            }
        }
        System.out.println("以"电"开头的商品有"+sum+"种");
    }
}
```

运行结果如图 5-9 所示。

2. endsWith(String suffix)方法

该方法用于判断字符串是否以指定的后缀结束，语法格式如下：

```
str.endsWith(suffix)
```

以"电"开头的商品有：
电话
电灯
电视机
电磁炉
电烤箱
电饭煲
以"电"开头的商品有6种

图 5-9 查找以"电"开头的商品

参数介绍如下。
- str：任意字符串对象。
- suffix：作为后缀的字符串。

实例 10 查找四字成语集合中以"春"字结尾的成语并展示出来(源代码\ch05\5.10.txt)。

```java
public class Search{
    public static void main(String[] args) {
        // 成语集合
        String Spring[]={"妙手回春","枯木逢春","万代千秋","万古长春","叶落知秋","多事之秋","春风得意","金桂飘香"};
        // 循环查找以"春"字结尾的成语
        System.out.println("以"春"结束的成语：");
        for (int i = 0; i < Spring.length; i++) {
            if (Spring[i].endsWith("春")) {
                //用 endWith 方法验证是否为以"春"字结尾的成语
                System.out.println(Spring[i]);
            }
        }
    }
}
```

运行结果如图 5-10 所示。

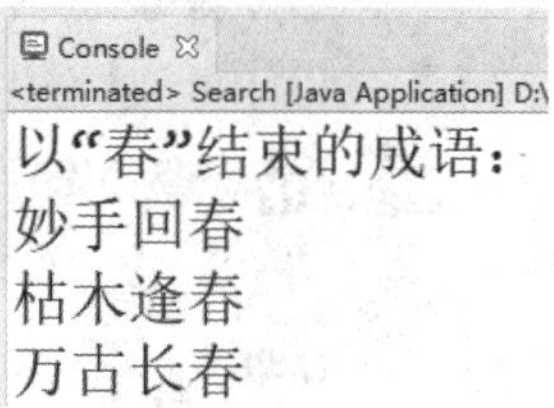

5.3.5 判断子字符串是否存在

用 contains()方法可以判断字符串中是否包含指定的内容，语法格式如下：

```
str.contains(string);
```

图 5-10 输出结果

主要参数介绍如下。
- str：任意字符串对象。
- string：查询的子字符串。

实例 11 搜索四字成语中含"秋"字的成语并输出(源代码\ch05\5.11.txt)。

```java
public class Search{
    public static void main(String[] args) {
        // 成语集合
        String Autumn[]={"妙手回春","枯木逢春","万代千秋","万古长春","叶落知秋","多事之秋","春风得意","金桂飘香"};
        System.out.println("包含"秋"的成语：");
        for (int i = 0; i < Autumn.length; i++) {
            //循环每一个成语，查看是否包含关键字"秋"
            if (Autumn[i].contains("秋")) {
                System.out.println(Autumn[i]);
            }
        }
    }
}
```

运行结果如图 5-11 所示。

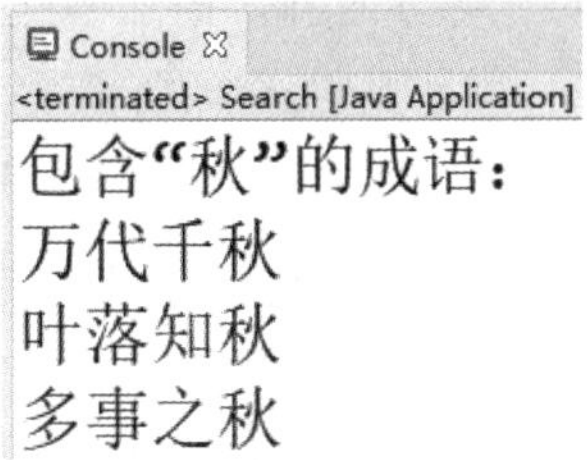

5.3.6 获取字符串数组

通过 toCharArray()方法可以将一个字符串转换为一个字符数组。其语法格式如下：

```
str.toCharArray();
```

主要参数介绍如下。

str：任意字符串对象。

实例 12 以数组方式输出字符串内容(源代码\ch05\5.12.txt)。

```
public class TangPoerty {
    public static void main(String[] args) {
        String poetry = "日照香炉生紫烟，遥看瀑布挂前川。飞流直下三千尺，疑是银河落九天。";
        System.out.println("字符串这样输出古诗：");
        System.out.println(poetry);
        System.out.println("字符串转换为数组后这样输出古诗：");
        char[] poetry2 = poetry.toCharArray();// 将字符串变成字符数组
        for (int i = 0; i < poetry2.length; i++) { // 循环输出字符数组内容
            System.out.print(poetry2[i] + " ");
            if (poetry2[i] == '，' || poetry2[i] == '。')// 根据需求换行
                System.out.println();
        }
    }
}
```

图 5-11 通过关键字搜索成语

运行结果如图 5-12 所示。

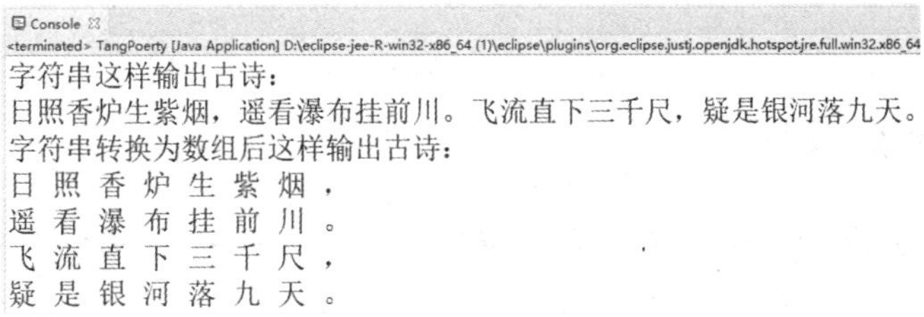

图 5-12 古诗的格式输出

5.4 字符串的操作

字符串的操作主要包括字符串的截取、分割、替换、比较、大小写转换等，下面进行详细介绍。

5.4.1 截取字符串

String 类中的 substring()方法可以对字符串进行截取操作，该方法适用于截取字符串中

的一部分内容，语法格式如下：

```
str.substring(beginIndex);   //从 beginIndex 位置的字符开始到字符串结尾的部分
str.substring(beginIndex,endIndex);//从 beginIndex 开始到 endIndex 的前一个字符
```

主要参数介绍如下。
- str：任意字符串对象。
- beginIndex：起始索引。
- endIndex：结束索引。

实例 13　截取字符串中的指定字符(源代码\ch05\5.13.txt)。

```
public class Test {
    public static void main(String[] args) {
        String str = "Java JavaScript AJAX";
        //下面是字符串截取操作
        System.out.println("从第6个字符截取到末尾的结果：" + str.substring(5));
        System.out.println("从第6个字符截取到第9个字符的结果：" + str.substring(5,9));
    }
}
```

运行结果如图 5-13 所示。

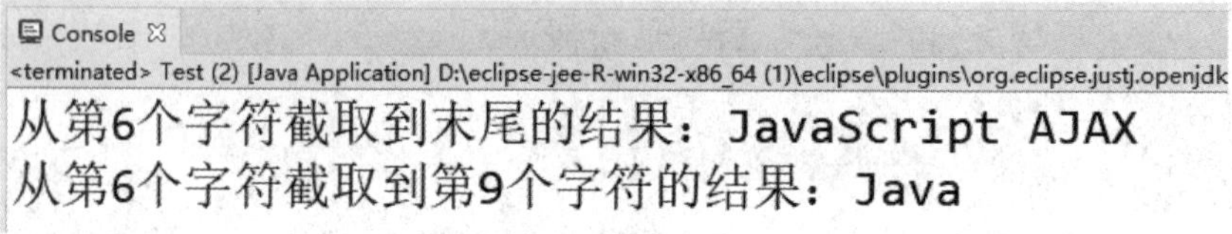

```
从第6个字符截取到末尾的结果：JavaScript AJAX
从第6个字符截取到第9个字符的结果：Java
```

图 5-13　截取字符串

需要注意的是，字符串中的索引是从 0 开始的，在截取字符串时，只包括开始索引，不包括结束索引。

5.4.2　分割字符串

String 类中的 split()方法可以对字符串进行分割操作，该方法适用于将字符串按照字符串中的某个分隔符进行分割。其语法格式如下：

```
str.split(regex);
```

主要参数介绍如下。
- str：任意字符串对象。
- regex：分隔符表达式。

实例 14　以指定方式分割字符串(源代码\ch05\5.13.txt)。

```
public class Test {
    public static void main(String[] args) {
        String str = "妙手回春-枯木逢春-万古长春";
        System.out.println("分割后的字符串为:");
        String[] strArray = str.split("-");  // 将字符串转换为字符串数组
```

```
            for (int i = 0; i < strArray.length; i++) {
                if (i != strArray.length - 1) {
                    // 如果不是数组的最后一个元素，在元素后面加逗号
                    System.out.print(strArray[i] + ",");
                } else {
                    // 数组的最后一个元素后面不加逗号
                    System.out.println(strArray[i]);
                }
            }
        }
}
```

运行结果如图 5-14 所示。

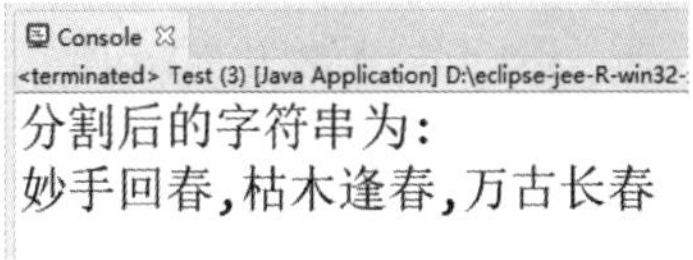

5.4.3 替换字符串

使用 replace()方法可以将字符串中的一些字符用新的字符来替换。语法如下：

```
str.replace(oldStr,newStr);
```

图 5-14 分割字符串

主要参数介绍如下。
- str：任意字符串对象。
- newStr：替换后的字符序列。
- oldStr：要被替换的字符序列。

replace()方法返回的是一个新的字符串，如果字符串 str 中没有找到需要被替换的子字符序列 oldStr，则将原字符串返回。

实例 15 替换字符串中的指定字符(源代码\ch05\5.15.txt)。

```
public class ChangeName {
    public static void main(String[] args) {
        String name = "张晓明";
        String newName = name.replace("张", "李");  //将原来的"张"用"李"替换
        System.out.println("原来的姓名："+name);
        System.out.println("现在的姓名："+newName);
    }
}
```

运行结果如图 5-15 所示。

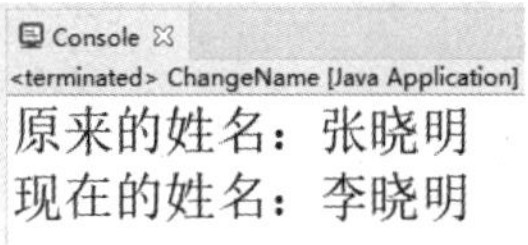

5.4.4 去除空白内容

使用 trim()方法可以去除字符串两端处的空格。其语法格式如下：

图 5-15 姓名替换结果

```
str.trim();
```

主要参数介绍如下。

str:任意字符串对象。

实例 16 去除字符串首尾处及所有的空格(源代码\ch05\5.16.txt)。

```java
public class Test {
    public static void main(String[] args) {
        String s = "    hello World    ";
        System.out.println("去除字符串两端空格后的结果:" + s.trim());
        System.out.println("去除字符串中所有空格后的结果:" + s.replace(" ", ""));
    }
}
```

运行结果如图 5-16 所示。

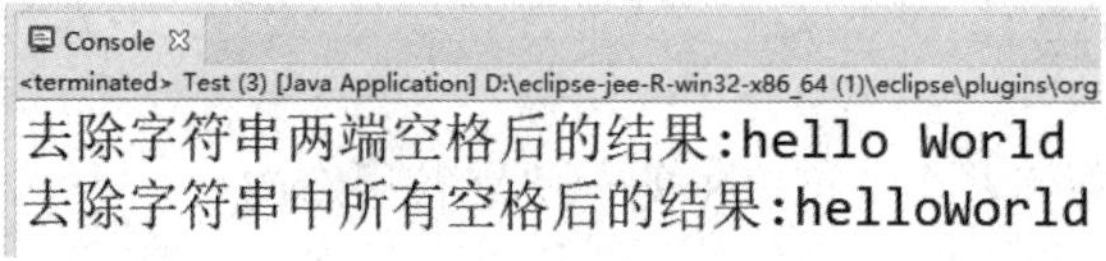

```
去除字符串两端空格后的结果:hello World
去除字符串中所有空格后的结果:helloWorld
```

图 5-16 去除字符串中的空格

5.4.5 比较字符串是否相等

使用 equals()方法可以比较两个字符串是否相等。当且仅当进行比较的字符串不为 null，并且与被比较的字符串内容相同时，结果才为 true。其语法格式如下：

```
str.equals(anotherstr);
```

主要参数介绍如下。
- str：任意字符串对象。
- anotherstr：进行比较的字符串。

实例 17 使用 equals()方法比较两个字符串(源代码\ch05\5.17.txt)。

```java
public class Test {
    public static void main(String[] args) {
        String s1 = "String";      //声明一个字符串
        String s2 = "String";
        System.out.println("字符串 s1 为: " + s1);
        System.out.println("字符串 s2 为: " + s2);
        System.out.println("判断两个字符串是否相等，结果为: " + s1.equals(s2));
    }
}
```

运行结果如图 5-17 所示。

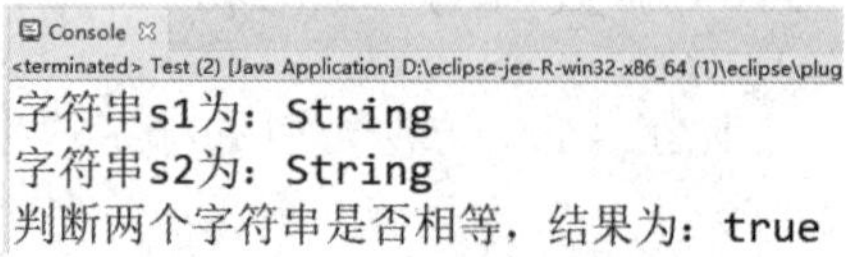

equals()方法和"=="的作用不同。equals()方法比较的是字符串内的字符是否相等，而"=="用于比较两个字符串对象的地址是否相同。由此可见，即使两个字符串对象的字符内容完全相同，使用"=="判断时结果也是 false。因此，如果要比较

```
字符串 s1 为: String
字符串 s2 为: String
判断两个字符串是否相等，结果为: true
```

图 5-17 判断字符串是否相等

字符串的字符内容是否相等，就只能使用 equals() 方法。

实例 18 使用 "==" 比较两个字符串(源代码\ch05\5.18.txt)。

```java
public class Test {
    public static void main(String[] args) {
        String s1 = "String";            //声明一个字符串
        String s2 = new String("String");
        System.out.println("字符串 s1 为: " + s1);
        System.out.println("字符串 s2 为: " + s2);
        System.out.println("s1==s2 的比较结果为: "+(s1==s2));
    }
}
```

运行结果如图 5-18 所示。

```
Console 
<terminated> Test (2) [Java Application] D:\eclipse-jee-R-win32
字符串s1为：String
字符串s2为：String
s1==s2的比较结果为：false
```

图 5-18 使用 "==" 比较字符串

5.4.6 字符串的比较操作

使用 compareTo() 方法可以按字典顺序比较两个字符串。使用 compareToIgnoreCase() 方法也可以按字典顺序比较两个字符串，但不考虑大小写。其语法格式如下：

```java
public int compareTo(String str)
public int compareToIgnoreCase(String str)
```

参数介绍如下。

str：要做比较的字符串。

返回值：如果参数字符串等于需要比较的字符串，则返回值 0；如果需要比较的字符串按字典顺序小于字符串参数，则返回一个小于 0 的值；如果需要比较的字符串按字典顺序大于字符串参数，则返回一个大于 0 的值。

实例 19 使用 compareTo() 和 compareToIgnoreCase() 方法比较两个字符串(源代码\ch05\5.19.txt)。

```java
public class Test {
    public static void main(String[] args) {
        // 字符串比较
        String str1 = "java";
        String str2 = "script";
        String str3 = "JAVA";
        int compare1 = str1.compareTo(str2);
        int compare2 = str1.compareToIgnoreCase(str3);
        System.out.println("字符串 str1 为: "+str1);
        System.out.println("字符串 str2 为: "+str2);
```

```
            System.out.println("字符串 str3 为: "+str3);
            System.out.println("compareTo()方法: ");
            if (compare1 > 0) {
                System.out.println("字符串 str1 大于字符串 str2");
            } else if (compare1 < 0) {
                System.out.println("字符串 str1 小于字符串 str2");
            } else {
                System.out.println("字符串 str1 等于字符串 str2");
            }
            System.out.println("compareToIgnoreCase()方法: ");
            if (compare2 > 0) {
                System.out.println("字符串 str1 大于字符串 str3");
            } else if (compare2 < 0) {
                System.out.println("字符串 str1 小于字符串 str3");
            } else {
                System.out.println("字符串 str1 等于字符串 str3");
            }
    }
}
```

运行结果如图 5-19 所示。

```
字符串str1为: java
字符串str2为: script
字符串str3为: JAVA
compareTo()方法:
字符串str1小于字符串str2
compareToIgnoreCase()方法:
字符串str1等于字符串str3
```

图 5-19 compareTo()和 compareToIgnoreCase()的应用示例

在本案例中，定义了三个字符串 str1、str2 和 str3，分别使用 compareTo()方法和 compareToIgnoreCase()方法对它们进行比较。

（1）compareTo()方法比较字符串 str1 和 str2 在字典中的顺序，由于字符串 str1 的首字符 j 在字典中的 Unicode 值小于字符串 str2 的首字符 s，所以字符串 str1 小于字符串 str2。

（2）compareToIgnoreCase()方法比较字符串 str1 和 str3，由于此方法比较时忽略大小写，因此两个字符串 str1 和 str3 相等。

5.4.7 字符串大小写转换

通过方法可以将字符串转换成数组，并将字符串中的字符进行大小写转换。

使用 toLowerCase()方法可以实现大写字母转换成小写字母，使用 toUpperCase()方法可以实现字符串的大写字母转换为小写字母。其语法格式如下：

```
str.toLowerCase();
str.toUpperCase();
```

主要参数介绍如下。

str：任意字符串对象。

实例 20 字符串大小写的转换操作(源代码\ch05\5.20.txt)。

```java
public class Test {
    public static void main(String[] args) {
        String title1 = "I Love Java!";
        String newTitle = title1.toUpperCase();
        System.out.println("小写转大写\n\t原来是-" + title1);
        System.out.println("\t现在是-" + newTitle);
        String title2 = "I love Java!";
        String newTitle2 = title2.toLowerCase();
        System.out.println("大写转小写\n\t原来是-" + title2);
        System.out.println("\t现在是-" + newTitle2);
    }
}
```

运行结果如图 5-20 所示。

图 5-20　转换字符串大小写

5.5　正则表达式

正则表达式是一种可以用于模式匹配和替换的规范，一个正则表达式就是由普通的字符(例如字符 a 到 z)以及特殊字符(元字符)组成的文字模式，用于描述在查找文字主体时待匹配的一个或多个字符串。

5.5.1　常用正则表达式

正则表达式(regular expression)作为一个模板，将某个字符模式与所搜索的字符串进行匹配。下面介绍在编程中经常会用到的正则表达式，如表 5-1 所示。

表 5-1　常用正则表达式

规　则	正则表达式语法
一个或多个汉字	^[\u0391-\uFFE5]+$
邮政编码	^[1-9]\d{5}$

续表

规　则	正则表达式语法
QQ 号码	^[1-9]\d{4,10}$
邮箱	^[a-zA-Z_]{1,}[0-9]{0,}@(([a-zA-z0-9]-*){1,}\.){1,3}[a-zA-z-]{1,}$
用户名(字母开头+数字/字母/下划线)	^[A-Za-z][A-Za-z1-9_-]+$
手机号码	^1[3|4|5|8][0-9]\d{8}$
URL	^((http|https)://)?([\w-]+\.)+[\w-]+(/[\w-./?%&=]*)?$
18 位身份证号	^(\d{6})(18|19|20)?(\d{2})([01]\d)([0123]\d)(\d{3})(\d|X|x)?$

5.5.2　正则表达式的实例

在 String 类中提供了 matches()方法，用于检查字符串是否匹配给定的正则表达式。其语法格式如下：

```
public boolean matches(String regex)
```

参数介绍如下。
- regex：用来匹配字符串的正则表达式。
- boolean：返回值类型。

下面举例说明使用 String 类提供的 matches()方法验证输入的邮箱是否匹配指定的正则表达式。

实例 21　使用正则表达式验证 Email 格式是否正确(源代码\ch05\5.21.txt)。

```java
import java.util.Scanner;
public class Email {
    public static void main(String[] args) {
        //用户输入邮箱
        System.out.print("输入邮箱：");
        Scanner scan = new Scanner(System.in);
        String read = scan.nextLine();    //读取输入的数据
        String regex = "^[a-zA-Z_]{1,}[0-9]{0,}@(([a-zA-z0-9]-*){1,}\\.)"
            + "{1,3}[a-zA-z\\-]{1,}$";
        boolean b = read.matches(regex);
        if(b){
            System.out.println("邮箱输入正确！");
        }else{
            System.out.println("邮箱输入错误！");
            System.out.println("输入邮箱："+read);
        }
    }
}
```

运行结果如图 5-21 和图 5-22 所示。

第 5 章 字符串的处理

图 5-21 正确邮箱验证 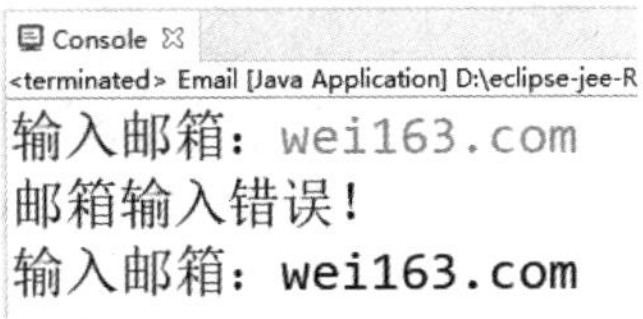　　　　图 5-22 错误邮箱验证

在本案例中，通过用户在客户端输入邮箱，使用 Scanner 类获取用户输入的邮箱字符串，放入字符串 read 中。调用字符串的 matches()方法检测用户输入的邮箱是否符合正则表达式的格式。

在 Java 语言中，反斜杠本身具有转义的作用，要表示一个正则表达式中的"\"，必须用两个反斜杠"\\"。

5.6　字符串的类型转换

在 Java 语言的 String 类中还提供了字符串的类型转换方法，将字符串转换为数组、基本数据类型转换为字符串以及格式化字符串。

5.6.1　字符串转换为数组

在 Java 语言的 String 类中提供了 toCharArray()方法，它将字符串转换为一个新的字符数组。其语法格式如下：

`str.toCharArray();`

主要参数介绍如下。

str：任意字符串对象。

实例 22　使用 toCharArray()方法将字符串转换为数组(源代码\ch05\5.22.txt)。

```java
public class Test {
    public static void main(String[] args) {
        //toCharArray()
        String str ="清明时节雨纷纷";
        char[] c = str.toCharArray();
        System.out.println("转换之前的字符串："+str);
        System.out.println("转换为数组后的元素为：");
        for(int i=0;i<str.length();i++){
            System.out.print(c[i]+" ");
        }
    }
}
```

运行结果如图 5-23 所示。

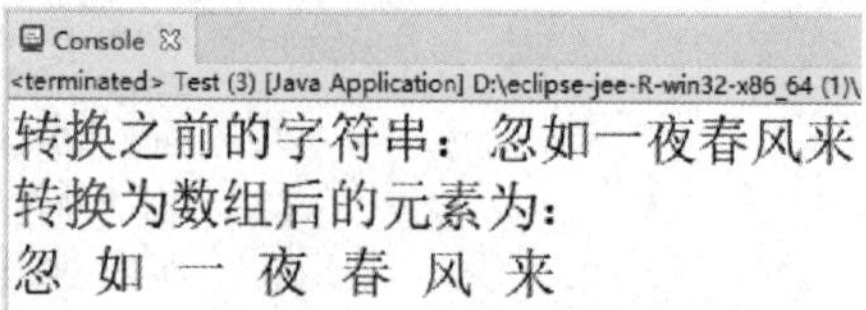

图 5-23 toCharArray()方法的使用

5.6.2 基本数据类型转换为字符串

在 Java 语言的 String 类中提供了 valueOf()方法，作用是返回参数数据类型的字符串表示形式。其语法格式如下：

```
str.valueOf(boolean b);
str.valueOf(char c);
str.valueOf(int i);
str.valueOf(long l);
str.valueOf(float f);
str.valueOf(double d);
str.valueOf(Object obj);
str.valueOf(char[] data);
str.valueOf(char[] data, int offset, int count);
```

主要参数介绍如下。

str：任意字符串对象。

实例 23 使用 valueOf()方法将基本数据类型转换为字符串(源代码\ch05\5.22.txt)。

```java
public class test {
    public static void main(String[] args) {
        //valueOf 方法的使用
        boolean b = false;
        System.out.println("布尔类型=>字符串:");
        System.out.println("字符串:"+String.valueOf(b));
        int i =125;
        System.out.println("整数类型=>字符串:");
        System.out.println("字符串:"+String.valueOf(i));
    }
}
```

运行结果如图 5-24 所示。

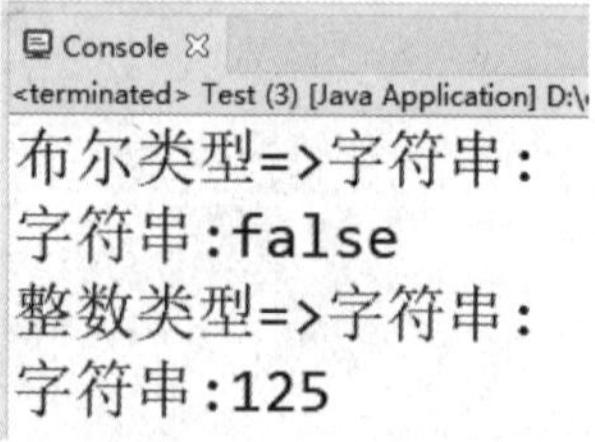

5.6.3 格式化字符串

在 Java 语言的 String 类中，提供了 format()方法用于格式化字符串，它有如下两种重载形式：

```
public static String format(String format, Object... args);
public static String format(Locale l, String format, Object...args)
```

图 5-24 valueOf()方法的使用

参数介绍如下。
- Locale：指定的语言环境。
- format：字符串格式。
- args：字符串格式中由格式说明符引用的参数。如果还有格式说明符以外的参数，则忽略这些额外的参数。参数的数目是可变的，可以为 0 个。
- String：返回类型是字符串。
- static：静态方法。

第一种形式的 format()方法，使用指定的格式字符串和参数生成一个格式化的新字符串。第二种形式的 format()方法，使用指定的语言环境、格式字符串和参数生成一个格式化的新字符串。新字符串始终使用指定的语言环境。

format()方法中的字符串格式参数有很多种转换符选项，如日期、整数、浮点数等。这些转换符的说明如表 5-2 所示。

表 5-2 format()的转换符选项

转换符	说 明
%s	字符串类型
%c	字符类型
%b	布尔类型
%d	整数类型(十进制)
%x	整数类型(十六进制)
%o	整数类型(八进制)
%f	浮点类型
%a	十六进制浮点类型
%e	指数类型
%g	通用浮点类型(f 和 e 类型中较短的)
%h	散列码
%%	百分比类型
%n	换行符
%tx	日期与时间类型(x 代表不同的日期与时间转换符)

实例 24 使用 format()方法格式化字符串(源代码\ch05\5.24.txt)。

```
public class Test {
    public static void main(String args[]){
        String str1 = String.format("80 的八进制：%o", 80);
        System.out.println(str1);
        String str2 = String.format("字母 A 的小写是：%c%n", 'a');
        System.out.print(str2);
        String str3 = String.format("12<8 的值：%b%n", 12<8);
        System.out.print(str3);
        String str4 = String.format("%1$d,%2$s,%3$f", 354,"aaa",0.34);
        System.out.println(str4);
```

        }
}

运行结果如图 5-25 所示。

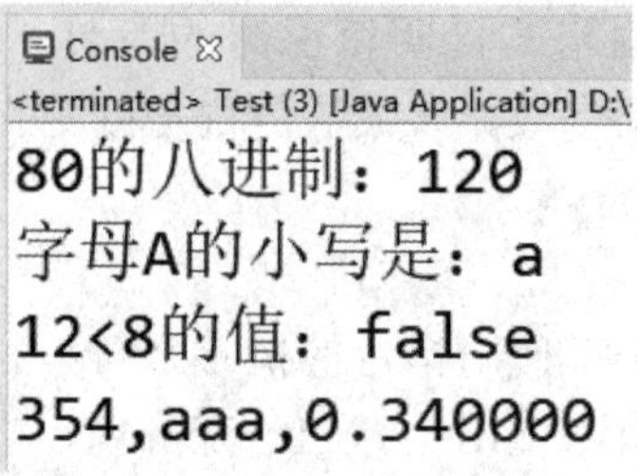

图 5-25 format()方法的使用

5.7 StringBuilder 类

当对字符串进行修改的时候，需要使用 StringBuilder 类。和 String 类不同的是，StringBuilder 类的对象能够被多次修改，并且不产生新的未使用对象。

5.7.1 StringBuilder 类的创建

在 Java 的 StringBuilder 类中提供了 3 个常用的构造方法，用于创建可变字符串。

1. StringBuilder()

StringBuilder()构造方法，创建一个空的字符串缓冲区，初始容量为 16 个字符。其语法格式如下：

```
public StringBuilder()
```

2. StringBuilder(int capacity)

StringBuilder(int capacity)构造方法，创建一个空的字符串缓冲区，初始容量大小由 capacity 参数指定。其语法格式如下：

```
public StringBuilder(int capacity)
```

3. StringBuilder(String str)

StringBuilder(String str)构造方法，创建一个字符串缓冲区，并将其内容初始化为指定的字符串 str。该字符串的初始容量为 16 加上字符串 str 的长度。其语法格式如下：

```
public StringBuilder(String str)
```

实例 25 使用构造方法创建 StringBuilder 对象(源代码\ch05\5.25.txt)。

```
public class StringBuilderTest {
    public static void main(String[] args) {
```

```java
            //定义空的字符串缓冲区
            StringBuilder sb1 = new StringBuilder();
            //定义指定长度的空字符串缓冲区
            StringBuilder sb2 = new StringBuilder(12);
            //创建指定字符串的缓冲区
            StringBuilder sb3 = new StringBuilder("java buffer");
            System.out.println("输出缓冲区的容量：");
            System.out.println("sb1 缓冲区容量："+sb1.capacity());
            System.out.println("sb2 缓冲区容量："+sb2.capacity());
            System.out.println("sb3 缓冲区容量："+sb3.capacity());
    }
}
```

运行结果如图 5-26 所示。

在本案例中，创建了 3 个 StringBuilder 对象，分别采用了空的构造方法、指定缓冲区大小的构造方法和指定缓冲区字符串的构造方法。最后使用 capacity()方法输出三个 StringBuilder 对象的容量大小。

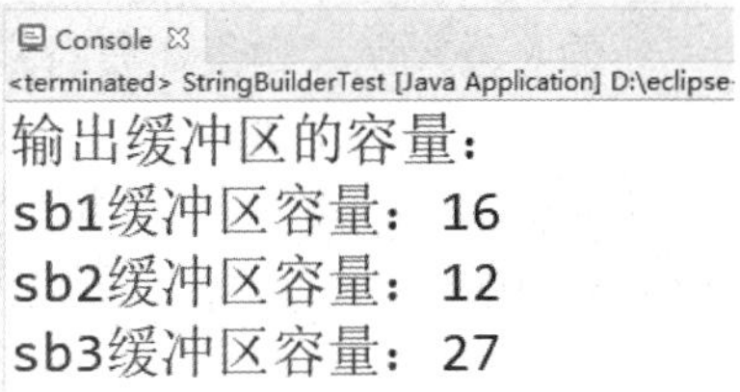

5.7.2 StringBuilder 类的方法

图 5-26 创建 StringBuilder 运行结果

和 String 类类似，StringBuilder 类也提供了许多方法，主要是 append()、insert()、delete()和 reverse()方法等。下面以 append()方法为例，介绍 StringBuilder 类方法的使用。

在 StringBuilder 类中，提供了许多重载的 append()方法，可以接受任意类型的数据，每个方法都能有效地将给定的数据转换成字符串，然后将该字符串的字符添加到字符串缓冲区。其语法格式如下：

```
public StringBuilder append(String str)
```

参数介绍如下：

- str：要追加的字符串。
- StringBuilder：返回值类型。

实例 26 使用 append()方法追加字符串并输出(源代码\ch05\5.25.txt)。

```java
public class AppendMethod {
    public static void main(String[] args) {
        StringBuilder sb = new StringBuilder("美满：");
        sb.append("美好圆满，");
        sb.append("对生活满意。");
        System.out.println(sb);
    }
}
```

运行结果如图 5-27 所示。这里创建了一个带字符串缓冲区的 StringBuilder 类对象 sb，然后通过 append()方法追加字符串并输出 sb。

图 5-27 append()方法的运行结果

5.8 就业面试问题解答

问题 1：如何比较两个字符串？使用"=="还是 equals()方法？

答：简单来讲，"=="测试两个对象的引用是否相同，而 equals()比较的是两个字符串的值是否相等。除非想检查两个字符串是否是同一个对象，否则应该使用 equals()来比较字符串。

问题 2：StringBuffer 类和 StringBuilder 类有什么区别？

答：在使用 StringBuffer 类时，每次都会对 StringBuffer 对象本身进行操作，而不是生成新的对象，所以如果需要对字符串进行修改，推荐使用 StringBuffer。

StringBuilder 类在 Java 5 中被提出，它和 StringBuffer 之间的最大不同在于 StringBuilder 的方法不是线程安全的(不能同步访问)。由于 StringBuilder 相较于 StringBuffer 有速度优势，所以多数情况下建议使用 StringBuilder 类。

5.9 上机练练手

上机练习 1：模拟实现医院叫号系统

编写程序，在医院看病是按照叫号系统叫号方式进行的，但是当出现紧急患者时，会插入紧急患者的序号，下面简单模拟实现过程。程序运行结果如图 5-28 所示。

上机练习 2：整理学生花名册

编写程序，对本学年学生的花名册进行整理，将本学年转学的学生信息删除。程序运行结果如图 5-29 所示。

图 5-28 医院叫号显示屏

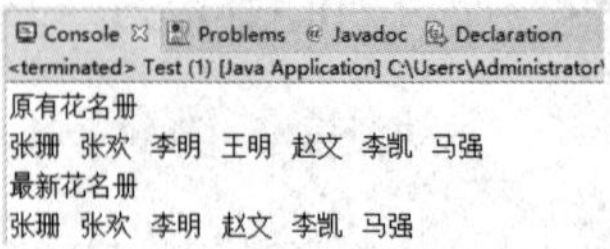

图 5-29 整理学生花名册

上机练习 3：模拟输出购物清单

编写程序，根据输入的商品名称、单价、数量信息，统计每个商品的总价格，商品打 8 折出售，计算出商品打折后的总价，接着输入客户实际付款金额，并算出找给客户多少钱以及积分数值。程序运行结果如图 5-30 所示。

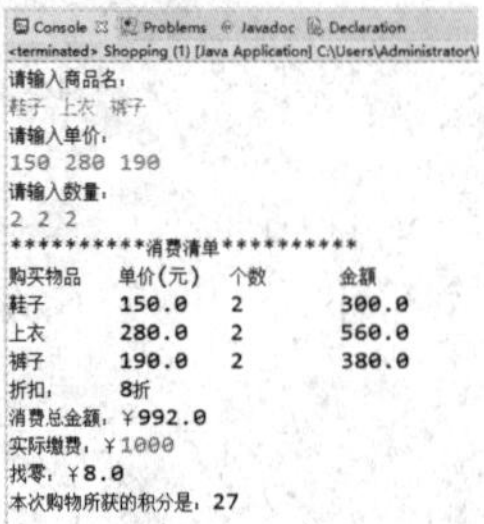

图 5-30 输出商品购物清单

第6章

面向对象编程基础

　　面向对象是一种编程设计理念。Java 是面向对象的编程语言，面向对象的基础概念是类和对象，掌握和理解类与对象有助于更深层次地理解"面向对象"的编程理念。本章就来介绍面向对象的编程入门知识，包括类和对象、类的方法等。

6.1 面向对象概述

面向对象技术是一种将数据抽象和信息隐藏的技术，它使软件的开发更加简单化，符合了人们的思维习惯，同时又降低了软件的复杂性，提高了软件的生产效率，因此得到了广泛的应用。

6.1.1 认识类与对象

在面向对象的概念中，将具有相同属性及相同行为的一组对象称为类(class)。类是用于组合各个对象所共有的操作和属性的一种机制。类的具体化就是对象，即对象就是类的实例化。例如，图 6-1 所示的男孩和女孩为类，而具体的每个人为该类的对象。

图 6-1 类和对象

对象(object)是面向对象技术的核心，可以把生活的真实世界(real world)看成是由许多大小不同的对象所组成的。Java 中的对象是指现实世界中的对象在计算机中的抽象表示，即仿照现实对象而建立的。

6.1.2 面向对象的特点

几乎所有面向对象的编程设计语言都有 3 个特性，即封装性、继承性和多态性。

1. 封装性

封装性是面向对象的核心思想。将对象的属性和行为封装起来，不需要让外界知道具体实现的细节，这就是封装的思想。封装可以使数据的安全性得到保证。当把过程和数据包围起来后，对数据的访问只能通过已定义的接口。

封装的属性：Java 中类的属性的访问权限的默认值不是 private，要想隐藏属性或方法，就可以加 private(私有)修饰符，来限制只能在类的内部进行访问。对于类中的私有属性，要提供一对方法(getXxx(),setXxx())进行访问，以保证对私有属性操作的安全性。

方法的封装：对于方法的封装，该公开的公开，该隐藏的隐藏。方法公开的是方法的声明(定义)，即只要知道参数和返回值就可以调用该方法。方法隐藏的实现会使实现的改变对架构的影响最小化。完全的封装，类的属性全部私有化，并且提供一对方法来访问属性。

2. 继承性

Java 中的继承要使用 extends 关键字，并且 Java 中只允许单继承，即一个类只能有一个父类。这样的继承关系呈树状，体现了 Java 的简单性。子类只能继承父类中可以访问的属性和方法，实际上父类中私有的属性和方法也会被继承，只是子类无法访问。

3. 多态性

多态的特性：对象实例的确定不可改变(客观不可改变)，只能调用编译时类型所定义的方法，运行时会根据运行时类型去调用相应类型中定义的方法。

6.2 类和对象

类是封装对象的属性和行为的载体，其内部包括用于描述对象属性的成员变量和用于描述对象行为的成员方法。

6.2.1 什么是类

在 Java 程序设计中，类被认为是一种抽象的数据类型。在使用类之前，必须先声明，类的声明格式如下：

```
[标识符] class 类名称
{
    //类的成员变量
    //类的成员方法
}
```

声明类需要使用关键字 class，在 class 之后是类的名称。标识符可以是 public、private、protected 或者完全省略。类名应该是由一个或多个有意义的单词连缀而成，每个单词首字母大写，单词之间不要使用其他分隔符。

总之，类可以看成是创建 Java 对象的模板。下面通过一个简单的类来理解 Java 中类的定义，具体代码如下：

```java
public class Bird{
    String wing;
    int age;
    String color;
    void hungry(){
    }

    void sleeping(){
    }
}
```

在上述代码中，看到一个类可以包含以下类型变量。

- 局部变量：在方法、构造方法或者语句块中定义的变量被称为局部变量。变量声明和初始化都是在方法中，方法结束后，变量就会自动销毁。

- 成员变量：成员变量是定义在类中、方法体之外的变量。这种变量在创建对象的时候实例化。成员变量可以被类中方法、构造方法和特定类的语句块访问。
- 类变量：类变量也声明在类中，方法体之外，但必须声明为 static 类型。

另外，一个类还可以拥有多个方法，在上面的例子中，hungry()和 sleeping()都是 Bird 类的方法。

6.2.2 成员变量

在 Java 中，对象的属性也称为成员变量，用于描述类的属性与特征。成员变量的定义与普通变量的定义一样，语法格式如下：

```
数据类型 变量名[=值];
```

其中，[=值]表示可选内容，定义变量时可以为其赋值，也可以不为其赋值。

为了了解成员变量，下面创建一个 Bird 类，成员变量对应类对象的属性，在 Bird 类中设置了 4 个成员变量，即 wing、claw、beak 和 feather，分别对应 Bird 类的翅膀、爪子、嘴型、羽毛类型。

例如，在项目中创建类 Bird，在该类中定义成员变量，代码如下：

```java
public class Bird{
    //成员变量声明实例
    String  wing;       //翅膀
    String  claw;       //爪子
    String  beak;       //嘴型
    String  feather;    //羽毛
}
```

从上述代码中，可以看到在 Java 中使用关键字 class 来定义类，Bird 是类的名称。同时在 Bird 类中定义了 4 个成员变量，成员变量的类型可以设置为 Java 中合法的数据类型。在定义成员变量时，可以设置初始值，也可以不设置初始值。如果不设置初始值，Java 会用常见类型的默认值来自动初始化。表 6-1 所示为 Java 中常见类型的默认值。

表 6-1 Java 中常见类型的默认值

数据类型	默认值	说明
byte、short、int、long	0	整型零
float、double	0.0	浮点零
char	' '	空格字符
boolean	false	逻辑假
引用类型，如 String	null	空值

6.2.3 成员方法

在 Java 中，成员方法对应于类对象的行为，主要用来定义类可执行的操作，它是包含一系列语句的代码块。一个成员方法有 4 个要素，分别是方法名、返回值类型、参数列表和方法体。定义一个成员方法的语法格式如下：

```
修饰符 返回值类型 方法名(参数列表)
{
    //方法体
    return 返回值;
}
```

成员方法包含一个方法头和一个方法体。方法头包括修饰符、返回值类型、方法名称和参数列表。具体介绍如下。

- 修饰符：定义方法的访问类型，这是可选的。
- 返回值类型：指定方法返回的数据类型，可以是任意有效的类型。如果方法没有返回值，则其返回类型必须是 void，不能省略。方法体中的返回值类型要与方法头中定义的返回值类型一致。
- 方法名称：要遵循 Java 标识符命名规范，通常以英文中的动词开头。
- 参数列表：由类型、标识符组成，每个参数之间用逗号分隔开。方法可以没有参数，但方法名后面的括号不能省略。
- 方法体：指方法头后 { } 中的内容，主要用来实现一定的功能。

例如，定义一个 showName()方法，用来输出人员姓名，代码如下：

```
public void showName(){
    System.out.println("人员姓名：");
    System.out.println(name);
}
```

如果定义的成员方法有返回值，则必须使用 return 关键字返回一个指定类型的数据，并且返回值类型要与方法返回值的类型一致。例如，定义一个返回值类型为 int 的方法，就必须使用 return 返回一个 int 类型的值，代码如下：

```
public int showAge(){
    System.out.println("人员年龄：");
    return 1;
}
```

实例 01 利用成员方法输出小狗的颜色与名字(源代码\ch06\6.1.txt)。

```
class Dog {
    String name;
    String color;
    void setName(String name2) {
        name=name2;
    }
    void setColor(String color2) {
        color=color2;
    }
    void speak() {
        System.out.println("这是一只"+color+"的小狗，"+"名字叫"+name+"。");
    }
}
public class Test {
    public static void main(String[] args) {
        Dog p1 = new Dog();
```

```
        p1.setName("泰迪");
        p1.setColor("白色");
        p1.speak();
    }
}
```

运行结果如图 6-2 所示。

图 6-2　类的方法应用示例的运行结果

6.2.4　构造方法

在创建类的对象时，对类中的所有成员变量都要初始化，赋值过程比较麻烦。如果在对象最初被创建时就完成对其成员变量的初始化，程序将更加简洁。Java 允许对象在创建时进行初始化，初始化的实现是通过构造方法来完成的。如以下代码：

```
class Book{
    public Book(){
    }
}
```

其中，public 为构造方法的修饰符；Book 为构造方法的名称。在构造方法中可以为成员变量赋值，这样当实例化一个本类对象时，相应的成员变量也将被初始化。如果类中没有明确定义构造方法，则编译器会自动创建一个不带参数的默认构造方法。

另外，在类中定义构造方法时，还可以为其添加一个或多个参数，即有参构造方法，语法格式如下：

```
class Book{
    public Book(int args){
    }
}
```

其中，public 为构造方法的修饰符；Book 为构造方法的名称；args 为构造方法的参数，可以是多个参数。

在创建类的对象时，使用 new 关键字和一个与类名相同的方法来完成，该方法在实例化过程中被调用，这种方法被称为构造方法。构造方法是一种特殊的成员方法，主要特点如下：

(1) 构造方法没有返回类型，也不能定义为 void。
(2) 构造方法的名称要与本类的名称相同。
(3) 构造方法的主要作用是完成对象的初始化工作，它能把定义对象的参数传给对象成员。
(4) 在创建对象时，系统会自动调用类的构造方法。
(5) 构造方法一般用 public 关键字声明。

(6) 每个类至少有一个构造方法。如果不定义构造方法，Java 将提供一个默认的不带参数且方法体为空的构造方法。

(7) 构造方法也可以重载。

实例 02 利用构造方法输出人员名字与年龄(源代码\ch06\6.2.txt)。

```
class Person {
    String name;
    int age;

    public Person(String name, int age) { // 定义构造方法，有两个参数
        this.name = name;
        this.age = age;
    }

    void speak() {
        System.out.println("我叫" + name + ",今年" + age + "岁。");
    }
}
public class Test {
    public static void main(String[] args) {
        Person p1 = new Person("Tom", 28);
        //根据构造方法，必须含有两个参数，如果不写会报错
        p1.speak();
    }
}
```

运行结果如图 6-3 所示。

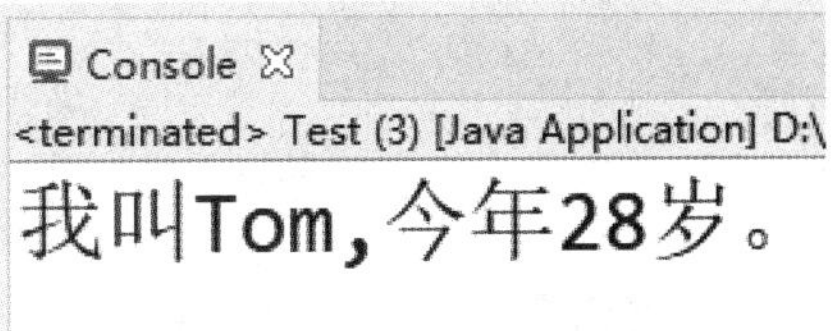

构造方法与成员方法的区别在修饰符、返回值、命名三个方面，具体如下：

(1) 修饰符不同。和成员方法一样，构造方法可以有所有访问性质的修饰，如 public、protected、private，或者没有修饰(通常被 package 和 friendly 调用)。而不同于成员方法的是，构造方法不能有 abstract、final、native、static 或 synchronized 等非访问性质的修饰。

图 6-3 类的构造方法应用示例的运行结果

(2) 返回类型不同。成员方法能返回任何类型的值或者无返回值(void)，构造方法没有返回值，也不需要 void。

(3) 两者的命名不同。构造方法使用和类相同的名字，而成员方法则不同。按照习惯，成员方法通常用小写字母开始，而构造方法通常用大写字母开始。构造方法通常是一个名词，因为它和类名相同；而成员方法通常更接近动词，因为它说明一个操作。

6.2.5 创建对象

对象是类的一个实例，有状态和行为。例如，一条狗是一个对象，它的状态有颜色、名字、品种，行为有摇尾巴、叫、吃等。对象是根据类创建的，在 Java 中，使用关键字 new 来创建一个新的对象。创建对象需要以下三步：

(1) 声明。声明一个对象,包括对象名称和对象类型。
(2) 实例化。使用关键字 new 来创建一个对象。
(3) 初始化。使用 new 创建对象时,会调用构造方法初始化对象。

对象(object)是对类的实例化。在 Java 的世界里,"一切皆为对象",面向对象的核心就是对象。由类产生对象的格式如下:

```
类名 对象名 = new 类名( );
```

例如,声明一个对象:

```
Person p1;
```

然后,实例化一个对象:

```
p1 = new Person();
```

这时就可以连起来写成:

```
Person p1 = new Person();
```

另外,访问对象的成员变量或者方法的格式如下:

```
对象名称.属性名
对象名称.方法名()
```

例如,访问 Person 类的成员变量和方法的代码如下:

```
p1.name;
p1.age;
p1.speak();
```

最后,给成员变量赋值:

```
p1.name = "张三";
p1.age = 18;
```

实例 03 通过创建对象输出人员名字与年龄(源代码\ch06\6.3.txt)。

```java
class Person {
    String name;
    int age;
    void speak() {
        System.out.println("我叫" + name + ",今年" + age + "岁。");
    }
}

public class Test {
    public static void main(String[] args) {
        Person p1 = new Person();
        p1.name = "Tom";
        p1.age = 28;
        p1.speak();
    }
}
```

运行结果如图 6-4 所示。

图 6-4　创建对象应用示例的运行结果

6.2.6　局部变量

类中定义的变量是类的成员变量，如果类的成员方法内部也定义一个变量，且与成员变量同名，那么这个方法内部的变量的适用范围和与成员变量的区分是一个需要解决的问题。使用局部变量可以解决这个问题。

局部变量在方法、构造方法或者语句块中声明，在方法、构造方法或者语句块执行时被创建，执行完成后，局部变量将会被销毁。局部变量没有默认值，所以局部变量被声明后，必须经过初始化，才可以使用。

例如，下面这段代码：

```java
public class Monkey{
    public String name;
    public int  age;
    public Monkey(){}
    public void count(){
        int countNum;         //声明一个局部变量 countNum
        if(this.age>2){       //猴子年龄大于 2 岁才可以数数
        System.out.println("我是一个聪明的猴子！我能数数！");
//定义一个局部变量 i,只限于 for 语句内部，for 语句结束就不存在 i 这个局部变量了
        for(int i =1;i<10;i++){
            System.out.print(i+" ");
                countNum = i;
        }
        System.out.println("能数到 10 呢！");
        }
    }
}
```

Monkey 这个类中的 count 方法中定义了 countNum 变量，只有调用这个方法时才被创建和使用，方法执行完毕之后就被释放了。而方法中的 for 语句也定义了一个 i 变量用于循环，这个变量也是局部变量，是 for 这个语句块的局部变量，当 for 语句结束之后，变量 i 也会被释放，for 语句之外还能定义和使用一个新的 i 变量。

实例 04　通过局部变量输出人员年龄(源代码\ch06\6.4.txt)。

```java
public class Test{
  public void tomAge(){
     int age=0;
     age = age +28;
     System.out.println("Tom 的年龄是：" + age+"岁");
  }
  public static void main(String[] args){
     Test test = new Test();
```

```
      test.tomAge();
   }
}
```

运行结果如图 6-5 所示。

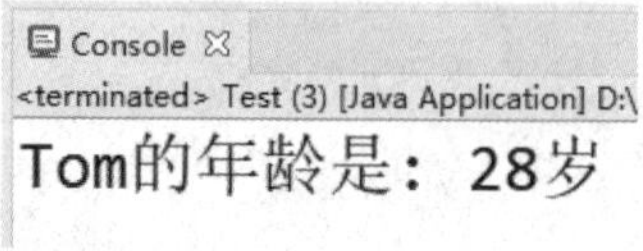

如果实例 04 中的 age 变量没有初始化，那么在编译时会不会出错呢？下面就来运行以下代码：

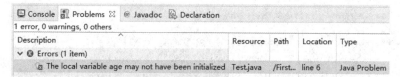

图 6-5　局部变量应用示例的运行结果

```
package myPackage;
public class Test{
   public void tomAge(){
      int age;
      age = age + 3;
      System.out.println("Tom 的年龄是： " + age+"岁");
   }
   public static void main(String[] args){
      Test test = new Test();
      test.tomAge();
   }
}
```

运行结果如图 6-6 所示。从运行结果中可以看出出现错误的原因是变量 age 未被初始化。

图 6-6　错误信息提示

  局部变量被定义和使用时必须被初始化或赋值，不能像类的成员变量那样不进行初始化，不然会出现编译错误。

6.2.7　this 关键字

如果局部变量和类的成员变量相同，在使用中就会出现混乱。例如下面这段代码：

```
public class Student {                      //类声明
   public  String name="张欢";              //类成员变量声明
   public  void getName(String name) {     //类的成员方法返回名字
      System.out.println(name);
   }
   public static void main(String[] args) {
      Student stu = new Student();           //创建对象 stu
      stu.getName("张珊");
   }}
```

运行结果如图 6-7 所示。

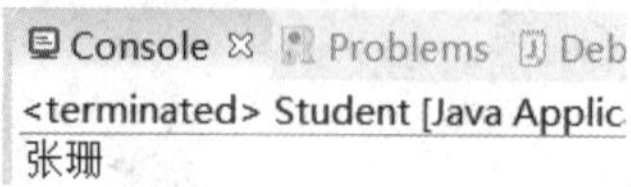

从结果可以看出程序运行时局部变量优先选择执行，所以为了区分局部变量和类的成员变量，Java 中使用 this 关键字调用类中的成员变量。具体使用如下：

图 6-7　学生类姓名输出

```
public class Student {                              //类声明
    public  String name="张珊";                      //类成员变量声明
    public  Student(String name){
        this.name = name;
    }
    public  void getName(){                         //类的成员方法返回名字
        System.out.println(this.name);
    }
    public static void main(String[] args) {
        Student stu = new Student("张欢");           //创建对象 stu
        stu.getName();
    }
}
```

运行结果如图 6-8 所示。输出的是实例化过程中赋的值，this 关键字将变量值进行更新了。

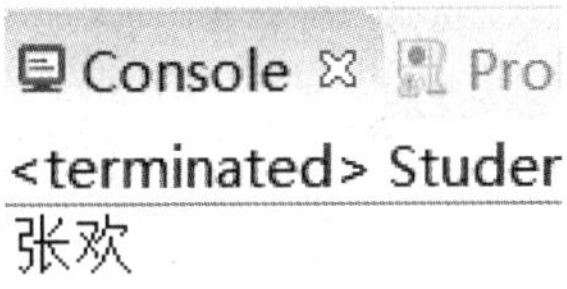

this 关键字只能用在同一类中，其实 this 关键字是本类内部的一个对象，所以可以用 this 关键字在类中调用类的成员变量和成员方法。当 this 关键字作为返回值时，它返回的就是该类的一个对象，所以 this 关键字还能调用类的构造方法。

例如，下面这段代码，this 作为方法中的返回值，返回一个对象。

图 6-8 学生类 this 运用

```
public class Student {
    //成员方法
    Student get Student (){
    return this;
    }
}
```

上述 get Student()方法中的返回值类型是本类，返回值的是 this，那么当 Student 类的对象调用该方法的时候得到的是一个对象，this 实现了构造方法的调用。

6.3 static 关键字

static 关键字是一个修饰符，可以用来修饰变量、常量、方法和类，分别称作静态变量、静态常量、静态方法和静态内部类。static 关键字还能修饰代码，称为静态代码块。

static 关键字有如下几个特点：

(1) static 是一个修饰符，用于修饰成员。
(2) static 修饰的成员被所有的对象所共享。
(3) static 优先于对象存在，因为 static 的成员随着类的加载就已经存在了。
(4) static 修饰的成员多了一种调用方式，可以直接被类名所调用(类名.静态成员)。
(5) static 修饰的数据是共享数据，对象中存储的是特有数据。

被 static 关键字修饰的类只能是内部类，内部类的内容会在后面的章节中讲述。本节从静态变量、静态方法和静态代码块三方面来讲述 static 关键字。

6.3.1 静态变量

静态变量就是被 static 修饰的变量,静态变量和非静态变量的区别是:静态变量被所有的对象所共享,在内存中只有一个副本,它当且仅当在类初次加载时被初始化。而非静态变量是对象所拥有的,在创建对象的时候被初始化,不同的对象赋有不同的值,且相互不影响。

静态变量的定义格式如下:

```
权限修饰符  static  数据类型  变量名称 = 初值;
```

调用静态变量的语法格式如下:

```
类名.静态类成员;
```

静态变量可以解决共享资源问题。静态变量在第一次被访问时创建,在程序结束时销毁。

实例 05 通过定义静态变量输出员工的平均工资(源代码\ch06\6.7.txt)。

```
public class Employee {
  //salary 是静态的私有变量
  private static double salary;
  // DEPARTMENT 是一个常量
  public static final String DEPARTMENT = "员工的";
  public static void main(String[] args){
    salary = 6800;
      System.out.println(DEPARTMENT+"平均工资:"+salary);
  }
}
```

运行结果如图 6-9 所示。

静态变量被声明为 public、static 或 final 类型时,其名称一般建议使用大写字母。如果静态变量不是 public 和 final 类型,其命名方式与实例变量以及局部变量的命名方式一致。

图 6-9 静态变量的使用示例

6.3.2 静态方法

被 static 修饰的方法称作静态方法,由于静态方法不依赖于任何对象就可以进行访问,因此在静态方法中不能访问类的非静态成员变量和非静态成员方法,因为非静态成员方法/变量都必须依赖具体的对象才能够被调用。但是非静态方法是可以调用静态方法和静态变量的。

静态方法的定义格式如下:

```
权限修饰符  static  返回值数据类型  方法名称 (参数列表){
```

        方法体
}

静态方法的方法体中不能用 this 关键字。调用类的静态方法的语法如下：

类名.静态方法();

实例 06 通过定义静态方法，显示香蕉的价格(源代码\ch06\6.6.txt)。

```
public class StaticTest {
    public static final String BANANA = "香蕉";   //static final 修饰的常量
    public static float price = 5.2f;      //final 定义的成员变量

    public static void test(){
        System.out.println(StaticTest.BANANA + "的价格是：" +
                        StaticTest.price+ "元" );
    }

    public static void main(String[] args){
        StaticTest st = new StaticTest();
        st.test();
        System.out.println("main()中,"+st.BANANA+"的 price = " +
st.price+ "元" );
    }
}
```

运行结果如图 6-10 所示。

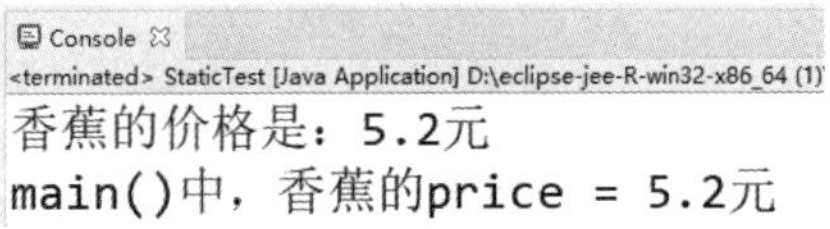

6.3.3 静态代码块

类中被 static 关键字修饰的代码块就是静态代码块。静态代码块可以优化程序性能，可以放在类中的任何位置，类中可以有多个 static 块。静态代码块的书写格式如下：

图 6-10 静态方法应用的运行结果

```
static {
    代码块;
}
```

静态代码块按照被定义的顺序来执行，并且一个静态代码块只会执行一次。

下面是查询年龄段系统中运用静态代码块来优化代码的方法。isAgeGroup 用来判断某人是否是 18～30 年龄段的，如果将 startAge 和 endAge 的初始化写在方法里，那么每次 isAgeGroup 被调用的时候，都会生成 startAge 和 endAge 两个对象，造成了空间浪费。如果写成静态代码块，类在加载时，只运行一次，也就是只生成一次这样的空间，这就节省了空间。代码如下：

```
class Person1 {
    private int age;
    private static int startAge, endAge;
    static {
        startAge = 18;
        endAge = 30;
    }
```

```
    public Person1(int age) {
        this.age = age;
    }
    boolean isAgeGroup() {
        return age - startAge >= 0 && endAge - age < 0;
    }
}
```

6.4 对象值的传递

Java 中没有指针,所以也没有引用传递,只有值传递。不过可以通过对象的方式来实现引用传递。

6.4.1 值传递

方法调用时,实际参数把它的值传递给对应的形式参数,方法执行中形式参数值的改变不影响实际参数的值。传递值的数据类型主要是基本数据类型,包括整型、浮点型等。

实例 07 通过值传递方式显示变量的值(源代码\ch06\6.7.txt)。

```java
public class Test {
    public static void change(int i, int j) {
        int temp = i;
        i = j;
        j = temp;
    }

    public static void main(String[] args) {
        int a = 30;
        int b = 40;
        change(a, b);
        System.out.println("a=" + a);
        System.out.println("b=" + b);
    }
}
```

运行结果如图 6-11 所示。

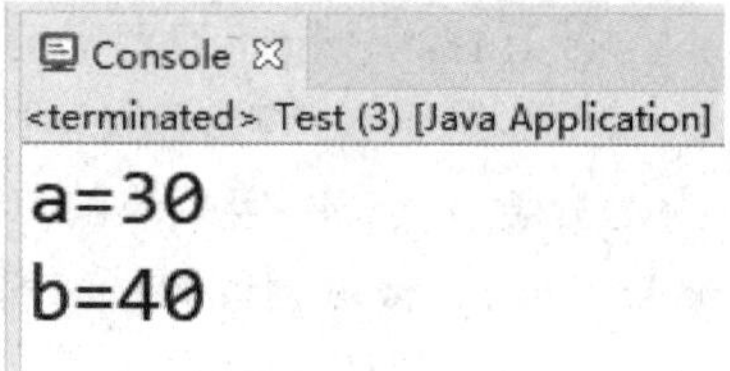

在本示例中,首先定义了一个静态方法 change(),该方法有两个参数 i 和 j。方法内定义变量 temp,将参数 i 的值赋值给 temp,再将参数 j 的值赋值给 i,然后将 temp 的值赋值给 j。初始化变量 a 和 b,将 a 和 b 的值作为 change 方法的参数,也就是说,a 相当于 i,b 相当于 j。输出的结果是 a 和 b 的值保持不变,由此可以确定,传递的值并不会改变原值。

图 6-11 值传递应用示例的运行结果

6.4.2 引用传递

引用传递也称为传地址。方法调用时,实际参数的引用(地址,而不是参数的值)被传递给方法中相对应的形式参数。在方法执行中，对形式参数的操作实际上就是对实际参数的操作，方法执行中形式参数值的改变将会影响实际参数的值。

传递地址值的数据类型为除 String 以外的所有复合数据类型，包括数组、类和接口等。

实例 08 通过引用传递方式输出变量的值(源代码\ch06\6.8.txt)。

```
class A { // 定义一个类
    int i = 0;
}
public class Test {
    public static void add(A a) {
        // a = new A();
        a.i++;
    }

    public static void main(String args[]) {
        A a = new A();
        add(a);
        System.out.println(a.i);
    }
}
```

运行结果如图 6-12 所示。在本示例中，输出的结果是 1，这是因为没有添加"a= new A();"语句。如果添加了"a= new A();"语句，就构造了新的 A 对象，就不是传递的那个对象了，而是新的对象，如图 6-13 所示。

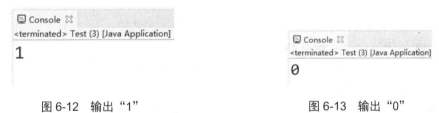

图 6-12 输出"1"　　　　　　　图 6-13 输出"0"

6.4.3 可变参数传递

声明方法时，如果有若干个相同类型的参数，可以定义为不定长参数，来实现可变参数的传递。该类型的参数声明如下：

权限修饰符 返回值类型 方法名(参数类型...参数名)

注意　参数类型和参数名之间是三个点，而不是其他数量或省略号。

实例 09 通过可变参数传递方式输出数组中的最大值(源代码\ch06\6.9.txt)。

```
public class VarargsDemo {
    public static void main(String args[]) {
```

```java
        // 调用可变参数的方法
        printMax(34, 125, 25, 30, 56.5);
    }
    public static void printMax( double... numbers) {
        if (numbers.length == 0) {
            System.out.println("数组中没有数值");
            return;
        }
        double result = numbers[0];
        for (int i = 1; i < numbers.length; i++){
            if (numbers[i] > result) {
                result = numbers[i];
            }
        }
        System.out.println("数组中的最大值为: " + result);
    }
}
```

运行结果如图 6-14 所示。

图 6-14 输出可变参数中的最大值

6.5 就业面试问题解答

问题 1：为什么 Java 文件中只能含有一个 public 类？

答：Java 程序是从一个 public 类的 main()函数开始执行的，就像 C 程序是从 main()函数开始执行一样，只能有一个。public 类是为了给类装载器提供方便。一个 public 类只能定义在以它的类名为文件名的文件中。

每个编译单元都只有一个 public 类。因为每个编译单元都只能有一个公共接口，用 public 类来表现。该接口可以按照要求包含众多的支持包访问权限的类。如果有一个以上的 public 类，编译器就会报错。并且 public 类的名称必须与文件名相同，不过，严格区分大小写。当然一个编译单元内也可以没有 public 类。

问题 2：类和对象有什么关系？

答：类和对象是面向对象方法的核心概念，类是对某一类事物的描述，是抽象的、概念上的定义；对象是实际存在的该类事物的个体。比如，一个桌子类可以生出多个桌子对象，可以把桌子类看成是一个模板或者图纸，按照这个图纸就可以生产出许多桌子。

对象和对象之间可以不同，改变其中一个对象的某些属性，不会影响其他对象，比如按照桌子的图纸，可以生产出相同的桌子，也可以生产出不同高度的桌子。

6.6 上机练练手

上机练习 1：通过创建类实现加法运算

编写程序，创建一个 Adder 类，有两个操作数，并实现加法运算，在方法中定义一个局部变量作为计算结果，并作为返回值返回。程序的运行结果如图 6-15 所示。

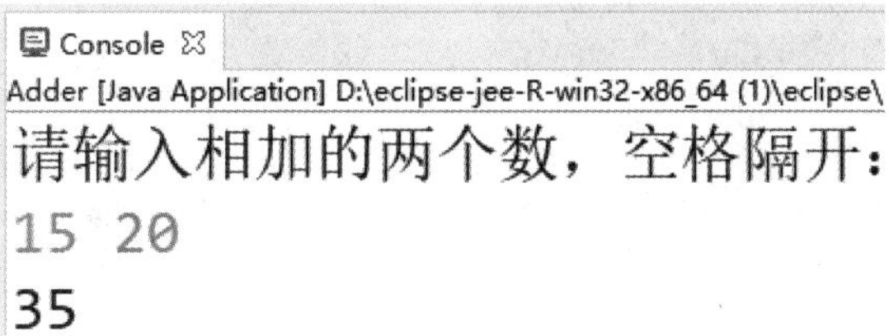

图 6-15 简单的加法计算器

上机练习 2：输出苹果剩余数量

编写程序，创建一个水果 FruitApple 类，定义静态变量为水果数量，成员变量为人名和水果个数，成员方法为吃苹果，输出苹果的剩余数量。程序的运行结果如图 6-16 所示。

上机练习 3：输出人员信息

编写程序，创建一个 Person 类，通过定义变量实现输出人员信息。程序的运行结果如图 6-17 所示。

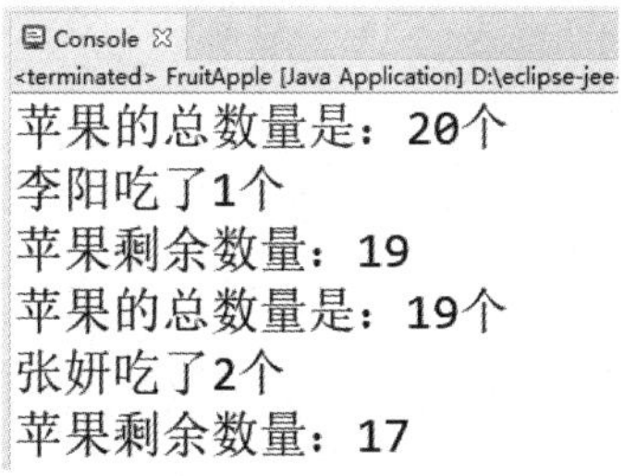

图 6-16 输出苹果剩余数量

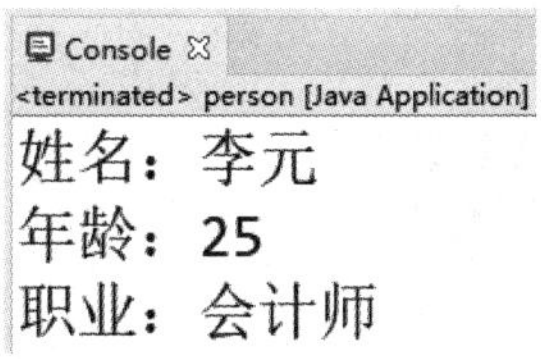

图 6-17 输出员工姓名与工资

第 7 章

类的封装与继承

面向对象编程有 3 大基础特性：封装、继承和多态。应用面向对象思想编写程序，整个程序的架构既可以变得非常有弹性，又可以减少代码冗余。本章就来介绍面向对象的 3 大特性的实现过程。

7.1 类的封装

封装是把过程和数据包围起来,对数据的访问只能通过已定义的界面。面向对象计算始于这个基本概念,即现实世界可以被描绘成一系列完全自治、封装的对象,这些对象通过一个受保护的接口访问其他对象。

7.1.1 认识封装

一个对象的变量(属性)构成这个对象的核心,一般不将其对外公布,而是将对变量进行操作的方法对外公开,这样变量就被隐藏起来。这种将对象的变量置于其方法的保护之下的方式称为封装。例如,将 Person 的姓名、年龄和体重声明为 private,这样就可以隐藏起来,对 private 变量的访问,只可以通过类提供的公共方法来实现。

封装有以下优点:
(1) 良好的封装能够减少耦合。
(2) 类内部的结构可以自由修改。
(3) 可以对成员变量进行更精确的控制。
(4) 隐藏信息,实现细节。

实例 01 使用类的封装,输出一个人的姓名、年龄和体重(源代码\ch07\7.1.txt)。

```java
class Person {
    private String name;
    private int age;
    private double weight;

    public String getName() {
        return name;
    }

    public void setName(String name) {
        this.name = name;
    }

    public int getAge() {
        return age;
    }

    public void setAge(int age) {
        this.age = age;
    }

    public double getWeight() {
        return weight;
    }

    public void setWeight(double weight) {
        this.weight = weight;
```

```
    }
}
public class Test {
    public static void main(String[] args) {
        Person p1 = new Person();
        p1.setName("李煜");   //设置姓名
        p1.setAge(38);   //设置年龄
        p1.setWeight(81.2);   //设置体重

        System.out.println("姓名："+p1.getName());   //获得姓名
        System.out.println("年龄："+p1.getAge()+"岁");   //获得年龄
        System.out.println("体重："+p1.getWeight()+"kg");   //获得体重
    }
}
```

运行结果如图 7-1 所示。

在本示例中，我们将 3 个属性 name、age、weight 设置为 private，这样其他类就不能访问这 3 个属性，之后又为每个属性写了两个方法 getXX()和 setXX()，将这两个方法设置为 public，其他类可以通过 setXX()方法来设置对应的属性，通过 getXX()方法来获得对应的属性。

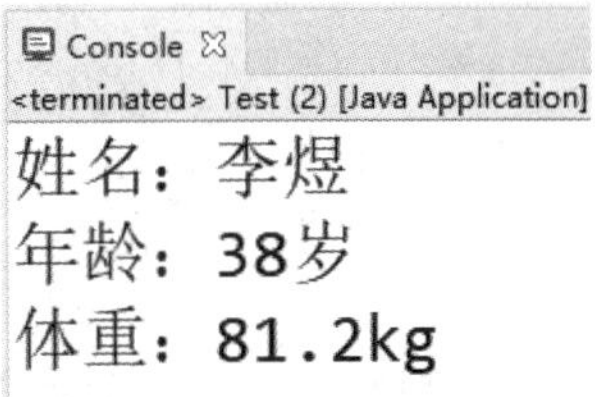

图 7-1 使用类的封装

7.1.2 实现封装

封装就是把一个对象的属性私有化，同时提供一些可以被外界访问的属性方法，如果不想被外界访问，我们可以不提供方法。但是如果一个类没有提供给外界访问的方法，那么这个类也没有什么意义了。

在实例 01 的代码中，如果我们将 age 设置成 500 或者负数，是不会报错的，将 weight 设置成 1000 或者负数也是不会报错的，但这是不符合实际情况的，谁会是 500 岁或者年龄是负数呢？谁会是 1000 公斤或者体重是负数呢？这个问题我们使用封装就可以很好地解决。

实例 02 使用类的封装，添加验证属性，然后输出一个人的姓名、年龄和体重(源代码\ch07\7.2.txt)。

```
class Person {
    private String name;
    private int age;
    private double weight;

    public String getName() {
        return name;
    }
    public void setName(String name) {
        this.name = name;
    }

    public int getAge() {
        return age;
```

```java
        }
        public void setAge(int age) {
            if (age <= 0 || age >150) {
                System.out.println("年龄不能为负值，设为默认18岁");
                this.age = 38;
            } else {
                this.age = age;
            }
        }

        public double getWeight() {
            return weight;
        }
        public void setWeight(double weight) {
            if (weight <= 0 || weight > 1000) {
                System.out.println("体重不能为负值，设为默认50公斤");
                this.weight = 81.2;
            } else {
                this.weight = weight;
            }
        }
    }
}
public class Test {
    public static void main(String[] args) {
        Person p1 = new Person();
        p1.setName("李煜"); //设置姓名
        p1.setAge(-5); //设置年龄
        p1.setWeight(0);  //设置体重

        System.out.println("姓名："+p1.getName());   //获得姓名
        System.out.println("年龄："+p1.getAge()+"岁");   //获得年龄
        System.out.println("体重："+p1.getWeight()+"kg");   //获得体重
    }
}
```

运行结果如图 7-2 所示。

在本例中，我们在 age 和 weight 两个属性的 setAge() 和 setWeight() 内加入了判断，如果符合要求就按照参数进行设置，如果不符合要求就设置为一个默认值，这样就避免了不切合实际情况的发生。

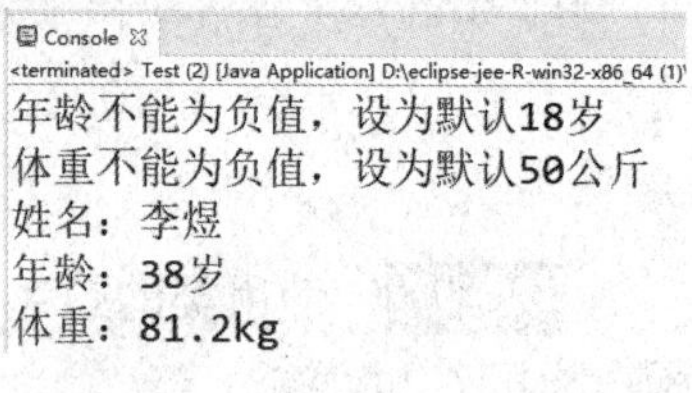

图 7-2 类的封装和验证属性

> 封装隐藏了类的内部实现机制，可以在不影响使用的情况下改变类的内部结构，同时也保护了数据。对外界而言，它的内部细节是隐藏的，暴露给外界的只是它的访问方法。

7.2 类 的 继 承

继承是 Java 面向对象的重要概念之一，继承能以既有的类为基础，派生出新的类，可以简化类的定义，扩展类的功能。类的继承会用到 extends 和 super 这两个关键字。

7.2.1 extends 关键字

一个类如果没有使用 extends 关键字，那么这个类直接继承自 Object 类。因此，在 Java 中，让一个类继承另一个类需要使用 extends 关键字。具体格式如下：

```
class 子类名 extends 父类名
```

例如，如下代码实现了继承：

```java
class Animal {
    public String name;
    private int id;
    public void eat(){
        System.out.println(name+"正在吃");
    }
    public void sleep(){
        System.out.println(name+"正在睡");
    }
}
class Cat extends Animal {
    public void shout(){
        System.out.println(name+"正在叫");
    }
}
```

在上述代码中，父类 Animal 定义了一个公有属性 name，一个私有属性 id，两个公有的方法 eat()和 sleep()；子类 Cat 继承 Animal，虽然只定义了一个方法 shout()，但会从父类继承一个公有属性 name 和两个公有方法 eat()与 sleep()，父类的私有属性 id 不能被子类继承。

实例 03 使用 extends 关键字实现继承来输出老鼠所具有的特征(源代码\ch07\7.3.txt)。

动物具有颜色、叫声等属性，那么具体到某一种动物(如老鼠、小猫等)都属于动物类，这样它们就可以继承动物作为父类，然后再各自进行相对应的设置。

```java
class Animal {                          // 父类：动物
    String color = "灰色";              // 属性：颜色
    void cry() {                        // 方法：叫声
        System.out.println("动物的叫声...");
    }
}

public class Mouse extends Animal {     // 子类：老鼠
    String name = "米老鼠";  // 老鼠的属性：名字
    public static void main(String[] args) {
        Animal Al = new Animal();       // 创建动物类对象
        System.out.println("动物的颜色：" + Al.color);
        Al.cry();                       // 动物类对象调用叫声方法
        Mouse iM = new Mouse();         // 创建老鼠类对象
        System.out.println("老鼠的颜色是：" + iM.color);
        // 老鼠类对象使用父类属性
```

```
            System.out.println("老鼠的名字是: " + iM.name);
            // 老鼠类对象使用自己的属性
            iM.cry();  // 老鼠类对象使用父类方法
    }
}
```

运行结果如图 7-3 所示。

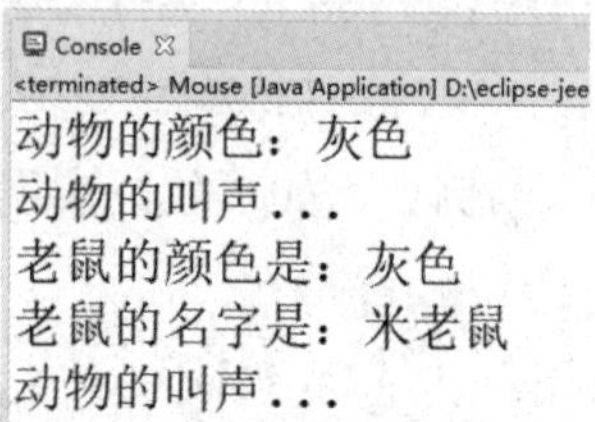

7.2.2　super 关键字

通过继承，父类中的所有可用内容都被继承到子类中，但是子类不一定都接受，那么就需要对父类的方法和属性进行重写。如果改写过程中需要用到父类对应的方法和属性，可以使用 super 关键字进行相应的调用。例如以下代码：

图 7-3　老鼠类继承动物类

```
class Shape {
    protected String name;
    public Shape(){
        name = "shape";
    }
    public Shape(String name) {
        this.name = name;
    }
}

class Circle extends Shape {
    private double radius;
    public Circle() {
        radius = 0;
    }
    public Circle(double radius) {
        this.radius = radius;
    }
    public Circle(double radius,String name) {
        this.radius = radius;
        this.name = name;
    }
}
```

上述代码是没有问题的，但如果把父类的无参构造方法去掉，则下面的代码必然会出错：

```
public class Shape {
    protected String name;
/*
public Shape(){
        name = "shape";
}
*/
    public Shape(String name) {
        this.name = name;
    }
}

public class Circle extends Shape {
```

```
    private double radius;
    public Circle() {
        radius = 0;
    }
    public Circle(double radius) {
        this.radius = radius;
    }
    public Circle(double radius,String name) {
        this.radius = radius;
        this.name = name;
    }
}
```

这时可以改为如下代码:

```
public class Shape {
    protected String name;
/*
public Shape(){
    name = "shape";
}
*/
    public Shape (String name) {
        this.name = name;
    }
}

public class Circle extends Shape {
    private double radius;
public Circle () {
    super("Circle");
        radius = 0;
    }
public Circle (double radius) {
super("Circle");
        this.radius = radius;
    }
public Circle (double radius, String name) {
    super(name);
        this.radius = radius;
        this.name = name;
    }
}
```

由于父类没有无参的构造方法，所以子类的构造方法必须先使用 super 方法调用父类的有参构造方法，这样确实比较麻烦，因此父类在设计构造方法时，应该含有一个无参的构造方法。

实例 04 使用 super 关键字实现继承来输出老鼠自有的特征(源代码\ch07\7.4.txt)。

动物类和老鼠类有共性，但老鼠类也有自己专属的特征，那么就进行相应的添加，然后输出特性。

```
class Animal {                              // 父类：动物
    String features= "灰色，名字叫米老鼠";      // 属性：颜色
```

```java
    void cry() {                                       // 方法: 声音
        System.out.println("它会和小朋友说话！");
    }
}
public class Mouse extends Animal {                    // 子类: 老鼠
    public String features = super.features+", 它是一个动画角色！";
    public static void main(String[] args) {
        Animal Al = new Animal();      // 创建动物类对象
        System.out.println("动物的特征: " + Al.features);
        Al.cry();  // 动物类对象调用声音方法
        Mouse iM = new Mouse();        // 创建老鼠类对象
        System.out.println("米老鼠的特征: " + iM.features);
        // 老鼠类对象使用父类属性
        iM.cry();                      // 老鼠类对象使用父类方法
    }
}
```

运行结果如图 7-4 所示，这里米老鼠输出的 features 属性与父类有区别。

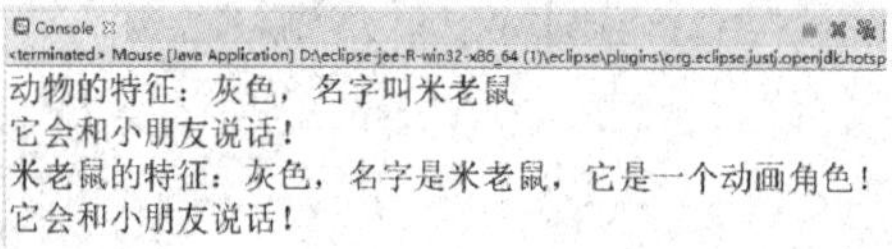

图 7-4 米老鼠添加自己的特征

7.2.3 访问修饰符

在 Java 语言中，可以使用访问控制符来保护对类、变量、方法和构造方法的访问。Java 提供了 4 种不同的访问权限，以实现不同范围的访问能力，表 7-1 所示列出了这些权限修饰符的作用范围。

表 7-1 访问修饰符的作用范围

限定词	同一类中	同一个包中	不同包中的子类	不同包中的非子类
private	√			
无限定词	√	√		
protected	√	√	√	
public	√	√	√	√

1. 私有的访问修饰符——private

private 访问修饰符是最严格的访问级别，所以声明为 private 的方法、变量和构造方法只能被所属类访问，并且类和接口不能声明为 private。

声明为私有访问类型的变量只能通过类中的公共方法被外部类访问。private 访问修饰符主要用来隐藏类的实现细节和保护类的数据。

实例 05 使用 private 修饰符输出人员名称(源代码\ch07\7.5.txt)。

```java
public class PrivateTest {
```

```
    private String name;              //私有的成员变量
    public String getName() {         //私有成员变量的get方法
        return name;
    }
    public void setName(String name) {         //私有成员变量的set方法
        this.name = name;
    }
    public static void main(String[] args){
        PrivateTest p = new PrivateTest();     //创建类的对象
        p.setName("李煜");  //调用对象的set方法，为成员变量赋值
        System.out.println("name=" + p.getName()); //打印成员变量name的值
    }
}
```

运行结果如图 7-5 所示。在本案例中，定义了一个私有的成员变量 name，通过它的 set()方法为成员变量 name 赋值，用 get 方法获取成员变量 name 的值。在 main()方法中，创建类的对象 p，通过 p.setName()方法设置 name 的值，再通过调用 p.getName()方法，打印输出 name 的值。

图 7-5　private 修饰词的应用

2．默认的访问修饰符——不使用任何关键字

使用默认访问修饰符声明的变量和方法，可以被这个类本身或者与类在同一个包内的其他类访问。接口里的变量都隐式声明为 public static final，而接口里的方法在默认情况下访问权限为 public。

实例 06　在不使用任何修饰符的情况下输出人员名称(源代码\ch07\7.6.txt)。

```
public class DefaultTest {
    String name;      //默认修饰符的成员变量
    String getName() {    //默认修饰符成员变量的get方法
        return name;
    }
    void setName(String name) {   //默认修饰符成员变量的set方法
        this.name = name;
    }
    public static void main(String[] args){
        DefaultTest d = new DefaultTest();
        d.setName("李煜");
        System.out.println(d.getName());
    }
}
```

运行结果如图 7-6 所示。在本案例中，使用默认的访问修饰符定义了成员变量 name、成员方法 getName() 和 setName()。它们可以被当前类访问或者与类在同一个包中的其他类访问。

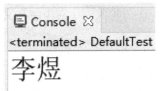

图 7-6　default 修饰符的应用

3．受保护的访问修饰符——protected

protected 访问修饰符不能修饰类和接口，方法和成员变

量能够声明为 protected，但是接口的成员变量和成员方法不能声明为 protected。

实例 07 使用 protected 声明方法输出人员信息(源代码\ch07\7.7.txt)。

编写程序，在父类 Person 中，使用 protected 声明方法；在子类 Women 中，访问父类中 protected 声明的方法，然后输出人员姓名与籍贯信息。

```
package create;
public class Person {              //父类
    protected String name;
    protected void sing(){  // protected 修饰的方法
        System.out.println("姓名：李煜");
    }
}
package child;                     //与父类不在一个包中
import create.Person;              //引入父类
public class Women extends Person{ //继承父类的子类
    public static void main(String[] args){
        Women w = new Women();
        w.sing();                  //调用子类在父类继承的方法
        w.name = "籍贯：上海市";
        System.out.println(w.name);
    }
}
```

运行结果如图 7-7 所示。

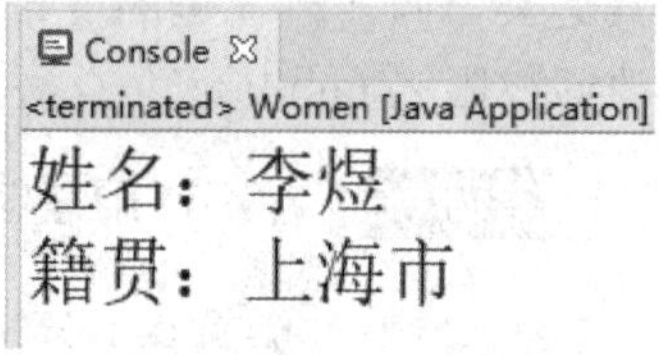

在本案例中，用 protected 声明了父类 Person 中的 sing() 方法和成员变量 name。sing() 方法和成员变量 name 可以被子类访问。在 main() 方法中创建了子类对象 w，通过 w 访问了父类的 sing() 方法，并为父类的 name 属性赋值，再在控制台打印它的值。

图 7-7 protected 修饰符的应用

如果把 sing() 方法声明为 private，那么除了父类 Person 之外的类将不能访问该方法。如果把 sing() 方法声明为 public，那么所有的类都能够访问该方法。如果不给 sing() 方法加访问修饰符，那么只有在同一个包中的类才可以访问它。

4. 公有的访问修饰符——public

被声明为 public 的类、方法、构造方法和接口能够被任何其他类访问。如果几个相互访问的 public 类分布在不同的包中，则需要用关键字 import 导入相应 public 类所在的包。由于类的继承性，类所有的公有方法和变量都能被其子类继承。

实例 08 在类中定义 public 的方法，在不同包中访问它(源代码\ch07\7.8.txt)。

```
package create;
public class Person {              //父类
    public void test(){
        System.out.println("姓名：李煜");
    }
}
package child;                     //与父类不在一个包中
```

```
import create.Person;                //引入类
public class PublicTest {
    public static void main(String[] args) {
        Person p = new Person();     //创建 Person 对象
        p.test();                    //调用 Person 类中 public 的方法
    }
}
```

运行结果如图 7-8 所示。

在本案例中，定义了两个不同包中的类，两个类之间没有继承关系。在访问 PublicTest 类的 mian()方法中，访问 Person 类中的 public 修饰的 test()方法。

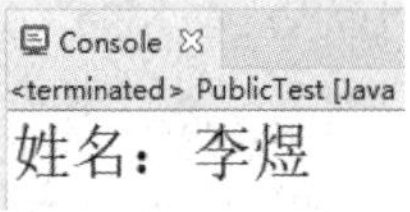

图 7-8 public 修饰符的应用

7.3 类 的 多 态

Java 中的多态形式主要通过方法的重载与重写、子类对象的向上转型和向下转型 4 种方式来实现。

7.3.1 认识多态

多态是同一操作作用于不同的对象，可以有不同的解释，产生不同的执行结果。多态就是一个接口，在运行时，可以通过指向父类的对象，来调用实现子类中的方法。

在 Java 中，多态性体现在两个方面：由方法重载实现的静态多态(又称"编译时多态")和由方法重写实现的动态多态(又称"运行时多态")。

1. 静态多态

静态多态是通过方法的重载实现的。在编译阶段，编译器会根据参数的不同来确定调用相应的方法。

2. 动态多态

动态多态是通过父类与子类之间方法的重写来实现的。在父类中定义的方法可以有方法体，也可以没有(称为抽象方法)。在子类中对父类的方法体进行重写的过程就是动态多态的实现。

实例 09 通过定义动态多态，输出对象的名字。

创建父类 Employee、子类 Manager 和名称为 DuotaiTest 的测试类，在类中都定义一个具有 String 类型返回值的方法 getName()，以返回对象的名字。

01 创建 Employee 类，代码如下(源代码\ch07\Employee.java)。

```
package create;
public class Employee {
    String name;
    public String getName(){
        return name;
```

```
    }
    public void setName(){
        name = "张晓明";
    }
}
```

02 创建 Manager 类，代码如下(源代码\ch07\Manager.java)。

```
package create;
public class Manager extends Employee{
    public String getName(){
        return name;
    }
    public void setName(){    //重写了父类的方法
        name = "李安然";
    }
    public void setName(String s){
        name = s;
    }
}
```

03 创建 DuotaiTest 类，代码如下(源代码\ch07\7.9.txt)。

```
package create;
public class DuotaiTest {
    public static void main(String[] args) {
        Employee e = new Employee();      //定义父类的对象变量，指向父类的对象
        Employee m = new Manager();       //定义父类的对象变量，指向子类的对象
        e.setName();                      //为父类的 name 属性赋值 Lucy
        m.setName();                      //为子类的 name 属性赋值 Lili
        System.out.println("Employee 类 setName(), name = " + e.getName());
        System.out.println("Manager 类重写 setName(), name = " + m.getName());
        Manager cx = new Manager();       //创建子类对象
        cx.setName("overload");           //调用重载的方法
        System.out.println("重载方法: name = " + cx.getName());
    }
}
```

运行结果如图 7-9 所示。

```
Employee类setName(), name = 张晓明
Manager类重写setName(), name = 李安然
重载方法: name = overload
```

图 7-9　多态

(1) 在本案例中，定义了父类 Employee、子类 Manager 和测试类 DuotaiTest。在父类中，定义了 getName()和 setName()方法，并在 setName()方法中，为 name 赋值"张晓明"。在子类中，定义了 getName()和 setName()方法，并在 setName()方法中，为 name 赋值"李安然"，即重写了父类的 setName()方法。在子类中重载了一个带参数的 setName 方法，在程序调用时为 name 属性赋值。

(2) 在 DuotaiTest 类中,虽然 e 的声明类型都是 Employee,但在执行 e.getName()时会调用不同的 getName(),从而给出不同的结果。例如,当 e 指向一个 Employee 对象时,将会调用 Employee 类中的 getName()方法;而当 e 指向一个 Manager 对象时,将会调用 Manager 类中的 getName ()方法。

(3) 在 DuotaiTest 类中,创建了子类的对象 cx,调用子类重载的方法,为 name 赋值并打印它的值。

(4) 在这个例子中,将子类的对象赋给了父类的对象变量,即一个对象变量(如 m)可以指向多种实际类型,这种现象称为"多态"。程序在运行时,会自动选择正确的方法进行调用,称作"动态绑定"。

> 多态存在的三个必要条件:继承、重写、父类引用指向子类对象。多态的实现方式:重写、接口、抽象类和抽象方法。

7.3.2 方法重载

重载(overload)是指在一个类或子类中,方法的名称相同,但方法的参数个数或参数类型不同。调用时,由编译器根据实参的个数和类型选择具体调用哪个方法。编译器通过将在不同方法头中的参数列表与方法调用中的实参列表进行比较,从而挑选出正确的方法。

实例 10 通过方法的重载,输出变量的值(源代码\ch07\7.10.txt)。

```java
public class Test {
    // 一个普通的方法,不带参数
    void test() {
        System.out.println("不带参数");
    }

    // 重载上面的方法,并且带了一个整型参数
    void test(int a) {
        System.out.println("参数a: " + a);
    }

    // 重载上面的方法,并且带了两个参数
    void test(int a, int b) {
        System.out.println("参数a和b: " + a + "和" + b);
    }

    // 重载上面的方法,并且带了一个双精度参数
    double test(double a) {
        System.out.println("双精度参数a: " + a);
        return a;
    }

    public static void main(String args[]) {
        Test d1 = new Test();
        d1.test();
        d1.test(2);
```

```
            d1.test(2,3);
            d1.test(2.0);
        }
}
```

运行结果如图 7-10 所示。

通过上面的实例可以看出，重载就是在一个类中，有相同的函数名称，但形参不同的函数。重载的结果，可以让一个程序段尽量减少代码和方法的种类。

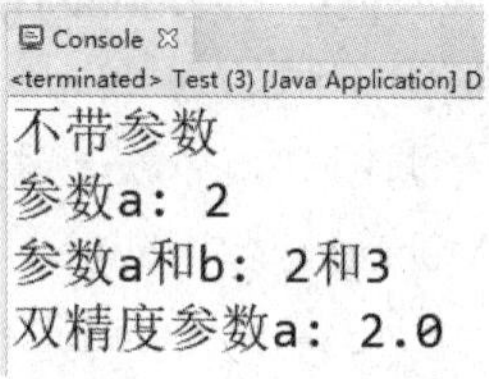

图 7-10 方法的重载

方法的重载有以下几点要特别注意。
- 方法名称必须相同。
- 方法的参数列表(参数个数、参数类型、参数顺序)至少要有一项不同，仅仅参数变量名称不同是不可以的。
- 方法的返回值类型和修饰符不做要求，可以相同，也可以不同。
- 方法能够在同一个类中或者在一个子类中被重载。

7.3.3 方法重写

重写(override)又称覆盖，是指在面向对象中，子类可以改写从父类继承的方法。

1. 方法重写的规则

(1) 参数列表必须完全与被重写方法的参数列表相同。
(2) 返回类型必须完全与被重写方法的返回类型相同。
(3) 重写后的方法不能比被重写的方法有更严格的访问权限(可以相同)。例如，在父类中声明方法为 protected，那么子类中重写该方法就不能声明为 private，可以为 protected 或 public。
(4) 父类的成员方法只能被它的子类重写。
(5) 声明为 final 的方法不能被重写。
(6) 构造方法不能被重写。
(7) 如果不能继承一个方法，则不能重写这个方法。

实例 11　通过方法的重写，输出变量的值(源代码\ch07\7.11.txt)。

编写程序，创建一个父类 Father，在类中定义 eat()方法。在子类 Son 中重写父类 Father 中的 eat()方法。

```
class Father {
    public void eat(){   //父类的方法
        System.out.println("父亲：在家，吃饭...");
    }
}
class Son extends Father{
    public void eat(){   //子类重写父类的方法
        System.out.println("儿子：在咖啡厅，吃饭...");
    }
```

```
}
public class OverrideTest {
    public static void main(String[] args) {
        Father f = new Father();    //父类引用指向父类对象
        Father s = new Son();       //父类引用指向子类对象
        f.eat();    //调用父类自己的方法
        s.eat();    //调用子类自己的方法
    }
}
```

运行结果如图 7-11 所示。

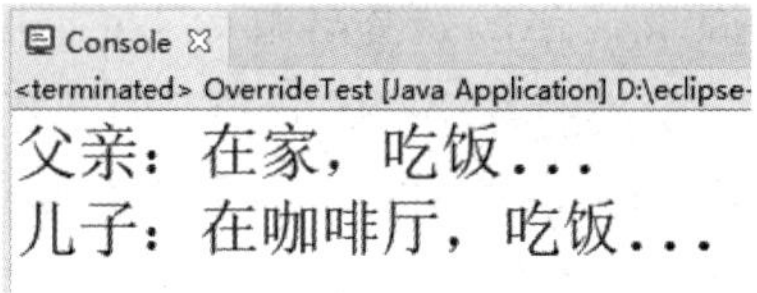

在本案例中，定义了 OverrideTest 类，在类中声明父类引用 f 指向父类的对象，父类引用 s 指向子类的对象。父类 f 调用自己的 eat()方法，子类 s 调用重写后的 eat()方法。Son 类通过重写来隐藏 Father 类中的 eat()方法，重写的方法和父类中的方法具有相同的名字和参数列表，否则就不是重写了。如果只是方法名相同，就变成对继承来的方法进行重载。

图 7-11 重写方法

2. 重写方法的调用原则

Java 程序运行时，系统会根据调用方法的对象类型来决定调用哪个方法。对于子类的一个对象，如果子类重写了父类的方法，那么运行时系统调用子类的方法；如果子类继承了父类的方法(未重写)，那么运行时系统调用父类的方法。

实例 12 在子类中调用重写和未重写的方法(源代码\ch07\7.12.txt)。

```
package create;
class Father {
    public void sleep(){    //父类中的方法
    System.out.println("父类：睡觉...");
    }
    public void eat(){      //父类的方法
    System.out.println("父亲：在家，吃饭...");
    }
}
class Son extends Father{
    public void eat(){            //重写父类中的方法
    System.out.println("子类中重写父类方法");
    System.out.println("儿子：在咖啡厅，吃饭...");
    }
}
public class OverrideTest {
    public static void main(String[] args) {
        Father f = new Father();    //父类引用指向父类对象
        Father s = new Son();       //父类引用指向子类对象
        System.out.println("调用 eat 方法：");
        f.eat();                    //调用父类自己的方法
        s.eat();                    //调用子类自己的方法
        System.out.println("调用 sleep 方法：");
```

```
        f.sleep();         //调用父类方法
        s.sleep();         //子类没有重写,调用父类中的方法
    }
}
```

运行结果如图 7-12 所示。

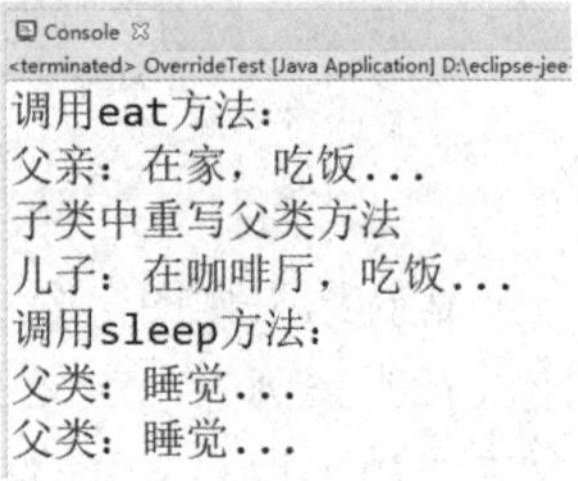

在本案例中,定义了 Father 类和 Son 类,在 Father 类中定义了 eat()和 sleep()方法,在 Son 类中重写了父类的 eat()方法。在 OverrideTest 类中,创建了指向 Father 类的对象引用 f 和指向 Son 类的对象引用 s。在 s 调用 eat()方法时,由于子类重写了父类的方法,因此运行时系统调用子类的 eat()方法;在 s 调用 sleep()方法时,由于子类继承了父类的方法没有重写,因此运行时系统调用父类的 sleep()方法。

图 7-12　调用重写方法原则

3. 重写与重载之间的区别

重载是在同一个类中或子类中发生,重写是在有继承关系的类中发生,它们的区别如表 7-2 所示。

表 7-2　重载与重写的区别

区别点	重载	重写
参数列表	必须修改	一定不能修改
返回类型	可以修改	一定不能修改
异常	可以修改	可以减少或删除,一定不能抛出新的或者更广的异常
访问	可以修改	一定不能做更严格的限制(可以降低限制)

7.3.4　向上转型

向上转型是指通过子类来实例化父类对象,语法格式如下:

```
父类类名 父类对象 = new 子类构造函数;
```

这里父类对象指向子类,它调用与子类同名的方法时运行的是子类的方法,但是父类对象不能调用子类中特有的方法。那么这样的向上转型有什么实际运用呢?下面通过实例来理解。

实例 13　通过向上转型,实现多品牌继承,输出不同品牌车辆信息(源代码\ch07\7.13.txt)。

```
class Car{                                          //汽车类
    public void run() {                             //run 方法
        System.out.println("汽车在跑! ");
    }
    public void speed() {                           //speed 方法
        System.out.println("汽车的速度是不一样的。");
    }
}
class Benz extends Car{                             //Benz 类继承 Car 类
    public void run() {                             //子类 run 方法
```

```
        System.out.println("奔驰在跑！");
    }
    public void speed() {                    //子类 speed 方法
        System.out.println("奔驰的速度是100。");
    }
}
class BMW extends Car{                       //BMW 类继承 Car 类
    public void run() {                      //子类 run 方法
        System.out.println("宝马在跑！");
    }
    public void speed() {                    //子类 speed 方法
        System.out.println("宝马的速度是110。");
    }
    public void price() {                    //子类特有方法 price
        System.out.println("宝马的价格很高很高！。");
    }
}
public class Cars {
    public void show(Car car) {       //测试类中调用的 show 方法，参数是父类 Car
        car.run();
        car.speed();           }
    public static void main(String[] args) {
        Cars c = new Cars();
        c.show(new Benz());           //调用 show 方法，参数传的是子类实例
        c.show(new BMW());
    }
}
```

运行结果如图 7-13 所示。上述代码中，不同的子类覆盖了父类的方法，当调用时如果不能实现向上转型，就需要书写多个 show() 方法才能将每个子类表现出来，而向上转型则实现了代码的简洁性。

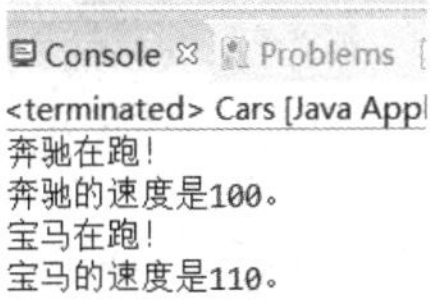

图 7-13 向上转型示例

 当指向子类的父类对象调用子类特有的方法时，会报错，如图 7-14 所示，这是因为父类对象不能调用子类特有的方法。

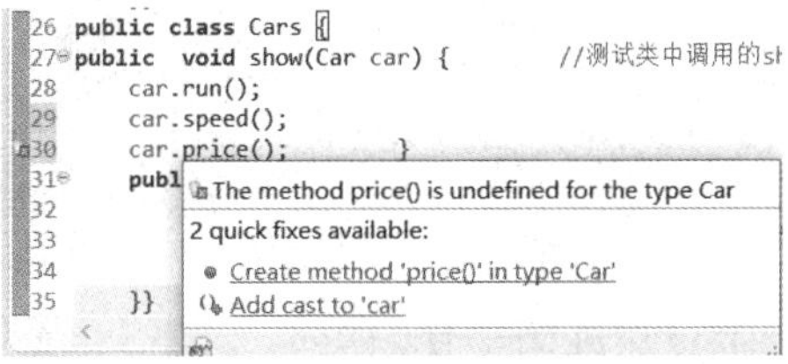

图 7-14 父类对象不能调用子类特有的方法

7.3.5 向下转型

在向上转型中指向子类的父类对象是不能调用子类特有的方法的，为此提出了向下转型的概念。向下转型是说指向子类实例的父类对象可以强制转换为子类，实现对子类特有

方法的调用。

实例 14 通过向下转型，调用子类独有的属性和方法(源代码\ch07\7.14.txt)。

```java
class Animal {  // 父类 Animal
    int age = 10;

    public void eat() {
        System.out.println("动物吃东西");
    }

    public void shout() {
        System.out.println("动物在叫");
    }

    public static void run() {
        System.out.println("动物在奔跑");
    }
}

class Dog extends Animal {       // 子类 Dog 继承父类 Animal int age = 60;
    String name = "黑子";         // 子类独有的属性 name

    public void eat() {
        System.out.println("狗在吃东西");
    }

    public static void run() {
        System.out.println("狗在奔跑");
    }

    public void watchDoor() {    // 子类独有的方法 watchDoor()
        System.out.println("狗在看门");
    }
}

public class Test {
    public static void main(String[] args) {
        Animal a1 = new Dog();   //向上转型
        Dog d1 = (Dog) a1;       //向下转型，必须强制类型转换
        d1.watchDoor();
        System.out.println(d1.name);
    }
}
```

运行结果如图 7-15 所示。通过例子我们可以看出，父类对象 a1 通过向下转型，强制转换为子类 Dog，那么转型后就可以访问子类 Dog 独有的属性和方法了。

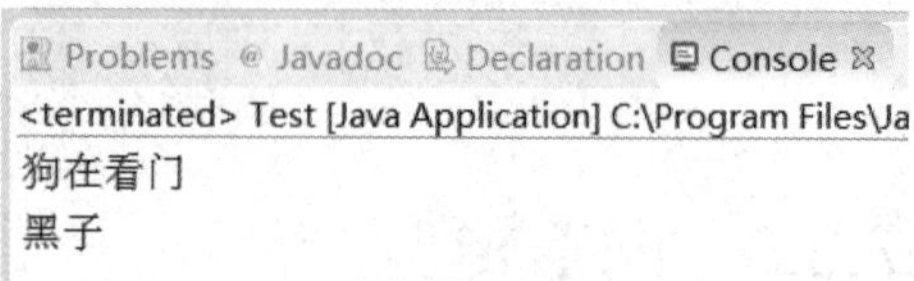

总之，多态有以下几个特点：

(1) 指向子类的父类引用只能访问父类中拥有的方法和属性。

```
狗在看门
黑子
```

图 7-15　向下转型应用示例

(2) 对于子类中存在而父类中不存在的方法，父类引用是不能使用的。

(3) 若子类重写了父类中的某些方法，则在调用这些方法的时候，必定是使用子类中定义的这些方法。

7.3.6 instanceof 关键字

向下转型是一种强制转换，转型的父类对象必须是子类实例，如果不是子类实例，在运行中就会报错，抛出异常。所以 Java 中提供了一个关键字 instanceof。它能够判断某一对象是不是某一类的实例。

实例 15 通过继承和向下转型的方法输出信息(源代码\ch07\7.15.txt)。

```java
class ArtStudent extends ScienceStudent {    // 文科生类继承理科生类，是子类
    public void write() {                     //专有方法 write
        System.out.println("我能写作！");
    }
}

public class ScienceStudent {    // 理科生类是父类
    public void sing() {          // 父类的方法"唱歌"，子类没重写，直接继承了该方法
        System.out.println("我是理科生。我会唱歌！");
    }

    public static void main(String[] args) {
        ScienceStudent stu1 = new ArtStudent();      // 父类对象被子类实例化了
        stu1.sing();            // 指向子类的父类对象调用唱歌方法
        if (stu1 instanceof ArtStudent) {
                                // 判断对象 stu1 是不是类 ArtStudent 的实例化
            ArtStudent stu2 = (ArtStudent) stu1;     //父类对象进行子类的向下转型
            stu2.write();       // 向下转型得到的子类对象调用专有方法"写作"
        }
    }
}
```

运行结果如图 7-16 所示。

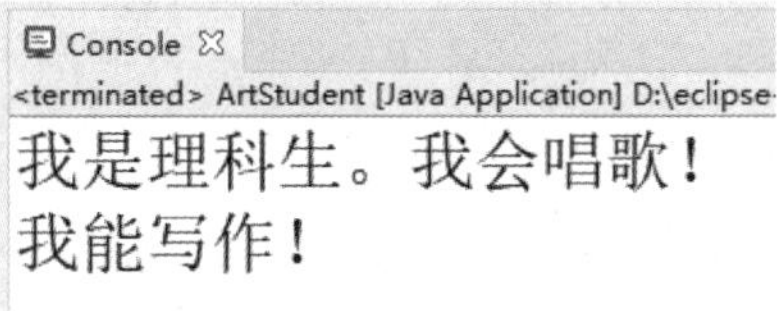

图 7-16 instanceof 关键字应用示例

7.4 定义和导入包

为了更好地组织类，Java 提供了包(package)机制，用于区别类名的命名空间。包具有以下作用：

(1) 把功能相似或相关的类或接口组织在同一个包中，方便类的查找和使用。

(2) 如同文件夹一样，包也采用了树形目录的存储方式。同一个包中的类名是不可以相同的，不同的包中的类名是可以相同的，当同时调用两个不同包中相同名字的类时，应该加上包名加以区别。因此，包可以避免名字冲突。

(3) 包也限定了访问权限，拥有包访问权限的类才能访问某个包中的类。

包语句的语法格式为：

```
package pkg1[.pkg2[.pkg3...]];
```

创建包的时候，你需要为这个包取一个合适的名字。之后，如果其他源文件包含这个包提供的类、接口、枚举或者注释类型，那么都必须将这个包的声明放在这个源文件的开头。

包声明应该在源文件的第一行，每个源文件只能有一个包声明。如果一个源文件中没有使用包声明，那么其中的类、函数、枚举、注释等将被放在一个无名的包(unnamed package)中。

下面我们来看一个例子，这个例子创建了一个名为 animals 的包。通常使用小写的字母来命名，以避免与类、接口的名字冲突。

实例 16 定义包(源代码\ch07\7.16.txt)。

```java
package animals;
public class Animal {
    public void eat() {
        System.out.println("动物吃东西");
    }
    
    public void shout() {
        System.out.println("动物在叫");
    }
}
```

接下来，在同一个包中加入该类的一个子类：

```java
package animals;
public class Dog extends Animal {
    public void shout() {
        System.out.println("狗正在汪汪叫");
    }
}
```

最后，在同一个包中加入该类的一个测试类：

```java
package animals;
public class Test {
    public static void main(String[] args) {
        Dog d1 = new Dog();
        d1.shout();
    }
}
```

运行结果如图 7-17 所示。

为了能够使用某一个包的成员，我们需要在 Java 程序中明确导入该包。使用 import 语句可完成此功能。在 Java 源文

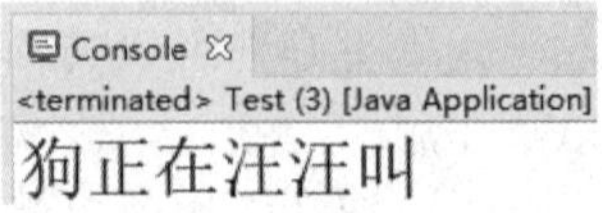

图 7-17 包定义示例运行结果

件中，import 语句应位于 package 语句之后，所有类的定义之前，可以没有，也可以有多条。其语法格式如下：

```
import package1[.package2…].(classname|*);
```

如果在一个包中，一个类想要使用本包中的另一个类，那么该包名可以省略。

实例 17 导入包(源代码\ch07\7.17.txt)。

```
import java.util.Date; //为了使用 Java API 中定义的 Date 类，导入 java.util.Date 包
public class Test {
    public static void main(String args[]) {
        Date date = new Date();
        System.out.println(date.toString());
    }
}
```

运行结果如图 7-18 所示。

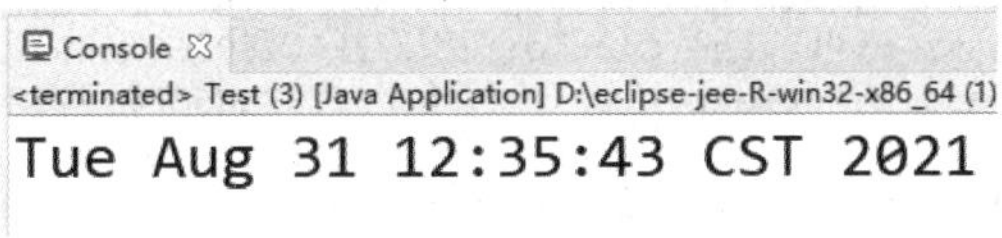

```
Console
<terminated> Test (3) [Java Application] D:\eclipse-jee-R-win32-x86_64 (1)
Tue Aug 31 12:35:43 CST 2021
```

图 7-18 导入包示例运行结果

7.5 就业面试问题解答

问题 1：创建了一个类，没有继承任何类，那么这个类有父类吗？

答：子类只能有一个父类，如果省略了 extends，子类的父类就是 Object。Object 类是所有类的默认父类(也称基类)。

问题 2：创建了一个父类和子类，在父类中没有定义 toString()，为什么子类中可以重写和使用它呢？

答：对继承的理解应该扩展到整个父类的分支，也就是说，子类继承的成员实际上是整个父系的所有成员。toString 这个方法是在 Object 中声明的，被层层继承了下来，用于输出当前对象的基本信息。所以，在子类中可以重写和使用 toString()。

7.6 上机练练手

上机练习 1：网上购物实现商品数量的选择

编写程序，通过封装商品的数量、单价等属性，实现网上购物的可行性。当根据提示输入姓名与购买数量后，如果购买数量小于库存数量，程序运行结果如图 7-19 所示；如果购买数量大于库存数量，程序运行结果如图 7-20 所示。

上机练习 2：计算几何图形的面积和周长

编写程序，利用接口和多态性计算几何图形的面积和周长并显示。程序运行结果如图 7-21 所示。

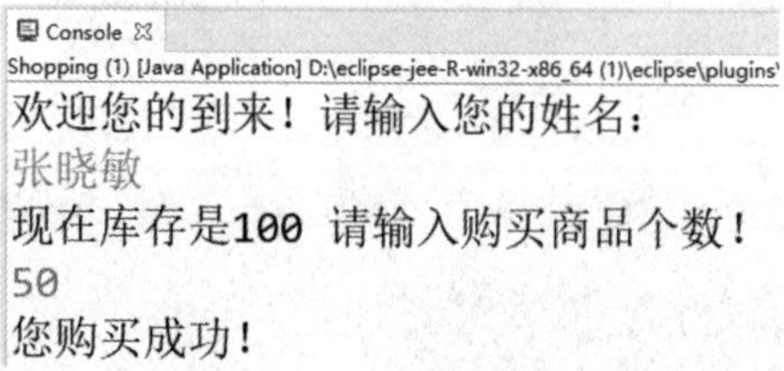

图 7-19 提示购买成功

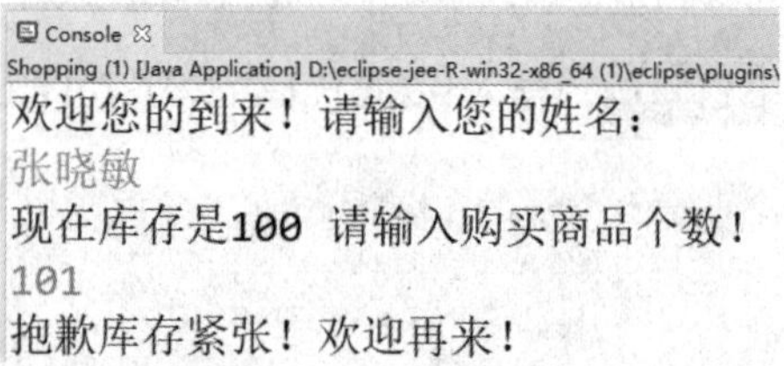

图 7-20 提示库存紧张

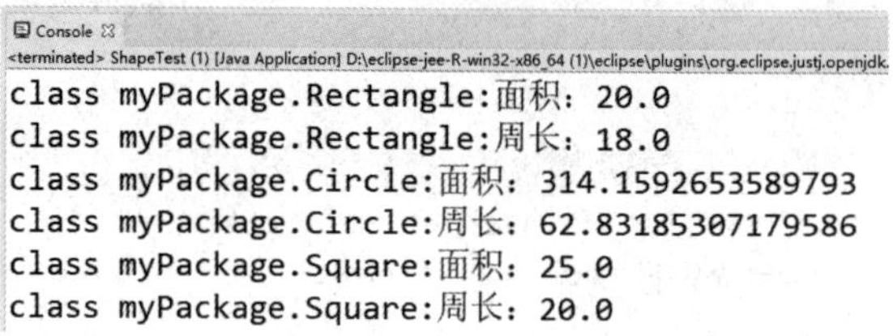

图 7-21 计算几何图形的面积和周长

上机练习 3：封装的应用

编写程序，创建一个水果 Fruit 类，输出普通水果与精品水果的区别。程序运行结果如图 7-22 所示。

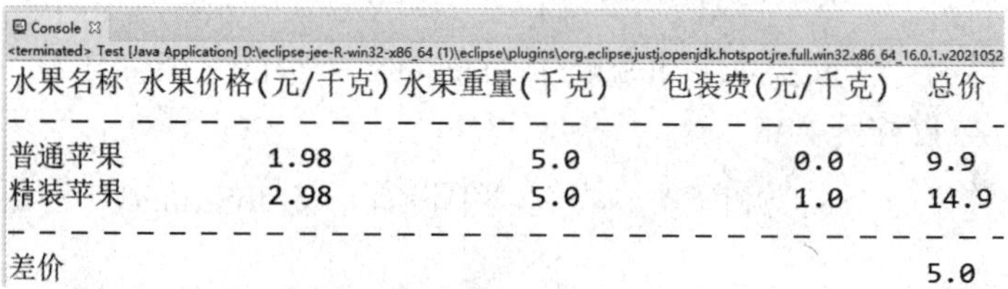

图 7-22 使用类的封装

第 8 章

抽象类与接口

　　面向对象编程的过程是一个逐步抽象的过程，接口是比抽象类更高层的抽象，它是对行为的抽象；而抽象类是对一种事物的抽象，即对类的抽象。Java 语言不支持多继承机制，因此引入接口来实现从多方面继承的方法。本章将详细介绍接口与抽象类的使用。

8.1 抽象类和抽象方法

在面向对象的概念中，所有的对象都是通过类来描绘的，但是反过来，并不是所有的类都是用来描绘对象的。若一个类中没有包含足够的信息来描绘一个具体的对象，这样的类就是抽象类。抽象方法是指一些只有方法声明，而没有具体方法体的方法。抽象方法一般存在于抽象类或接口中。

8.1.1 认识抽象类

Java 程序用抽象类(abstract class)来实现自然界的抽象概念。抽象类的作用在于将许多有关的类组织在一起，提供一个公共的类，即抽象类。而那些被它组织在一起的具体的类将作为它的子类由它派生出来。抽象类刻画了公有行为的特征，并通过继承机制传送给它的派生类。

抽象类是它的所有子类的公共属性的集合，是包含一个或多个抽象方法的类。使用抽象类的一大优点就是可以充分利用这些公共属性来提高开发和维护程序的效率。

定义抽象类和抽象方法的语法格式如下：

```
//抽象类定义
权限修饰符 abstract class 抽象类名{
        //抽象方法定义
        权限修饰符 abstract 返回值类型 抽象方法名(参数列表);
}
```

抽象类和抽象方法的特性：

(1) 抽象类不能被实例化。
(2) 抽象类中可以有非抽象方法，并实现该方法。
(3) 抽象类中的抽象方法是没有方法体的，是直接用分号结束的。

实例 01 抽象类典型应用(源代码\ch08\8.1.txt)。

抽象类的一个典型应用就是模板设计模式。假设现在有三类不同的事物——机器人、人、猫，他们有不同的行为，分别为：

机器人：充电，工作，关机。
人：吃饭，工作，睡觉。
猫：进食，逮老鼠，睡觉。

下面编写一个程序，实现三种不同事物的不同行为，这里的每个类均为单独的文件。

```
public abstract class Action {//定义一个抽象行为类
    //定义常量，表示不同的行为
    public static final int EAT = 1;
    public static final int SLEEP = 2;
    public static final int WORK = 5;
    //定义不同行为的抽象方法
    public abstract void eat();
    public abstract void sleep();
```

```java
        public abstract void work();

        public void commond(int flags) {
            switch (flags) {
            case EAT:
                this.eat();
                break;
            case SLEEP:
                this.sleep();
                break;
            case WORK:
                this.work();
                break;
            case EAT + SLEEP:
                this.eat();
                this.sleep();
                break;
            case SLEEP + WORK:
                this.sleep();
                this.work();
                break;
            default:
                break;
            }
        }
    }
    public class Robot extends Action {// 定义一个类Robot继承类Action

        // 实现抽象方法
        public void eat() {
            System.out.println("机器人充电");
        }

        public void sleep() {
            System.out.println("机器人无需睡觉");
        }

        public void work() {
            System.out.println("机器人工作");
        }
    }
    public class Human extends Action {// 定义一个类Human继承类Action

        // 实现抽象方法
        public void eat() {
            System.out.println("人吃饭");
        }

        public void sleep() {
            System.out.println("人睡觉");
        }

        public void work() {
```

```java
        System.out.println("人工作");
    }
}

public class Cat extends Action {// 定义一个类 Cat 继承类 Action
    // 实现抽象方法
    public void eat() {
        System.out.println("猫在吃食");
    }

    public void sleep() {
        System.out.println("猫在打盹");
    }

    public void work() {
        System.out.println("猫逮老鼠");
    }
}

public class Test {
    public static void main(String[] args) {
        show(new Robot());
        show(new Human());
        show(new Cat());
    }

    public static void show(Action act) {
        act.commond(Action.EAT);
        act.commond(Action.WORK);
        act.commond(Action.SLEEP);
    }
}
```

程序运行结果如图 8-1 所示。

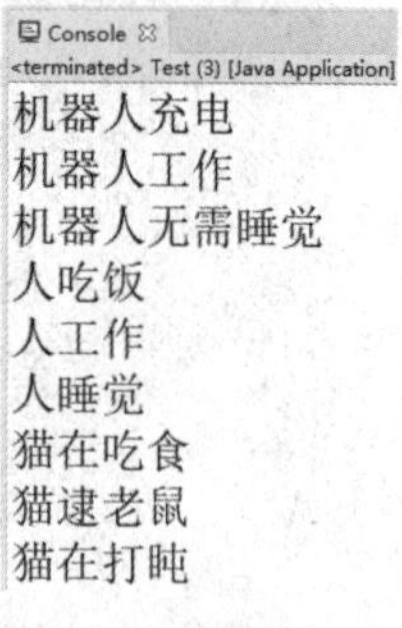

8.1.2 定义抽象类

与普通类相比,抽象类要使用 abstract 关键字声明。普通类是一个完善的功能类,可以直接产生实例化对象,并且在普通类中可以包含构造方法、普通方法、static 方法、常量和变量等内容。而抽象类是指在普通类的结构里面增加抽象方法的组成部分。

图 8-1 模板设计模式

例如,下面的代码用于定义一个抽象类。

```java
public abstract class Animal {   //定义一个抽象类
    // 抽象方法,没有方法体,用 abstract 关键字修饰
    public abstract void shout();
}
```

上述代码中,定义了一个抽象类 Animal,有一个抽象方法 shout()。注意 shout()方法没有方法体,直接以分号结束。抽象类的使用原则如下:

(1) 抽象方法必须为 public 或者 protected(因为如果为 private,则不能被子类继承,子

类便无法实现该方法)，默认情况下为 public。

(2) 抽象类不能直接实例化，需要依靠子类采用向上转型的方式处理。

(3) 抽象类必须有子类，使用 extends 继承，一个子类只能继承一个抽象类。

(4) 子类(如果不是抽象类)则必须重写抽象类中的全部抽象方法(如果子类没有实现父类的抽象方法，则必须将子类也定义为 abstract 类)。

(5) 抽象类不能使用 final 关键字声明，因为抽象类必须有子类，而 final 定义的类不能有子类。

例如，下面的代码，其子类继承了抽象类。

```java
public abstract class Animal {// 定义一个抽象类
    // 抽象方法，没有方法体，用 abstract 关键字修饰
    public abstract void shout();
}

public class Dog extends Animal {
    // 实现抽象方法 shout()
    public void shout() {
        System.out.println("汪汪……");
    }
}
```

上述代码中，定义了一个子类 Dog 继承抽象类 Animal，并实现了抽象方法 shout()，定义了 shout()显示狗的叫声。

虽然一个类的子类可以继承任意一个普通类，可是从开发的实际要求来讲，普通类尽量不要继承另外一个普通类，而应该继承抽象类。

实例 02 使用抽象类，计算圆形与正方形的面积和周长(源代码\ch08\8.2.txt)。

```java
public abstract class Shapes {
    /**
     * 定义抽象类 Shapes 图形类，包含抽象方法 getArea(), getPerimeter();
     **/
    public abstract double getArea();

    // 获取面积
    public abstract double getPerimeter();
    // 获取周长
}

public class Circle extends Shapes {
    double r;

    public Circle(double r) {
        this.r = r;
    }

    public double getArea() {
        return r * r * Math.PI;
    }

    public double getPerimeter() {
```

```java
        return 2 * Math.PI * r;
    }
}
public class Square extends Shapes {
    int width;
    int height;

    public Square(int width, int height) {
        this.width = width;
        this.height = height;
    }

    public double getArea() {
        return width * height;
    }

    public double getPerimeter() {
        return 2 * (width + height);
    }
}
public class Test {
    public static void main(String args[]) {
        Circle c1 = new Circle(2);
        System.out.println("圆形半径为: 2");
        System.out.println("圆形面积为: "+c1.getArea());
        System.out.println("圆形周长为: "+c1.getPerimeter());
        Square s1 = new Square(2,2);
        System.out.println("正方形边长为: 2");
        System.out.println("正方形面积为: "+s1.getArea());
        System.out.println("正方形周长为: "+s1.getPerimeter());
    }
}
```

运行结果如图 8-2 所示。

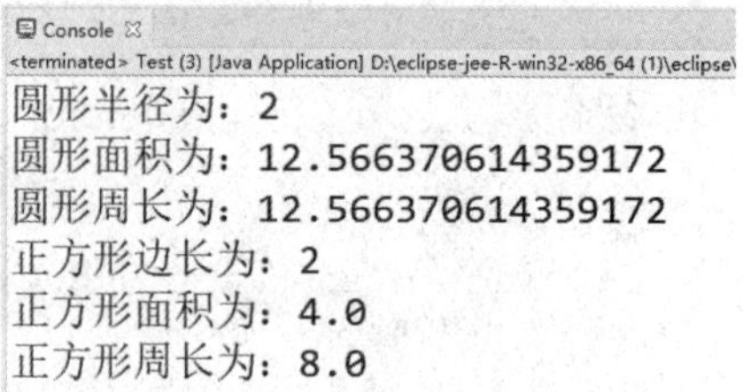

抽象类在应用的过程中，需要注意以下几点：

(1) 抽象类不能被实例化，如果被实例化，就会报错，编译无法通过。只有抽象类的非抽象子类才可以创建对象。

(2) 抽象类中不一定包含抽象方法，但是有抽象方法的类必定是抽象类。

(3) 抽象类中的抽象方法只是声明，不包含方法体，就是不给出方法的具体实现，也就是方法的具体功能。

图 8-2 抽象类的应用示例

(4) 构造方法，类方法(用 static 修饰的方法)不能声明为抽象方法。

(5) 抽象类的子类必须给出抽象类中的抽象方法的具体实现，除非该子类也是抽象类。

8.1.3 抽象方法

Java 语言中的抽象方法是用关键字 abstract 修饰的方法，这种方法只声明返回的数据类型、方法名称和所需的参数,没有方法体,即抽象方法只需要声明而不需要实现。

1. 声明抽象方法

如果一个类包含抽象方法,那么该类必须是抽象类。任何子类必须重写父类的抽象方法,否则自身必须声明为抽象类。声明一个抽象类的语法格式如下:

abstract 返回类型 方法名([参数表]);

注意　　抽象方法没有定义方法体,方法名后面直接跟一个分号,而不是花括号。

2. 抽象方法实现

继承抽象类的子类必须重写父类的抽象方法,否则,该子类也必须声明为抽象类。下面通过一个例子介绍子类重写父类的抽象方法。

实例 03　定义课程类是一个抽象类,然后子类重写父类的抽象方法(源代码\ch08\8.3.txt)。

学校开设的课程有很多种,具体的课程有具体的课程时间和课程节数,以及对应的代课老师等,因此将课程类定义成抽象类,将通过开设的具体课程来实现对应的内容。

```java
abstract class Course {                        // 抽象类课程
    public abstract void courseName();         // 抽象方法课程名称
    public abstract void courseLength();       // 抽象方法课时长度
}
class English extends Course {                 // 子类继承抽象类
    @Override                                  // 子类重写抽象方法
    public void courseName() {
        System.out.println("这是英语课! ");
    }
    @Override                                  // 子类重写抽象方法
    public void courseLength() {
        System.out.println("英语课课时长度是 52 节! ");
    }
}
class Mathematics extends Course {             // 子类继承抽象类
    @Override                                  // 子类重写抽象方法
    public void courseName() {
        System.out.println("这是数学课! ");
    }
    @Override                                  // 子类重写抽象方法
    public void courseLength() {
        System.out.println("数学课课时长度是 64 节! ");
    }
}
public class Courses {
    public static void main(String[] args) {
        English eng = new English();           // 实体类的对象实例化
        eng.courseName();   // 实体类对象调用对应的抽象方法
        eng.courseLength();
        Mathematics math = new Mathematics();// 实体类的对象实例化
        math.courseName();  // 实体类对象调用对应的抽象方法
```

```
        math.courseLength();
    }
}
```

运行结果如图 8-3 所示。

当子类继承抽象类时，系统会在子类名上提示错误，单击子类名会出现如图 8-4 所示的内容，单击 Add unimplemented methods 来添加抽象父类的抽象方法。

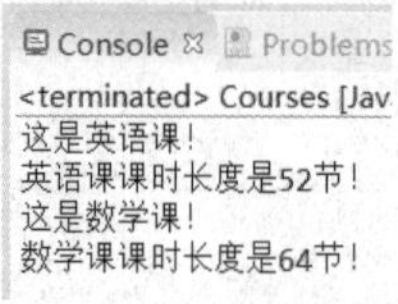

图 8-3　课程抽象类的运用 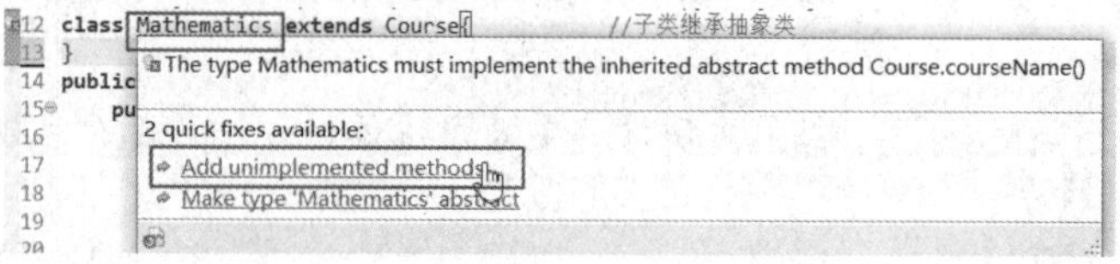　　　　图 8-4　子类添加抽象父类的抽象方法

8.2　接 口 概 述

接口(interface)是 Java 所提供的另一种重要的技术，接口是一种特殊的类，它的结构和抽象类非常相似，可以认为是抽象类的一种变体。

8.2.1　接口声明

接口是比抽象类更高的抽象，它是一个完全抽象的类，即抽象方法的集合。接口使用关键字 interface 来声明，声明的语法格式如下：

```
[public] interface 接口名称 [extends 其他的类名]{
    [public][static][final] 数据类型 成员名称=常量值；
        [public][static][abstract] 返回值 抽象方法名(参数列表)；
}
```

接口中的方法是不能在接口中实现的，只能由实现接口的类来实现接口中的方法。一个类可以通过关键字 implement 来实现。如果实现类，没有实现接口中的所有抽象方法，那么该类必须声明为抽象类。

例如，下面是接口声明的一个简单例子。代码如下：

```
public interface Shape {
    public double area();        //计算面积
    public double perimeter();   //计算周长
}
```

上述代码使用关键字 interface 声明了一个接口 Shape，并在接口内定义了两个抽象方法 area()和 perimeter()。接口有以下特性：

(1) 接口中也有变量，但是接口会隐式地指定为 public static final 变量，并且只能是 public，用 private 修饰会报编译错误。

(2) 接口中的抽象方法具有 public 和 abstract 修饰符，也只能是这些修饰符，其他修饰符都会报错。

(3) 接口是通过类来实现的。
(4) 一个类可以实现多个接口，多个接口之间用逗号(,)隔开。
(5) 接口可以被继承。

8.2.2 实现接口

当类实现接口的时候，类要实现接口中所有的方法，否则，类必须声明为抽象的类。类使用 implements 关键字实现接口。在类声明中，implements 关键字放在 class 声明的后面。实现一个接口的语法如下：

```
class 类名称 implements 接口名称[,其他接口]{
...
}
```

实例 04　学校对于来访人员的吃住安排(源代码\ch08\8.4.txt)。

现在学校对于来访人员管理严格，对于学生和老师、家长都有不同的安排，将来访者作为接口，并通过学生类、老师类和家长类实现接口方法。

```java
interface Visitor {              // 访问者接口
    void eating();               // 接口对应的方法——吃饭
    void sleeping();             // 接口对应的方法——睡觉
}

class Student implements Visitor {  // 学生实体类实现来访者接口
    @Override
    public void eating() {          // 学生类实现接口方法——吃饭
        System.out.println("学生在学生1号食堂吃饭！");
    }

    @Override
    public void sleeping() {        // 学生类实现接口方法——睡觉
        System.out.println("学生在学生宿舍楼入住！");
    }
}

class Teacher implements Visitor {  // 老师实体类实现来访者接口
    @Override
    public void eating() {          // 老师类实现接口方法——吃饭
        System.out.println("老师在教工餐厅就餐！");
    }

    @Override
    public void sleeping() {        // 老师类实现接口方法——睡觉
        System.out.println("老师在教工公寓入住！");
    }
}

class Parents implements Visitor {  // 家长实体类实现来访者接口
    @Override
    public void eating() {          // 家长类实现接口方法——吃饭
        System.out.println("家长在招待所餐馆就餐！");
```

```
    }
    @Override
    public void sleeping() {               // 老师类实现接口方法——睡觉
        System.out.println("家长在招待所入住!");
    }
}
public class SchoolVisitor {
    public static void main(String[] args) {
        Student stu = new Student();       // 实体类对象实例化
        Teacher tea = new Teacher();
        Parents parent = new Parents();
        stu.eatting();                     // 实体类对象调用对应方法
        stu.sleeping();
        tea.eatting();
        tea.sleeping();
        parent.eatting();
        parent.sleeping();
    }
}
```

运行结果如图 8-5 所示。

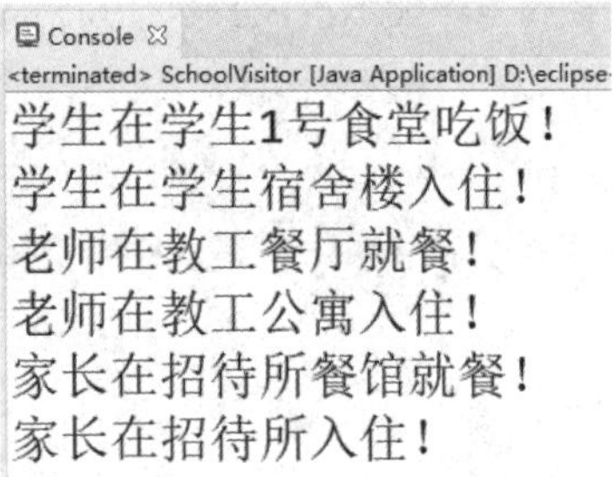

在实现接口的时候,也要注意一些规则:

(1) 一个类可以同时实现多个接口。

(2) 一个类只能继承一个类,但是能实现多个接口。

(3) 一个接口能继承另一个接口,这和类之间的继承比较相似。

重写接口中声明的方法时,需要注意以下规则:

(1) 类在实现接口的方法时,不能抛出强制性异常,只能在接口中,或者继承接口的抽象类中抛出该强制性异常。

图 8-5　不同人员安排结果

(2) 类在重写方法时要保持一致的方法名,并且应该保持相同或者相兼容的返回值类型。

(3) 如果实现接口的类是抽象类,那么就没必要实现该接口的方法。

8.2.3　接口默认方法

Java 提供了接口默认方法。即允许接口中可以有实现方法,使用 default 关键字在接口修饰一个非抽象的方法,这个特征又叫扩展方法。例如:

```
public interface InterfaceNew {
    public double method(int a);
    public default void test() {
        System.out.println("java8 接口新特性");
    }
}
```

在上述代码中,定义了接口 InterfaceNew,除了声明抽象方法 method()外,还定义了使用 default 关键字修饰的实现方法 test()，test()方法在子类中可以直接使用。

8.2.4 接口与抽象类

接口的结构和抽象类非常相似，也具有数据成员与抽象方法，但它又与抽象类不同。下面详细介绍接口与抽象类的异同。

1. 接口与抽象类的相同点

接口与抽象类存在一些相同的特性，具体如下：
(1) 都可以被继承。
(2) 都不能被直接实例化。
(3) 都可以包含抽象方法。
(4) 派生类必须实现未实现的方法。

2. 接口与抽象类的不同点

接口与抽象类除了存在一些相同的特性外，还有一些不同之处，具体如下：
(1) 接口支持多继承；抽象类不能实现多继承。
(2) 一个类只能继承一个抽象类，而一个类却可以实现多个接口。
(3) 接口中的成员变量只能是 public static final 类型的；抽象类中的成员变量可以是各种类型的。
(4) 接口只能定义抽象方法；抽象类既可以定义抽象方法，也可以定义实现的方法。
(5) 接口中不能含有静态代码块以及静态方法(用 static 修饰的方法)；抽象类可以有静态代码块和静态方法。

8.3 接口的高级应用

接口的高级应用包括接口的多态性、适配接口、嵌套接口、接口回调等。下面分别进行介绍。

8.3.1 接口的多态性

Java 里没有多继承，一个类只能有一个父类。而继承的表现就是多态，一个父类可以有多个子类，而在子类里可以重写父类的方法，这样每个子类里重写的代码不一样，自然表现形式就不一样。

用父类的变量去引用不同的子类，在调用父类中相同的方法时得到的结果和表现形式不一样，这就是多态，即调用相同的方法会有不同的结果。下面给出一个示例，该实例中的每个类都是一个单独文件。

实例 05　利用接口的多态性，输出图形的面积和周长(源代码\ch08\8.5.txt)。

```
public interface Shape {
```

```java
    public double area();                       //计算面积
    public double perimeter();                  //计算周长
}
public class Circle implements Shape {          //Circle 类实现 Shape 接口
    double radius;                              //半径
    public Circle(double radius) {              //定义 Circle 类的构造方法
        this.radius = radius;
    }
    public double area() {                      //重写实现接口定义的抽象方法
        return Math.PI*radius*radius;
    }
    public double perimeter() {
        return 2*Math.PI*radius;
    }
}
public class Rectangle implements Shape {   // Rectangle 类实现 Shape 接口

    double a;                                   //长或宽
    double b;                                   //长或宽
    public Rectangle(double a, double b) {  //定义 Circle 类的构造方法
        this.a = a;
        this.b = b;
    }
    public double area() {   //重写实现接口定义的抽象方法
        return a*b;
    }
    public double perimeter() {
        return 2*(a+b);
    }
}
public class ShapeTest {
    public static void main(String[] args) {
        Shape s1 = new Circle(10.0);            //体现多态的地方
        System.out.println("圆形的面积是："+s1.area());
        System.out.println("圆形的周长是："+s1.perimeter());
        
        Shape s2 = new Rectangle(5.0, 10.0); //体现多态的地方
        System.out.println("矩形的面积是："+s2.area());
        System.out.println("矩形的周长是："+s2.perimeter());
    }
}
```

运行结果如图 8-6 所示。

在本示例中，Shape 是一个接口，没有办法实例化对象，但可以用 Circle 类和 Rectangle 类来实例化对象，也就实现了接口的多态。实例化的对象 s1 和 s2 拥有同名的方法，但各自实现的功能却不一样。根据实现接口的类中重写的方法，实现了用同一个方法计算不同图形的面积和周长。

```
圆形的面积是：314.1592653589793
圆形的周长是：62.83185307179586
矩形的面积是：50.0
矩形的周长是：30.0
```

图 8-6　接口的多态应用示例

8.3.2 适配接口

当我们实现一个接口时，必须实现该接口的所有方法，这样有时比较浪费，因为并不是所有的方法都是我们需要的，有时只需要使用其中的一些方法。为了解决这个问题，我们引入了接口的适配器模式，借助于一个抽象类，该抽象类实现了该接口，实现了所有的方法，而我们不和原始的接口打交道，只和该抽象类取得联系。我们写一个类，继承该抽象类，重写我们需要的方法就行。

实例 06　适配接口(每个类均为单独的文件)，输出重写的方法内容(源代码\ch08\8.6.txt)。

```java
public interface InterfaceAdpter {  // 定义接口
    public void email();
    public void sms();
}
public abstract class Wrapper implements InterfaceAdpter {
    // 写个抽象类管理我们的接口
    public void email() {
    }

    public void sms() {
    }
    // 方法体不需要具体实现，可以为空，具体类需要时可以重写该方法
}
public class S1 extends Wrapper {
    // 继承抽象类，重写所需的方法，这里重写了 email()方法
    // 没有重写 sms()方法
    public void email() {
        System.out.println("发电子邮件");
    }
}
public class Test {
    public static void main(String[] args) {
        S1 ss = new S1();
        ss.email();
    }
}
```

运行结果如图 8-7 所示。

在本示例中，首先定义了一个接口 InterfaceAdpter，并定义了两个抽象方法 email()和 sms()；然后定义了一个抽象类 Wrapper，并实现了两个抽象方法，但方法体内为空。定义了一个类 S1，重写了 email()方法。这样写的好处是，定义类时不需要直接实现接口 InterfaceAdpter，并实现定义的两个方法，而只需要实现并重写 email()方法即可。

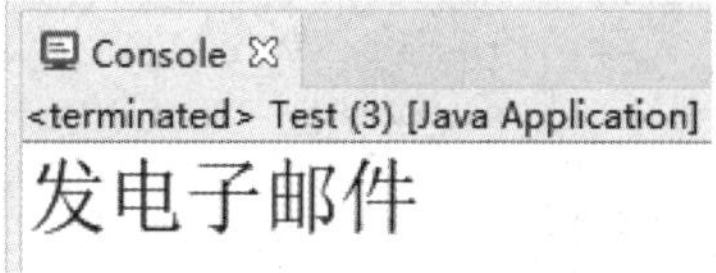

图 8-7　适配接口实际应用示例

8.3.4 接口回调

接口回调是指，可以把使用某一接口的类创建的对象的引用赋给该接口声明的接口变

量，那么该接口变量就可以调用被类实现的接口的方法。实际上，当接口变量调用被类实现的接口中的方法时，就是通知相应的对象调用接口的方法，这一过程称为对象功能的接口回调。看下面示例：

实例07 接口回调，基于实现接口的例子，输出图形的面积与周长(源代码\ch08\8.7.txt)。

```java
public interface Shape {
    public double area();                   //计算面积
    public double perimeter();              //计算周长
}
public class Circle implements Shape {     //Circle 类实现 Shape 接口
    double radius;                          //半径
    public Circle(double radius) {          //定义 Circle 类的构造方法
        this.radius = radius;
    }
    public double area() {                  //重写实现接口定义的抽象方法
        return Math.PI*radius*radius;
    }
    public double perimeter() {
        return 2*Math.PI*radius;
    }
}
public class Rectangle implements Shape {  // Rectangle 类实现 Shape 接口
    double a;                               //长或宽
    double b;                               //长或宽
    public Rectangle(double a, double b) {  //定义 Circle 类的构造方法
        this.a = a;
        this.b = b;
    }
    public double area() {                  //重写实现接口定义的抽象方法
        return a*b;
    }
    public double perimeter() {
        return 2*(a+b);
    }
}

public class Show {                         //定义一个类用于实现显示功能
    public void print(Shape s)              //定义一个方法，参数为接口类型
    {
        System.out.println("周长: "+s.perimeter());
        System.out.println("面积: "+s.area());
    }
}

public class Test {  //测试类
    public static void main(String[] args) {
        Show s1 = new Show();
        s1.print(new Rectangle(5.0,10.0));
//接口回调，将 Shape e 替换成 new Rectangle(5.0,10.0)
        s1.print(new Circle(10.0));
//接口回调，将 Shape e 替换成 new Circle(10.0)
```

```
//使用接口回调的最大好处是,可以灵活地将接口类型参数替换为需要的具体类
    }
}
```

运行结果如图 8-8 所示。

本示例中定义了一个类 Show,其中定义了一个方法 print(),将 Shape 类型的变量作为参数。在测试时,实例化 Show,并调用 print()方法,将 new Rectangle()和 new Circle()作为实际参数,因此会调用不同的方法,结果显示不同图形的面积和周长。

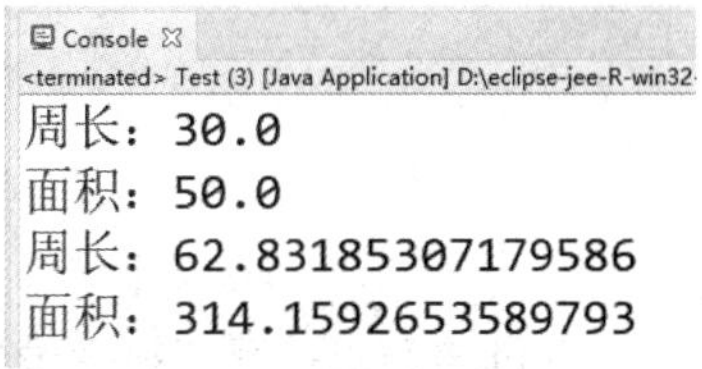

图 8-8 接口回调应用示例

8.4 就业面试问题解答

问题 1:抽象类(abstract class)和接口(interface)有什么异同?

答:抽象类和接口都不能够实例化,但可以定义抽象类和接口类型的引用。一个类如果继承了某个抽象类或者实现了某个接口都需要对其中的抽象方法全部进行实现,否则该类仍然需要被声明为抽象类。接口比抽象类更加抽象,因为抽象类中可以定义构造器,可以有抽象方法和具体方法,而接口中不能定义构造方法,并且其中的方法全部都是抽象方法。

问题 2:Comparable 接口有什么作用?

答:当需要排序的集合或数组不是单纯的数字类型时,通常使用 Comparable 接口以简单的方式实现对象排序或自定义排序。这是因为 Comparable 接口内部有一个要重写的关键方法,即 compareTo(),用于比较两个对象的大小,这个方法返回一个整型数值。

8.5 上机练练手

上机练习 1:输出学生与老师之间的问候语

编写程序,首先定义一个抽象类 Person 和一个抽象方法 call(),然后定义两个类 Teacher 和 Student,分别继承抽象类 Person,使用 Person 类型的变量作为参数,在测试时,实例化 Lesson,并使用 new Teacher()和 new Student()作为实际参数。最后老师会说同学们好,学生说老师好。程序运行结果如图 8-9 所示。

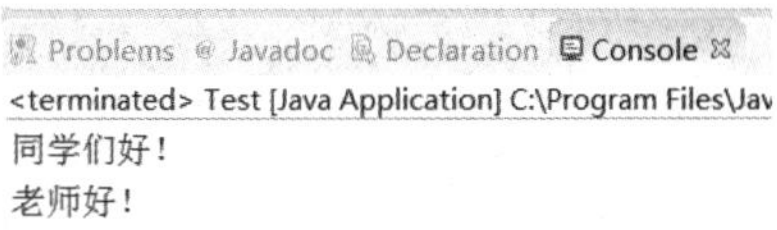

图 8-9 抽象类的应用

上机练习 2:USB 接口模拟

编写程序,首先定义接口 USB 和两个抽象方法 start()和 stop(),然后定义两个类 Mouse 和 Keyboard,分别实现模拟接口 USB。程序运行结果如图 8-10 所示。

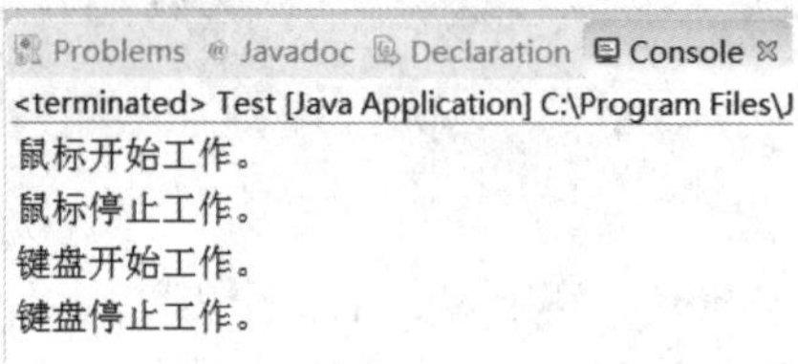

```
Problems  @ Javadoc  Declaration  Console
<terminated> Test [Java Application] C:\Program Files\J
鼠标开始工作。
鼠标停止工作。
键盘开始工作。
键盘停止工作。
```

图 8-10 接口的实际应用

上机练习 3：根据输入参数的不同，输出不同的运行结果

编写程序，首先定义一个水果接口 Fruit，其中定义一个抽象方法 eat()，然后定义 Apple 类和 Orange 类分别实现接口 Fruit，并实现抽象方法 eat()，之后定义类 Factory1，最后定义类 Factory，并根据参数内容实例化不同的子类。

根据 args[0]的内容实例化不同的子类，如果为 apple，实例化的是 Apple 类，程序运行结果如图 8-11 所示。如果为 orange，则实例化 Orange 类，因此输出的内容也不同。程序运行结果如图 8-12 所示。

```
Problems  @ Javadoc  Declaration  Console
<terminated> Factory [Java Application] C:\Program Files\
吃苹果。
```

```
Problems  @ Javadoc  Declaration  Console
<terminated> Factory [Java Application] C:\Program Files\
吃桔子。
```

图 8-11 当 args[0]为 apple 时的程序运行结果    图 8-12 当 args[0]为 orange 时的程序运行结果

第 9 章

程序的异常处理

在编程的过程中，经常会出现各种问题，Java 语言作为一种非常热门的面向对象语言，提供了强大的异常处理机制。Java 把所有的异常都封装到一个类中，在程序出现错误时，会及时抛出异常。本章将详细介绍 Java 的异常处理。

9.1 认识异常

在程序开发过程中,程序员会尽量避免错误的发生,但是总会发生一些不可预料的事情。例如,除法运算时被除数为 0、内存不足、栈溢出等。Java 语言提供了异常处理机制,处理这些不可预料的事情,这就是 Java 的异常。

9.1.1 异常的概念

异常也称为例外,是指在程序运行过程中发生的、会打断程序正常执行的事件。下面是几种常见的异常:

(1) 算术异常(ArithmeticException)。
(2) 没有给对象开辟内存空间时会出现空指针异常(NullPointerException)。
(3) 找不到文件异常(FileNotFoundException)。

所以在程序设计时,必须考虑可能发生的异常事件,并做出相应的处理,这样才能保证程序可以正常运行。

Java 的异常处理机制也秉承着面向对象的基本思想,在 Java 中,所有的异常都是以类的类型存在。除了内置的异常类之外,Java 也可以自定义异常类。此外,Java 的异常处理机制也允许自定义抛出异常。

9.1.2 异常的分类

在 Java 中,所有的异常均被当作对象来处理,即当发生异常时就产生了异常对象。java.lang.Throwable 类是 Java 中所有错误类或异常类的根类,两个重要子类是 Error 类和 Exception 类。

1. Error 类

java.lang.Error 类是程序无法处理的错误,表示应用程序运行时出现的重大错误。例如 JVM 运行时出现的 OutOfMemoryError 以及 Socket 编程时出现的端口占用等程序无法处理的错误,这些错误都需交由系统进行处理。

2. Exception 类

java.lang.Exception 类是程序本身可以处理的异常,可分为运行时异常与编译异常。

运行时异常:是指 RuntimeException 之类的异常。这类异常在代码编写的时候不会被编译器检测出来,可以不捕获,但是程序员也可以根据需要进行捕获抛出。常见的 RuntimeException 有:NullPointException(空指针异常)、ClassCastException(类型转换异常)、IndexOutOfBoundsException(数组越界异常)等。

编译异常:是指 RuntimeException 以外的异常。这类异常在编译时编译器会提示需要捕获,如果不进行捕获则出现编译错误。常见的编译异常有:IOException(流传输异常)、SQLException(数据库操作异常)等。

如图 9-1 所示，可以看出所有的异常与错误都继承于 Throwable 类，也就是说，所有的异常都是一个对象。

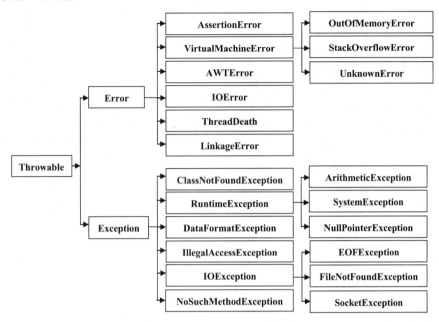

图 9-1 所有的异常与错误

9.1.3 常见的异常

Java 在编译的过程中，会出现多种多样的异常，下面介绍几种常见的异常。

1. ArithmeticExecption 异常

数学运算异常。例如，程序中出现除数为 0 的运算，就会抛出该异常。

2. NullPointerException 异常

空指针异常。例如，当应用试图在要求使用对象的地方使用了 null 时，就会抛出该异常。

3. NegativeArraySizeException 异常

数组大小为负值异常。例如，当使用负的数组大小值创建数组时，就会抛出该异常。

4. ArrayIndexOutOfBoundsException 异常

数组下标越界异常。例如，当访问某个序列的索引值小于 0 或大于等于序列大小时，就会抛出该异常。

5. NumberFormatException 异常

数字格式异常。当试图将一个 String 转换为指定的数字类型，而该字符串却不满足数字类型要求的格式时，就会抛出该异常。

6. InputMismatchException 异常

输入类型不匹配异常。它由 Scanner 抛出,当读取的数据类型与期望类型不匹配时,就会抛出该异常。

9.1.4 异常的使用原则

Java 异常处理机制强制用户考虑程序的健壮性和安全性。异常处理不应用来控制程序的正常流程,其主要作用是捕获程序在运行时发生的异常并进行相应的处理。编写代码时处理某个方法可能出现的异常,主要遵循以下几条原则:
(1) 在当前方法声明中使用 try...catch 语句捕获异常。
(2) 一个方法被覆盖时,覆盖它的方法必须抛出相同的异常或者异常的派生类。
(3) 如果父类抛出多个异常,则覆盖方法必须抛出那些异常的一个子集,而不能抛出新异常。

9.2 异常的处理

异常是程序中的一些错误,但并不是所有的错误都是异常,并且错误有时候是可以避免的。例如,若代码少了一个分号,那么运行结果是提示错误 java.lang.Error。本节就来介绍异常的处理。

9.2.1 异常处理机制

为了保证程序出现异常之后仍然可以正确地结束,用户可以在程序开发中使用如下的结构来进行异常的处理。

```
try {
    有可能出现异常的程序块;
} [catch (异常类 对象) {
    异常处理操作;
} catch (异常类 对象) {
    异常处理操作:
} ... ] [finally {
    不管是否出现异常,此程序块都要被执行;
}]
```

以上的异常处理格式可以分为三类:try…catch、try…catch…finally、try…finally。

实例 01 在程序中加入异常处理操作,保证程序正常运行(源代码\ch09\9.1.txt)。

```
public class Test {
    public static void main(String args[]) {
        System.out.println("A、计算开始之前。") ;
        try {
            int result = 10 / 0 ;    // 除法计算,有异常。此代码之后的部分不执行
            System.out.println("B、除法计算结果: " + result) ;
```

```
        } catch (ArithmeticException e) {
            System.out.println(e) ;
        }
        System.out.println("C、计算结束之后。") ;
    }
}
```

程序运行结果如图 9-2 所示。

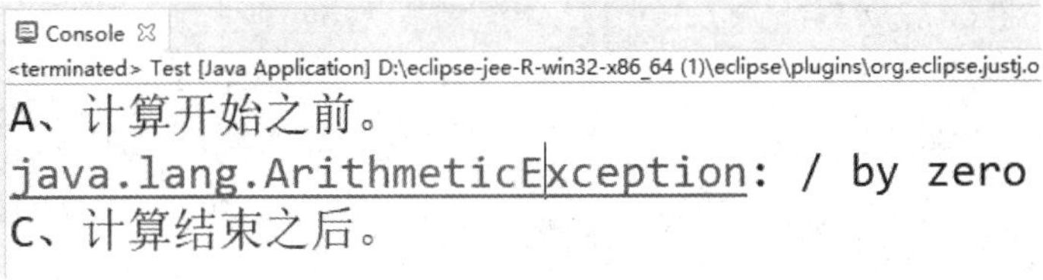

```
A、计算开始之前。
java.lang.ArithmeticException: / by zero
C、计算结束之后。
```

图 9-2　加入异常处理操作

此时的程序依然会发生异常，但是至少从操作结果来看，程序的确是正常结束了。而且可以发现，在 try 语句中出现异常之后，异常语句之后的代码将不再执行，而是跳到 catch 上执行处理，从而保证程序即使出现异常之后也可以正常地执行完毕。

但是在此处还有一个小的问题，观察现在的异常处理结果(catch 语句)，在本程序中 catch 语句直接输出的是一个异常类对象，对象的信息为"java.lang.ArithmeticException: / by zero"。这个时候所输出的异常信息并不完整，所以为了得到完整的异常信息，往往会调用异常类中所提供的一个方法"printStackTrace()"。

实例 02　使用 printStackTrace()方法得到完整的错误信息(源代码\ch09\9.2.txt)。

```
public class Test {
    public static void main(String args[]) {
        System.out.println("A、计算开始之前。") ;
        try {
            int result = 10 / 0 ;    // 除法计算，有异常
            System.out.println("B、除法计算结果：" + result) ;
        } catch (ArithmeticException e) {
            e.printStackTrace() ;
        }
        System.out.println("C、计算结束之后。") ;
    }
}
```

运行结果如图 9-3 所示。

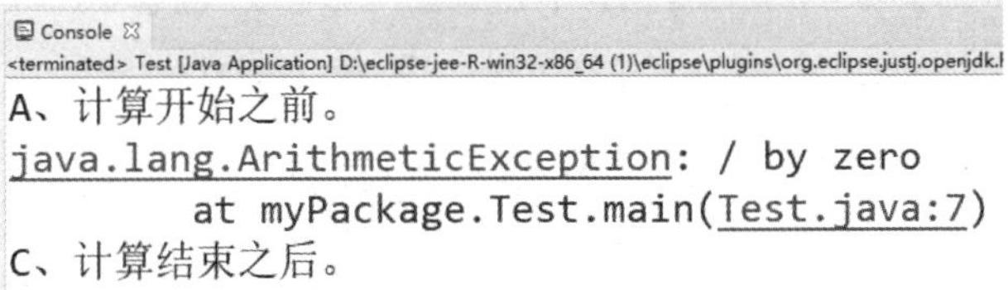

```
A、计算开始之前。
java.lang.ArithmeticException: / by zero
        at myPackage.Test.main(Test.java:7)
C、计算结束之后。
```

图 9-3　得到完整的错误信息

除了使用 try…catch 处理异常之外，还可以使用 try…catch…finally 进行处理。

实例 03　使用 try...catch...finally 进行异常处理(源代码\ch09\9.3.txt)。

```java
public class Test {
    public static void main(String args[]) {
        System.out.println("A、计算开始之前。") ;
        try {
            int result = 10 / 2 ;    // 除法计算，有异常
            System.out.println("B、除法计算结果: " + result) ;
        } catch (ArithmeticException e) {
            e.printStackTrace() ;
        } finally {
            System.out.println("不管是否出错，都执行！！！") ;
        }
        System.out.println("C、计算结束之后。") ;
    }
}
```

运行结果如图 9-4 所示。

现在只是对 finally 暂时做一个语法的介绍，而对于其具体的应用，后面会有专门介绍。虽然通过以上操作就可以进行一个异常的处理了，但在一个 try 语句之后实际上可以跟多个异常处理语句，下面将以上的程序变得灵活一些：现在希望由用户通过初始化参数传递两个计算的数字，而后进行除法计算。

```
Console
<terminated> Test [Java Application] D:\eclipse-jee-R-win32-x86_64 (1)\eclipse\
A、计算开始之前。
B、除法计算结果: 5
不管是否出错，都执行此语句！！！
C、计算结束之后。
```

图 9-4　使用 try...catch...finally 进行处理异常

要想通过初始化参数传递数组，所有的参数类型都是 String，因此需要将其变为基本数据类型 int，可以利用 int 的包装类 Integer 的 parseInt()方法完成。

实例 04　通过初始化参数传递操作的数字(源代码\ch09\9.4.txt)。

```java
public class Test {
    public static void main(String args[]) {
        System.out.println("A、计算开始之前。") ;
        try {
            int x = Integer.parseInt(args[0]) ;
            int y = Integer.parseInt(args[1]) ;
            int result = x / y ;    // 除法计算，有异常
            System.out.println("B、除法计算结果: " + result) ;
        } catch (ArithmeticException e) {
            e.printStackTrace() ;
        } finally {
            System.out.println("不管是否出错，都执行此语句！！！") ;
        }
        System.out.println("C、计算结束之后。") ;
    }
}
```

运行结果如图 9-5 所示。

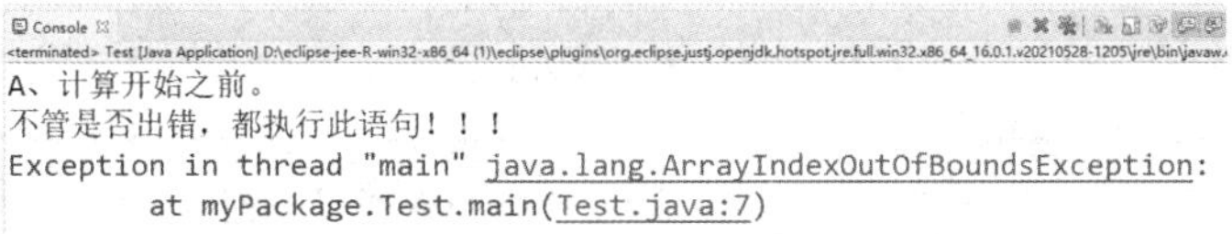

图 9-5 通过初始化参数传递操作的数字

对于本程序，有可能会出现以下几种问题：

(1) 执行程序的时候没有输入参数(java Test)：ArrayIndexOutOfBoundsException，未处理。

(2) 输入的参数类型不是数字(java Test a b)：NumberFormatException，未处理。

(3) 输入参数的被除数是 0(java Test 10 0)：ArithmeticException，已处理。

通过上面的程序可以发现，在本程序中，catch 只能够捕获一种类型的异常，如果有多个异常，并且有的异常没有被捕获，程序依然会中断执行，所以现在就可以使用多个 catch 进行捕获。

实例 05 使用多个 catch 捕获异常(源代码\ch09\9.5.txt)。

```java
public class Test {
    public static void main(String args[]) {
        System.out.println("A、计算开始之前。") ;
        try {
            int x = Integer.parseInt(args[0]) ;
            int y = Integer.parseInt(args[1]) ;
            int result = x / y ;    // 除法计算，有异常
            System.out.println("B、除法计算结果：" + result) ;
        } catch (ArithmeticException e) {
            e.printStackTrace() ;
        } catch (ArrayIndexOutOfBoundsException e) {
            e.printStackTrace() ;
        } catch (NumberFormatException e) {
            e.printStackTrace() ;
        } finally {
            System.out.println("不管是否出错，都执行此语句！！！") ;
        }
        System.out.println("C、计算结束之后。") ;
    }
}
```

运行结果如图 9-6 所示。此时的程序使用了多个 catch，所以可以捕获多种异常。

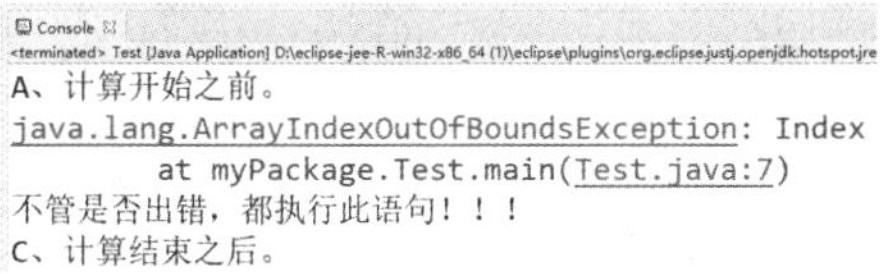

图 9-6 使用多个 catch 捕获异常

9.2.2 使用 try...catch...finally 语句处理异常

要想解释 Java 中的异常处理机制到底有什么好处，必须首先清楚异常类的继承结构，以及异常的处理流程。下面先观察两个类的继承关系，如表 9-1 所示。

表 9-1 两个类的继承关系

ArithmeticException:	ArrayIndexOutOfBoundsException:
java.lang.Object	java.lang.Object
|- java.lang.Throwable	|- java.lang.Throwable
|- java.lang.Exception	|- java.lang.Exception
|- java.lang.RuntimeException	|- java.lang.RuntimeException
|- java.lang.ArithmeticException	|- java.lang.IndexOutOfBoundsException
	|- java.lang.ArrayIndexOutOfBoundsException

现在发现两个异常类实际上都有一个公共的父类 Throwable，打开 Throwable 类后发现在这个类中有两个子类：Error 和 Exception，这两个子类的区别如下。

(1) Error：指的是 JVM 出错，此时的程序无法运行，用户无法处理。

(2) Exception：程序中所有出现异常的地方全都是 Exception 的子类，程序出现的错误用户可以进行处理。

在日后进行异常处理的操作中，肯定都要针对 Exception 进行处理，而 Error 根本就不需要用户去关心。所以通过以上的继承关系来讲，所有程序中出现的异常类型都是 Exception 的子类，那么如果按照对象的向上转型关系来理解，就表示所有的异常都可以通过 Exception 接收。

Java 中异常处理的流程如下：

(1) 如果在程序中发生了异常，则会由 JVM 根据出现的异常类型自动实例化一个指定的异常类型实例化对象。

(2) 此时的程序会判断是否存在异常处理操作，如果不存在，则采用 JVM 默认的异常处理方式，打印异常信息，同时结束程序的执行。

(3) 如果此时程序中存在异常处理操作，则会由 try 语句捕获此异常类的对象。

(4) 当捕获完异常类对象之后，会与指定的 catch 语句中的异常类型进行匹配，如果匹配成功则使用指定的 catch 进行异常处理，如果匹配不成功则继续交给 JVM 采用默认的处理方式，但是在交给 JVM 处理之前，会首先判断是否存在 finally 代码，如果存在此代码则执行完 finally 之后再交给 JVM 进行处理，如果此时已经处理了，则继续向后执行 finally 代码。

(5) 执行完 finally 程序之后，如果后续还有其他程序代码，则继续向后执行。

异常捕获以及处理实际上依然属于一种引用关系的传递，既然所有的异常类对象都是 Exception 的子类，那么按照对象可以自动进行向上转型的原则，则表示所有的异常都可以使用 Exception 处理。

实例 06 使用 Exception 类处理异常(源代码\ch09\9.6.txt)。

```java
public class Test {
    public static void main(String args[]) {
        System.out.println("A、计算开始之前。") ;
        try {
            int x = Integer.parseInt(args[0]) ;
```

```
            int y = Integer.parseInt(args[1]) ;
            int result = x / y ;      // 除法计算,有异常
            System.out.println("B、除法计算结果: " + result) ;
        } catch (Exception e) {
            e.printStackTrace() ;
        } finally {
            System.out.println("不管是否出错,都执行此语句!!!") ;
        }
        System.out.println("C、计算结束之后。") ;
    }
}
```

运行结果如图 9-7 所示。此时的程序产生的所有异常都可以通过 Exception 进行处理,尤其在不能确定会发生什么异常时,更加适合使用这种方式来处理。

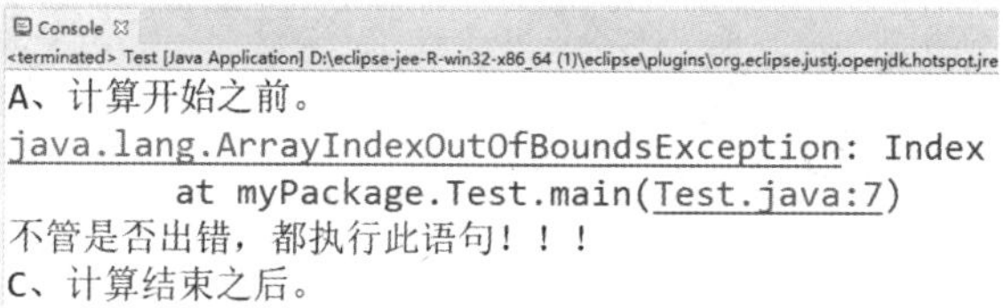

图 9-7　使用 Exception 类处理异常

9.2.3　使用 throws 抛出异常

所谓的 throws 关键字,指的是在方法声明时使用的,表示此方法中不处理异常,一旦产生异常就将其交给方法的调用处进行处理。

实例 07　使用 throws 抛出程序异常(源代码\ch09\9.7.txt)。

```
class MyMath {   // 定义一个简单的数学类
    public static int div(int x,int y) throws Exception {
        return x / y ;
    }
}
public class Test {
    public static void main(String args[]) {
        try {
            System.out.println(MyMath.div(10,0)) ;
        } catch (Exception e) {
            e.printStackTrace() ;
        }
    }
}
```

运行结果如图 9-8 所示。

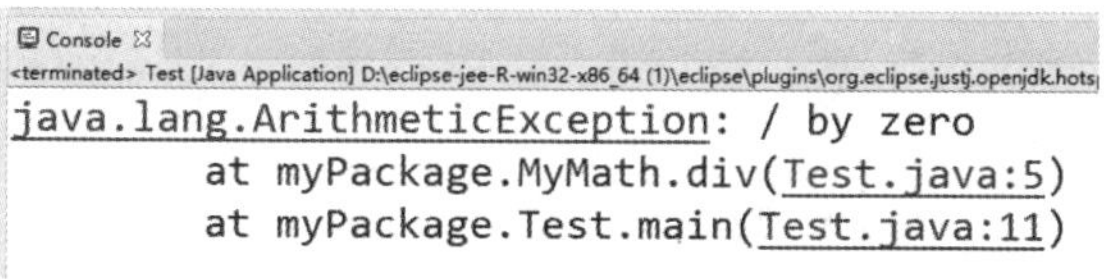

图 9-8　使用 throws 抛出程序异常

当使用 throws 关键字定义一个方法的时候，若调用此方法，则不管是否会产生异常，都应该采用异常处理格式进行处理，以保证程序的稳定性。

如果在以后编写的很多程序中都会出现 throws 声明的方法，就必须强制用户使用 try…catch 进行处理。

但是需要注意，main()方法本身也是一个方法，所以表示 main()方法时也可以使用 throws 关键字。

实例 08 在 main()方法中使用 throws 关键字(源代码\ch09\9.8.txt)。

```
class MyMath {    // 定义一个简单的数学类
    public static int div(int x,int y) throws Exception {
        return x / y ;
    }
}
public class Test {
    public static void main(String args[]) throws Exception {
        System.out.println(MyMath.div(10,0)) ;
    }
}
```

运行结果如图 9-9 所示。

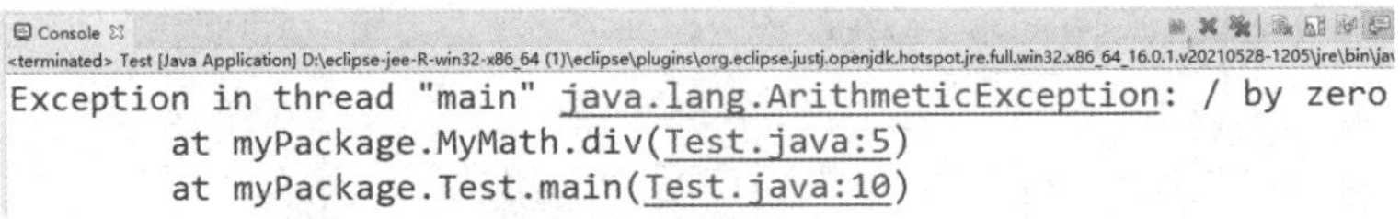

```
Exception in thread "main" java.lang.ArithmeticException: / by zero
    at myPackage.MyMath.div(Test.java:5)
    at myPackage.Test.main(Test.java:10)
```

图 9-9　在 main()方法中使用 throws 关键字

如果在 main()方法上继续使用 throws，则表示将异常交给 JVM 进行处理。目前所有的异常类对象都是由 JVM 自动实例化的，但是用户很多时候希望自己手工进行异常类对象的实例化操作，自己手工抛出异常，那么就必须依靠 throw 关键字完成了。

实例 09 使用 throw 抛出异常(源代码\ch09\9.9.txt)。

```
public class Test {
    public static void main(String args[]) {
        try {
            throw new Exception("自己抛着玩的异常.") ;
        } catch (Exception e) {
            e.printStackTrace() ;
        }
    }
}
```

运行结果如图 9-10 所示。

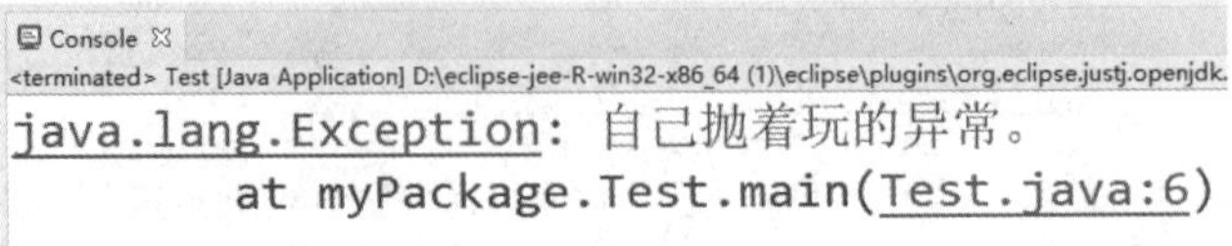

```
java.lang.Exception: 自己抛着玩的异常.
    at myPackage.Test.main(Test.java:6)
```

图 9-10　使用 Exception 类中的构造方法抛出异常

9.2.4 finally 和 return

在程序开发中应该尽可能避免出现异常，如果要想更好地理解 throws 关键字，必须要结合之前的 finally 关键字一起使用。finally 有什么作用？throws 又在异常处理过程中起到什么作用？下面通过一个简单的例子来展示这两者的应用。

定义一个除法计算的操作方法，在此方法中有如下的开发要求：
(1) 在执行计算操作之前首先输出一行提示信息，告诉用户计算开始。
(2) 在执行计算操作完成之后输出一行结束信息，告诉用户计算操作完成。
(3) 计算的结果要返回给客户端输出，如果出现异常也应该交给被调用处处理。

实例 10 运行没有异常情况的程序(源代码\ch09\9.10.txt)。

```java
class MyMath{    // 定义一个简单的数学类
    public static int div(int x,int y) throws Exception {// 交给被调用处处理
        System.out.println("A、除法计算开始。") ;
        int temp = 0 ;   // 保存计算结果
        temp = x / y ;
        System.out.println("B、除法计算结束。") ;
        return temp ;
    }
}
public class Test {
    public static void main(String args[]) {
        try {
            System.out.println("计算结果：" + MyMath.div(10,2)) ;
        } catch (Exception e) {
            e.printStackTrace() ;
        }
    }
}
```

运行结果如图 9-11 所示，此时的程序没有任何异常，所有的提示信息都非常完整。

```
Console
<terminated> Test [Java Application] D:\eclipse-jee
A、除法计算开始。
B、除法计算结束。
计算结果：5
```

图 9-11 没有异常的情况

实例 11 运行有异常情况的程序(源代码\ch09\9.11.txt)。

```java
class MyMath {  // 定义一个简单的数学类
    public static int div(int x,int y) throws Exception {//交给被调用处处理
        System.out.println("A、除法计算开始。") ;
        int temp = 0 ;// 保存计算结果
        temp = x / y ;   //此处产生异常之后以下的代码将不再执行，操作返回给被调用处
        System.out.println("B、除法计算结束。") ;
        return temp ;
```

```
        }
    }
public class Test {
    public static void main(String args[]) {
        try {
            System.out.println("计算结果:" + MyMath.div(10,0)) ;
        } catch (Exception e) {
            e.printStackTrace() ;
        }
    }
}
```

运行结果如图 9-12 所示。

图 9-12 有异常产生的情况

实例 12 修改有异常情况的程序代码(源代码\ch09\9.12.txt)。

```
class MyMath {    // 定义一个简单的数学类
    public static int div(int x,int y) throws Exception {
        // 交给被调用处处理
        System.out.println("A、除法计算开始。") ;
        int temp = 0 ;   // 保存计算结果
        try {
            temp = x / y ;
        } catch (Exception e) {
            throw e ;    // 抛一个异常对象
        } finally { // 不管是否有异常,都执行此代码
            System.out.println("B、除法计算结束。") ;
        }
        return temp ;
    }
}
public class Test {
    public static void main(String args[]) {
        try {
            System.out.println("计算结果:" + MyMath.div(10,0)) ;
        } catch (Exception e) {
            e.printStackTrace() ;
        }
    }
}
```

运行结果如图 9-13 所示。在本程序的 div()方法中,使用 try 捕获的异常交给 catch 处理时使用了一个 throw 关键字继续抛出,但是由于存在 finally 程序,所以最终的提示信息一定会进行输出。

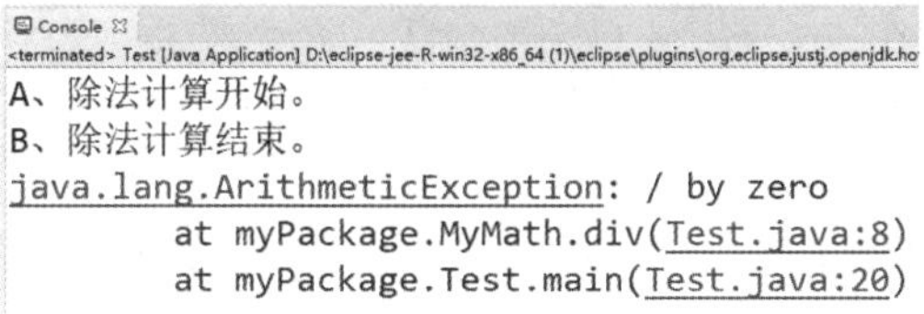

A、除法计算开始。
B、除法计算结束。
java.lang.ArithmeticException: / by zero
        at myPackage.MyMath.div(Test.java:8)
        at myPackage.Test.main(Test.java:20)

图 9-13　修改代码

当然，以上代码结构也可以更换为另外一种方式实现，即用 try...finally 完成。

实例 13　使用 try...finally 实现异常处理(源代码\ch09\9.13.txt)。

```
class MyMath {  // 定义一个简单的数学类
    public static int div(int x,int y) throws Exception {// 交给被调用处处理
        System.out.println("A、除法计算开始。") ;
        int temp = 0 ;  // 保存计算结果
        try {
            temp = x / y ;
        } finally { // 不管是否有异常，都执行此代码
            System.out.println("B、除法计算结束。") ;
        }
        return temp ;
    }
}
public class Test {
    public static void main(String args[]) {
        try {
            System.out.println("计算结果：" + MyMath.div(10,0)) ;
        } catch (Exception e) {
            e.printStackTrace() ;
        }
    }
}
```

程序运行结果如图 9-14 所示。

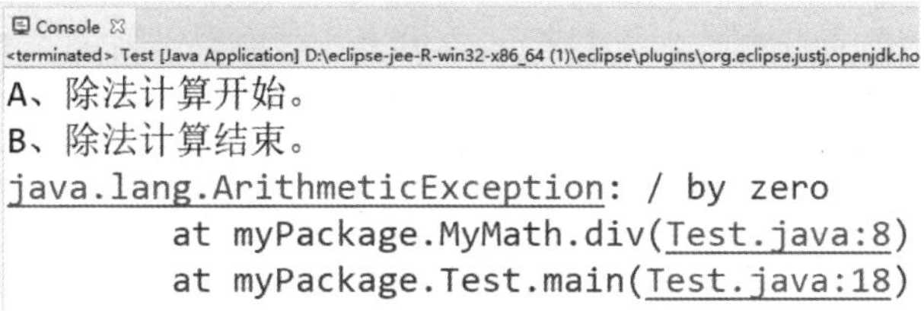

A、除法计算开始。
B、除法计算结束。
java.lang.ArithmeticException: / by zero
        at myPackage.MyMath.div(Test.java:8)
        at myPackage.Test.main(Test.java:18)

图 9-14　使用 try…finally 实现异常处理

9.3　自定义异常

为了处理各种异常，Java 可通过继承的方式编写自己的异常类。因为所有可处理的异常类均继承自 Exception 类，所以自定义异常类也必须继承这个类。自己编写异常类的语法格式如下：

```
class 异常名称 extends Exception
{
   ...
}
```

读者可以在自定义异常类里编写方法来处理相关的事件,甚至不编写任何语句也可以正常工作,这是因为父类 Exception 已提供相当丰富的方法,子类均可通过继承使用它们。

下面用一个范例来说明如何定义自己的异常类,以及如何使用它们。

实例 14 自定义异常类(源代码\ch09\9.14.txt)。

```
class DefaultException extends Exception
{
   public DefaultException(String msg)
   {
      // 调用 Exception 类的构造方法,存入异常信息
      super(msg) ;
   }
}
public class TestException {
   public static void main(String[] args)
   {
      try
      {
      // 在这里用 throw 直接抛出一个 DefaultException 类的实例对象
         throw new DefaultException("自定义异常!") ;
      }
      catch(Exception e)
      {
         System.out.println(e) ;
      }
   }
}
```

运行结果如图 9-15 所示。

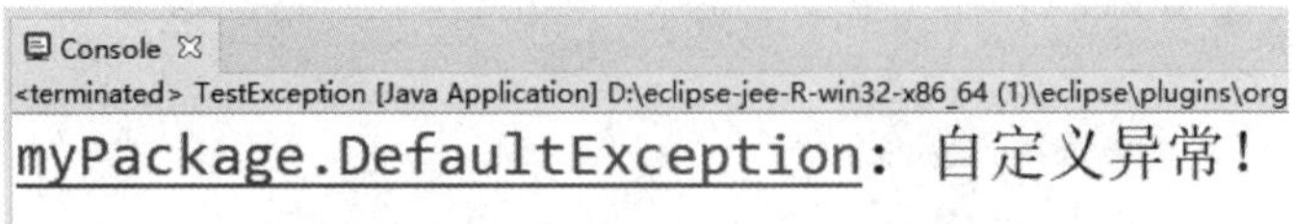

```
Console ⌧
<terminated> TestException [Java Application] D:\eclipse-jee-R-win32-x86_64 (1)\eclipse\plugins\org
myPackage.DefaultException: 自定义异常!
```

图 9-15 定义自己的异常类

第 1~8 行声明了一个 DefaultException 类,此类继承自 Exception 类,所以此类为自定义异常类。

第 5 行调用 super 关键字,调用父类(Exception)的有一个参数的构造方法,传入的为异常信息。Exception 构造方法如下。

```
public Exception(String message)
```

第 15 行用 throw 抛出一个 DefaultException 异常类的实例化对象。在 JDK 中提供的大量 API 方法中含有大量的异常类,但这些类在实际开发中往往并不能完全满足设计者对程

序异常处理的需要，在这个时候就需要用户自己去定义所需的异常类，用一个类清楚地写出所需要处理的异常。

9.4 断言语句

断言语句(assert)是专用于代码调试的语句，通常用于程序不准备使用捕获异常来处理的错误。在程序调试时，加入断言语句可以发现错误，而在程序正式执行时只要关闭断言功能即可。断言语句的语法格式有两种：

(1) `assert 布尔表达式;`
(2) `assert 布尔表达式:字符串表达式;`

一般情况下，在程序中可能会出现错误的地方加上断言语句，以便于调试。

实例 15 使用断言语句进行程序调试(源代码\ch09\9.15.txt)。

读入一个班级的学生成绩并计算总分，要求成绩不能为负数。

```java
public class Test
{
    public static void main(String[] args)
    {
        Scanner scanner=new Scanner(System.in);
        int score;
        int sum=0;
        System.out.println("请输入成绩,键入任意字符结束：");

        while(scanner.hasNextInt())
        {
            score=scanner.nextInt();//读入成绩
            assert score>=0:"成绩不能为负！";
            //如果成绩为负数，则终止执行，显示"成绩不能为负"
            //如果成绩大于100分，则终止执行，显示"成绩满分为100分"
            assert score<=100:"成绩满分为100分！";
            sum+=score;
        }
        System.out.println("班级总成绩为："+sum);
    }
}
```

运行结果如图 9-16 所示。

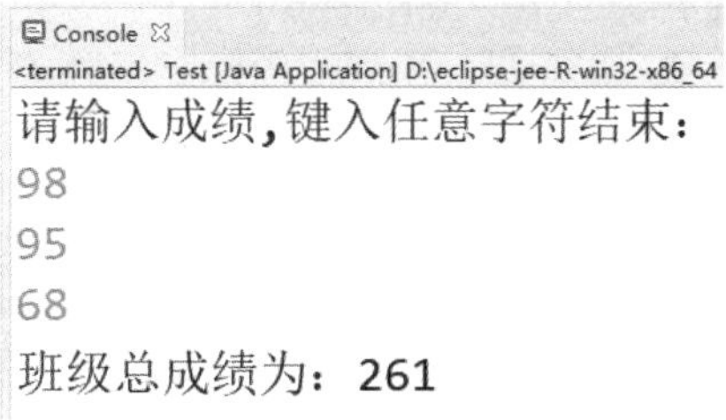

```
请输入成绩,键入任意字符结束：
98
95
68
班级总成绩为：261
```

图 9-16 使用断言语句进行程序调试

9.5 就业面试问题解答

问题 1：Exception 和 RuntimeException 有什么区别？常见的 RuntimeException 子类有哪些？

答：Exception：强制性要求用户必须处理；RuntimeException：Exception 的子类，由用户选择是否进行处理；常见的 RuntimeException 子类：NumberFormatException、ArrayIndexOutOfBoundsException、ArithmeticException、NullPointerException、ClassCastException。

问题 2：throw 和 throws 的区别？

答：throw 是针对对象的做法，抛出一个具体的异常类型，可以是系统定义的，也可以是自己定义的。throws 是声明一个方法可能抛弃的异常，抛弃的异常可以是系统定义的，也可以是自己定义的。

9.6 上机练练手

上机练习 1：访问数组非法空间

编写程序，对数组进行循环赋值和读数据操作，一般情况下，我们会将变量控制在数组长度范围内，现在试一下，访问比数组长度更大的索引范围时，会出现什么异常。程序运行结果如图 9-17 所示。

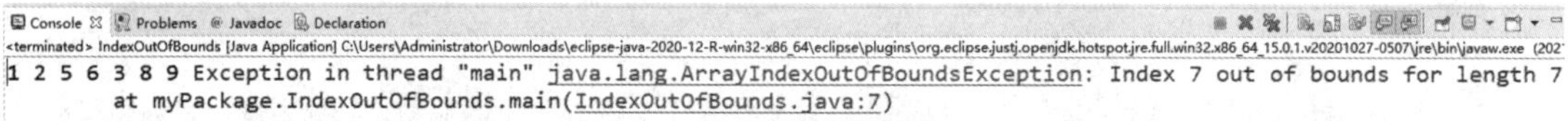

图 9-17 异常提示信息

上机练习 2：限购 5 件商品

编写程序，设计一个方法通过商品个数计算返回商品总价。当商品个数超过 5 件时，自定义抛出异常。运行结果如图 9-18 所示。

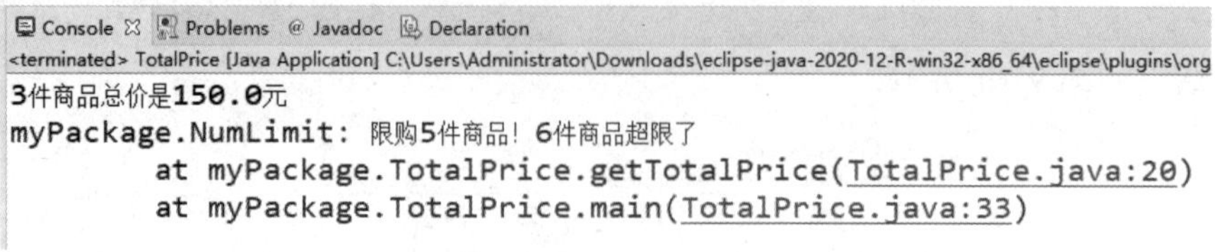

图 9-18 自定义异常抛出

上机练习 3：显示花名册

编写程序，在控制台输入显示的名字个数，通过显示花名册方法显示名字，当要显示的名字超过花名册总人数时，将异常抛出。程序运行结果如图 9-19 所示。

```
Console ⌘  Problems  @ Javadoc  Declaration
OutputName [Java Application] C:\Users\Administrator\Downloads\eclipse-java-2020-12-R-win32-x86_64\eclipse\plugins\org.eclipse.justj.openjdk.hotspot.jre.full.
请输入输出的名字个数：
10
张珊
张欢
李明
王明
赵文
李凯
马强
花名册里没有这么多人！请输入更小的人数！
java.lang.ArrayIndexOutOfBoundsException: Index 7 out of bounds for length 7
请输入输出的名字个数：
	at myPackage.OutputName.getName(OutputName.java:12)
	at myPackage.OutputName.main(OutputName.java:23)
2
张珊
张欢
请输入输出的名字个数：
```

图 9-19　throws 抛出方法异常

第10章

常用类与枚举类

在 Java 中定义了一些常用的类，我们称为 Java 类库，就是 Java API，它们是系统提供的已实现的标准类集合，使用 Java 类库可以快速高效地完成涉及字符串处理、网络等多方面的操作。本章将详细介绍 Java 常用类的应用。

10.1 Math 类

Java 中的 Math 类包含用于执行基本数学运算的属性和方法,如初等指数、对数、平方根和三角函数。Math 类的方法都被定义为静态形式,通过 Math 类可以在主函数中直接调用。

实例 01 Math 类的基本应用(源代码\ch10\10.1.txt)。

```
public class Test {
    public static void main(String[] args) {
        System.out.println(Math.PI);
        System.out.println("90 度的正弦值: " + Math.sin(Math.PI/2));
        System.out.println("0 度的余弦值: " + Math.cos(0));
        System.out.println("π/2 的角度值: " + Math.toDegrees(Math.PI/2));
    }
}
```

运行结果如图 10-1 所示。

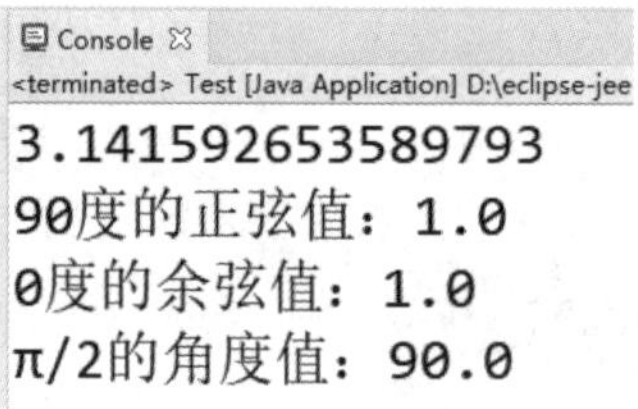

图 10-1　Math 类的基本应用

实例 02 使用 Math 类计算圆形面积(源代码\ch10\10.2.txt)。

```
public class Test {
    public static void main(String[] args) {
        int r = 10;
        double area = Math.PI * Math.pow(r, 2);
        System.out.println("半径为 10 的圆形面积是: " + area);
    }
}
```

运行结果如图 10-2 所示。

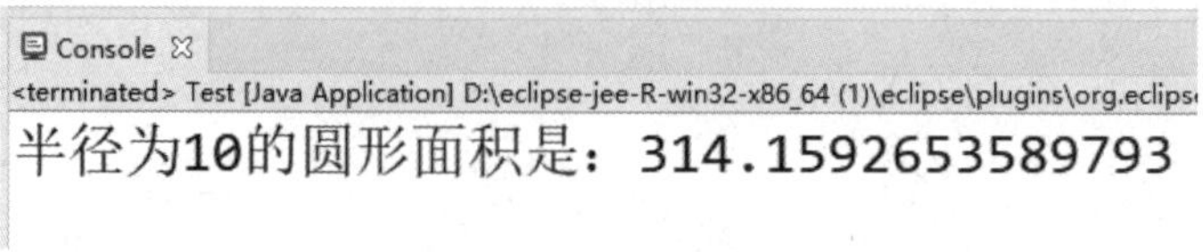

图 10-2　计算圆形面积

 更多的 Math 类方法可以查询 Java API 手册了解,每种方法的使用都非常简单,读者看一看 JDK 文档就能明白。

10.2 Random 类

Random 类是一个随机数产生器，可以在指定的取值范围内随机产生数字。Random 类提供了如下两种构造方法。

- Random()：用于创建一个伪随机数生成器。
- Random(long seed)：使用一个 long 类型的 seed 种子创建伪随机数生成器。

第一种无参数的构造方法创建的 Random 实例对象每次以当前时间戳作为种子，因此每个对象所产生的随机数是不同的。

第二种有参数的构造方法对于相同种子数的 Random 对象，相同次数产生的随机数字是完全相同的。也就是说，两个种子数相同的 Random 对象，第一次产生的随机数字完全相同，第二次产生的随机数字也完全相同，依次类推。

实例 03 使用 Random 类无参数构造方法产生随机数(源代码\ch10\10.3.txt)。

```java
import java.util.Random;
public class Test {
    public static void main(String[] args) {

        Random r = new Random(); // 不传入种子
        // 随机产生10个[0,100)之间的整数
        for (int x = 0; x < 10; x++) {
            System.out.println(r.nextInt(100));
        }
    }
}
```

第一次运行结果如图 10-3 所示。
第二次运行结果如图 10-4 所示。

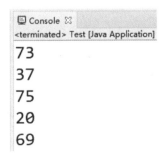

图 10-3 第一次运行结果

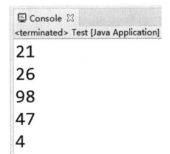

图 10-4 第二次运行结果

从运行结果可以看出，因为在创建 Random 实例时没有指定种子，系统会以当前时间戳作为种子产生随机数，由于运行时间不同，所以产生的随机数也就不同。

实例 04 使用 Random 类有参数构造方法产生随机数(源代码\ch10\10.4.txt)。

```java
import java.util.Random;
public class Test {
```

```
public static void main(String[] args) {
    Random r = new Random(10);  // 不传入种子
    // 随机产生 10 个[0,100)之间的整数
    for (int x = 0; x < 5; x++) {
        System.out.println(r.nextInt(100));
    }
}
```

第一次运行结果如图 10-5 所示。
第二次运行结果如图 10-6 所示。

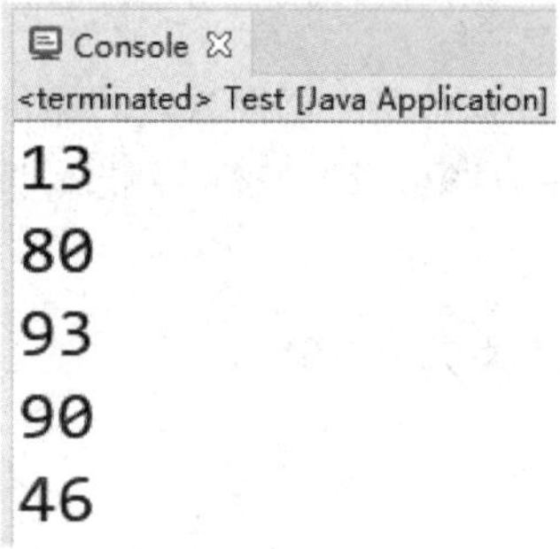

图 10-5　第一次运行结果 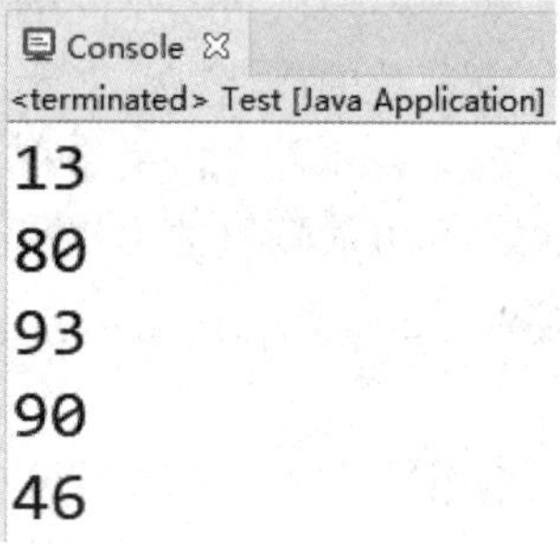　　　　　　图 10-6　第二次运行结果

从运行结果可以看出，在创建 Random 的实例对象时若指定了种子，则每次运行的结果都相同。

Random 类中的方法比较简单，每个方法的功能也很容易理解。下面对这些方法做基本的介绍，如表 10-1 所示。

表 10-1　Random 类中的方法

方　法	功　能
public boolean nextBoolean()	该方法的作用是生成一个随机的 boolean 值，生成 true 和 false 的值概率相等，即都是 50%的概率
public double nextDouble()	该方法的作用是生成一个随机的 double 值，数值介于[0,1.0)区间
public int nextInt()	该方法的作用是生成一个随机的 int 值，该值介于 int 的区间，也就是-2^{31}到$2^{31}-1$之间
public int nextInt(int n)	该方法的作用是生成一个随机的 int 值，该值介于[0,n)区间，也就是 0 到 n 之间的随机 int 值，包含 0 而不包含 n
public void setSeed(long seed)	重新设置 Random 对象中的种子数。设置完种子数的 Random 对象和使用 new 关键字创建的相同种子数的 Random 对象相同

实例 05　使用 Random 类的方法产生不同类型的随机数(源代码\ch10\10.5.txt)。

```
import java.util.Random;
public class Test {
    public static void main(String[] args) {
        Random r1 = new Random();  // 创建 Random 实例对象
```

```
            System.out.println("产生 float 类型随机数: "+ r1.nextFloat());
            System.out.println("产生 0～100 之间 int 类型的随机数:"+r1.nextInt(100));
            System.out.println("产生 double 类型的随机数:"+r1.nextDouble());
        }
}
```

运行结果如图 10-7 所示。

```
产生float类型随机数: 0.15740758
产生0~100之间int类型的随机数:63
产生double类型的随机数:0.282677512087506
```

图 10-7　产生不同类型的随机数

本例使用 Random 类的不同方法产生了不同类型的随机数。

10.3　日期类 Date

Java 在 java.util 包中提供了 Date 类，这个类封装了当前的日期和时间，Date 类支持两种构造函数。第一个构造函数初始化对象的当前日期和时间。具体格式如下：

`Date( )`

下面的构造函数的参数是自 1970 年 1 月 1 日起已经过的毫秒数。

`Date(long millisec)`

Date 类的常用方法及其功能介绍如表 10-2 所示。

表 10-2　Date 类的常用方法及其功能

方　　法	功　　能
boolean after(Date date)	如果调用 Date 对象包含或晚于指定的日期则返回 true，否则返回 false
boolean before(Date date)	如果调用 Date 对象包含或早于指定的日期则返回 true，否则返回 false
Object clone( )	重复调用 Date 对象
int compareTo(Date date)	比较指定日期和调用对象的值。如果这两个值相等则返回 0。如果调用对象早于指定日期则返回一个负值。如果调用对象晚于指定的日期则返回正值
int compareTo(Object obj)	若 obj 是 Date 类型，则操作等同于 compareTo(Date)
boolean equals(Object date)	当调用此方法的 Date 对象和指定日期相等时返回 true，否则返回 false
long getTime( )	返回自 1970 年 1 月 1 日起已经过的毫秒数
int hashCode( )	返回调用对象的哈希代码
void setTime(long time)	设置指定时间，表示自 1970 年 1 月 1 日 0 时 0 分起经过的时间，以毫秒为单位
String toString( )	调用 Date 对象转换为字符串，并返回结果

实例 06 使用 Date 类获取当前日期和时间(源代码\ch10\10.6.txt)。

```java
import java.util.Date;
public class Test {
    public static void main(String args[]) {
        Date date = new Date();
        System.out.println(date.toString());
    }
}
```

运行结果如图 10-8 所示。

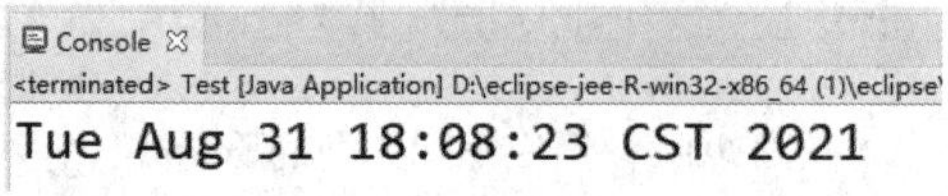

图 10-8　获取当前日期和时间

10.4　日历类 Calendar

Calendar 类的功能要比 Date 类强大很多，而且在实现方式上也比 Date 类复杂。Calendar 类是一个抽象类，在实际使用时实现特定的子类的对象，创建对象的过程对程序员来说是透明的，只需要使用 getInstance 方法创建即可。

创建一个代表系统当前日期的 Calendar 对象，其具体代码如下：

```
Calendar c = Calendar.getInstance();//默认是当前日期
```

创建一个指定日期的 Calendar 对象，使用 Calendar 类代表特定的时间，需要首先创建一个 Calendar 对象，然后再设定该对象中的年月日参数。例如，创建一个代表 2008 年 7 月 10 日的 Calendar 对象，具体代码如下：

```
Calendar c1 = Calendar.getInstance();
c1.set(2008, 7, 10);
```

Calendar 类中用常量表示不同的意义，具体常量及其描述如表 10-3 所示。

表 10-3　Calendar 类中的常量及其描述

常　　量	描　　述
Calendar.YEAR	年份
Calendar.MONTH	月份
Calendar.DATE	日期
Calendar.DAY_OF_MONTH	日期，和上面的字段意义完全相同
Calendar.HOUR	12 小时制的小时
Calendar.HOUR_OF_DAY	24 小时制的小时
Calendar.MINUTE	分钟
Calendar.SECOND	秒
Calendar.DAY_OF_WEEK	星期

实例 07 使用 Calendar 获取日期信息(源代码\ch10\10.7.txt)。

```java
import java.util.Calendar;
import java.util.Date;
public class Test {
    public static void main(String args[]) {
        Calendar c1 = Calendar.getInstance();
        // 获得年份
        int year = c1.get(Calendar.YEAR);
        // 获得月份
        int month = c1.get(Calendar.MONTH) + 1;
        // 获得日期
        int date = c1.get(Calendar.DATE);
        // 获得小时
        int hour = c1.get(Calendar.HOUR_OF_DAY);
        // 获得分钟
        int minute = c1.get(Calendar.MINUTE);
        // 获得秒
        int second = c1.get(Calendar.SECOND);
        // 获得星期几(注意这个与 Date 类是不同的：1 代表星期日、2 代表星期一、3 代表
        //   星期二，依次类推)
        int day = c1.get(Calendar.DAY_OF_WEEK);
        System.out.print(year + "年");
        System.out.print(month + "月");
        System.out.println(date + "日");
        System.out.print(hour + ": ");
        System.out.print(minute + ": ");
        System.out.println(second);
        System.out.print("星期" + day);
    }
}
```

运行结果如图 10-9 所示。

```
Console
<terminated> Test [Java Application]
2021年8月31日
18: 9: 32
星期3
```

图 10-9 Calendar 获取日期信息

10.5 Scanner 类

java.util.Scanner 是 Java 5 的新特征，我们可以通过 Scanner 类来获取用户的输入。创建 Scanner 对象的基本语法格式如下：

```
Scanner s = new Scanner(System.in);
```

实例 08 使用 next 方法获得用户输入的字符串(源代码\ch10\10.8.txt)。

```java
import java.util.Scanner;
public class Test {
    public static void main(String[] args) {
        Scanner scan = new Scanner(System.in);
        // 从键盘接收数据
        // 使用 next 方式接收字符串
        System.out.println("next 方式接收：");
        // 使用判断是否还有输入
        if (scan.hasNext()) {
            String str1 = scan.next();
            System.out.println("输入的数据为：" + str1);
        }
    }
}
```

运行结果如图 10-10 所示。

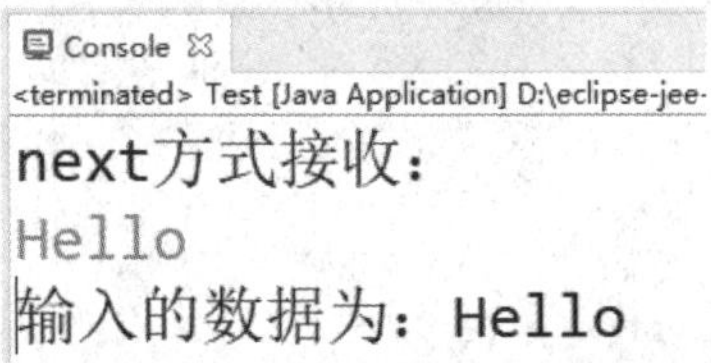

```
next 方式接收：
Hello
输入的数据为：Hello
```

图 10-10 使用 next 方法获得用户输入的字符串

实例 09 使用 nextLine 方法获得用户输入的字符串(源代码\ch10\10.9.txt)。

```java
import java.util.Scanner;
public class Test {
    public static void main(String[] args) {
        Scanner scan = new Scanner(System.in);
        // 从键盘接收数据
        // 使用 nextLine 方式接收字符串
        System.out.println("nextLine 方式接收：");
        // 判断是否还有输入
        if (scan.hasNextLine()) {
            String str2 = scan.nextLine();
            System.out.println("输入的数据为：" + str2);
        }
    }
}
```

程序运行结果如图 10-11 所示。

```
nextLine 方式接收：
Hello World
输入的数据为：Hello World
```

图 10-11 使用 nextLine 方法获得用户输入的字符串

next()与nextLine()的区别。

next()应用注意事项如下：

(1) 一定要读取到有效字符后才可以结束输入。
(2) 对输入有效字符之前遇到的空白，next()方法会自动将其去掉。
(3) 只有输入有效字符后才将其后面输入的空白作为分隔符或者结束符。
(4) next()不能得到带有空格的字符串。

nextLine()应用注意事项如下：

(1) 按下回车键结束，也就是说，nextLine()方法返回的是按回车键之前的所有字符。
(2) 可以获得空白。

10.6 数字格式化类

我们经常要将数字进行格式化，比如取 3 位小数。Java 提供了 DecimalFormat 类，使我们可以快速地将数字格式化。下面通过一个实例来说明数字格式化类的应用。

实例 10 DecimalFormat 类的应用示例(源代码\ch10\10.10.txt)。

```
import java.text.DecimalFormat;
public class Test {
    public static void main(String[] args) {
        double pi = 3.1415927; // 圆周率
        // 取一位整数
        System.out.println(new DecimalFormat("0").format(pi)); // 3
        // 取一位整数和两位小数
        System.out.println(new DecimalFormat("0.00").format(pi)); //3.14
        // 取两位整数和三位小数，整数不足部分以 0 填补
        System.out.println(new DecimalFormat("00.000").format(pi));//03.142
        // 取所有整数部分
        System.out.println(new DecimalFormat("#").format(pi)); // 3
        // 以百分比方式计数，并取两位小数
        System.out.println(new DecimalFormat("#.##%").format(pi)); // 314.16%
        long c = 299792458; // 光速
        // 显示为科学计数法，并取五位小数
        System.out.println(new DecimalFormat("#.#####E0").format(c)); // 2.99792E8
        // 显示为两位整数的科学计数法，并取四位小数
        System.out.println(new DecimalFormat("00.####E0").format(c)); // 29.9792E7
        // 每三位以逗号进行分隔
        System.out.println(new DecimalFormat(",###").format(c)); // 299,792,458
        // 将格式嵌入文本
        System.out.println(new DecimalFormat("光速大小为每秒,###米。").format(c));
    }
}
```

程序运行结果如图 10-12 所示。

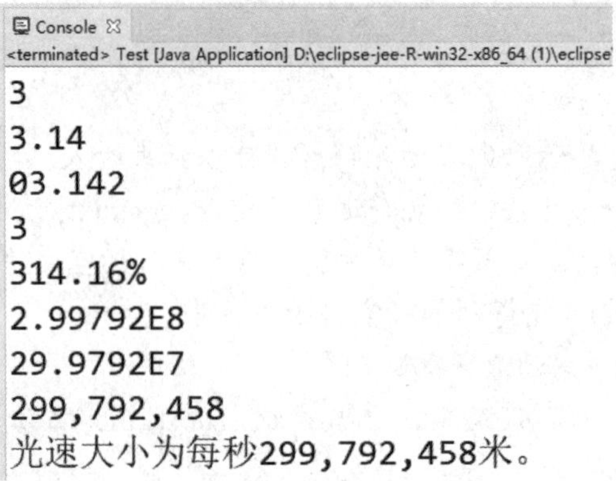

```
Console
<terminated> Test [Java Application] D:\eclipse-jee-R-win32-x86_64 (1)\eclipse
3
3.14
03.142
3
314.16%
2.99792E8
29.9792E7
299,792,458
光速大小为每秒299,792,458米。
```

图 10-12　DecimalFormat 类的应用示例

10.7　包　装　类

Java 语言是一个面向对象的语言，但是 Java 中的基本数据类型却是不面向对象的，这在实际使用时存在很多的不便，为了解决这个问题，在设计类时为每个基本数据类型设计了一个对应的类，和基本数据类型对应的类统称为包装类(wrapper class)，有些地方也翻译为外覆类或数据类型类。

包装类均位于 java.lang 包，包装类和基本数据类型的对应关系如表 10-4 所示。

表 10-4　包装类和基本数据类型的对应关系

基本数据类型	包装类
byte	Byte
short	Short
int	Integer
long	Long
float	Float
double	Double
boolean	Boolean
char	Character

在这八个类中，除了 Integer 和 Character 类，其他六个类的类名和基本数据类型一致，只是类名的第一个字母大写。所有的包装类(Integer、Long、Byte、Double、Float、Short)都是抽象类 Number 的子类。包装类的用途主要有两种：

(1) 作为和基本数据类型对应的类型，方便涉及对象的操作。

(2) 包含每种基本数据类型的相关属性，如最大值、最小值等，以及相关的操作方法。

10.7.1　Boolean 类

java.lang.Boolean 类封装了一个值对象的基本布尔型。Boolean 类型的对象包含一个单一的字段，其类型为布尔值。表 10-5 所示为 Boolean 类的构造函数。表 10-6 所示为 Boolean 类的方法。

表 10-5　Boolean 类的构造函数

构造函数	说　　明
Boolean(boolean value)	分配一个布尔值参数的对象
Boolean(String s)	分配一个布尔对象的字符串

表 10-6　Boolean 类的方法

方　　法	说　　明
boolean booleanValue()	返回一个布尔值，这个布尔对象作为原始值
int compareTo(Boolean b)	将两个 Boolean 实例进行比较，并返回比较结果
boolean equals(Object obj)	返回 true，当且仅当参数不为 null 并且是一个 Boolean 对象时，表示与此对象相同的布尔值
static boolean getBoolean(String name)	返回 true，当且仅当以参数命名的系统属性存在时。它等于字符串"true"
int hashCode()	返回这个布尔对象的哈希码
static boolean parseBoolean(String s)	返回由解析字符串参数表示的布尔值
String toString()	返回一个 String 对象，表示当前布尔值
static String toString(boolean b)	返回一个 String 对象，表示指定的布尔值
static Boolean valueOf(boolean b)	返回一个 Boolean 实例指定的布尔值
static Boolean valueOf(String s)	返回指定的字符串表示的布尔值

实例 11　Boolean 类应用举例(源代码\ch10\10.11.txt)。

```
public class Test {
    public static void main(String[] args) {
        // 创建 Boolean 对象 b1, b2
        Boolean b1, b2;
        // 创建布尔类型的基本数据类型变量 b
        boolean b;
        // 实例化 b1,b2,并初始化值,b1 为 true,b2 为 false
        b1 = new Boolean(true);
        b2 = new Boolean(false);
        // 使用 equals 方法比较 b1 和 b2,将结果赋值给 b
        b = b1.equals(b2);
        String str = "b1(" + b1 + ")和 b2(" + b2 + ")是否相等: " + b;
        // 将结果显示在控制台
        System.out.println(str);
    }
}
```

运行结果如图 10-13 所示。

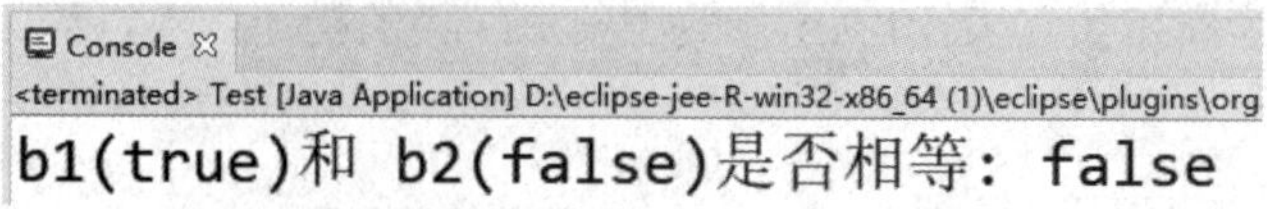

图 10-13　Boolean 类应用示例的运行结果

本例通过 Boolean 类创建了两个对象 b1 和 b2，并赋值，通过 Boolean 类的 equals()方法比较两个对象是否相等，将结果保存在基本数据类型变量 b 中，由于 b1 的值是 true，b2 的值是 false，结果是 b1 和 b2 不相等，即 false。

10.7.2　Byte 类

java.lang.Byte 类的基本类型 byte 值封装在一个对象中。Byte 类型的一个对象，包含一个单一的字段，它的类型是字节。表 10-7 所示为 Byte 类的构造函数，表 10-8 所示为 Byte 类的构造方法。

表 10-7　Byte 类的构造函数

构造函数	说　明
Byte(byte value)	构造一个新分配的字节对象，表示指定的字节值
Byte(String s)	构造一个新分配的字节，表示指定字符串参数所表示的字节数

表 10-8　Byte 类的构造方法

方　法	说　明
byte byteValue()	返回一个字节的 Byte 值
int compareTo(Byte anotherByte)	比较两个字节对象的数字
static Byte decode(String nm)	解码字符串，转换为字节
double doubleValue()	返回一个字节的 double 值
boolean equals(Object obj)	比较此对象与指定的对象
float floatValue()	返回一个字节的 float 值
int hashCode()	返回一个字节的哈希代码
int intValue()	返回一个字节的 int 值
long longValue()	返回一个字节的 long 值
short shortValue()	返回一个字节的 short 值
String toString()	返回一个 String 对象，表示字节的值
static String toString(byte b)	返回一个 String 对象，表示指定的字节
static Byte valueOf(byte b)	返回一个字节的实例，表示指定的字节值
static Byte valueOf(String s)	返回指定字符串 s 的字节值
static Byte valueOf(String s, int radix)	返回指定字符串 s 以 radix 进制表示的字节值

实例 12　Byte 类的应用举例(源代码\ch10\10.12.txt)。

```java
public class Test {
    public static void main(String[] args) {
        byte b = 50;
        Byte b1 = Byte.valueOf(b);
        Byte b2 = Byte.valueOf("50");
        Byte b3 = Byte.valueOf("10");
        int x1 = b1.intValue();
        int x2 = b2.intValue();
        int x3 = b3.intValue();
        System.out.println("b1:" + x1 + ", b2:" + x2 + ", b3:" + x3);
        String str1 = Byte.toString(b);
        String str2 = Byte.toString(b2);
        String str3 = b3.toString();
        System.out.println("str1:" + str1 + ", str2:" + str2 + ", str3:" + str3);
        byte bb = Byte.parseByte("50");
        System.out.println("Byte.parseByte(\"50\"): " + bb);
        int x4 = b1.compareTo(b2);
        int x5 = b1.compareTo(b3);
        boolean bool1 = b1.equals(b2);
        boolean bool2 = b1.equals(b3);
        System.out.println("b1.compareTo(b2):" + x4 + ", b1.compareTo(b3):" + x5);
        System.out.println("b1.equals(b2):" + bool1 + ", b1.equals(b3):" + bool2);
    }
}
```

运行结果如图 10-14 所示。本例使用了 Byte 类的几个方法，通过示例代码，读者可以体会每个方法的具体用法。

```
b1:50, b2:50, b3:10
str1:50, str2:50, str3:10
Byte.parseByte("50"): 50
b1.compareTo(b2):0, b1.compareTo(b3):40
b1.equals(b2):true, b1.equals(b3):false
```

图 10-14　Byte 类的应用举例

Java 为每个基本数据类型都提供了一个包装类，与数字有关的包装类都大体相同。因此仅以 Byte 类为例，其他的如 Short 类、Integer 类、Long 类、Float 类和 Double 类不再一一讲解，读者可以自行查看 Java API 文档，里面有相关的信息。

10.7.3　Character 类

Character 类用于对单个字符进行操作。Character 类在对象中封装一个基本类型为 char 的值。Character 类提供了一系列方法来操纵字符。使用 Character 的构造方法创建一个 Character 类对象，例如：

```
Character c1 = new Character('c');
```

Character 类的常用方法如表 10-9 所示。

表 10-9 Character 类的常用方法

方　法	功　能
isLetter()	是否是一个字母
isDigit()	是否是一个数字字符
isWhitespace()	是否是一个空格
isUpperCase()	是否是大写字母
isLowerCase()	是否是小写字母
toUpperCase()	指定字母的大写形式
toLowerCase()	指定字母的小写形式
toString()	返回字符的字符串形式，字符串的长度仅为 1

实例 13 Character 类的应用举例(源代码\ch10\10.13.txt)。

```java
public class Test{
    public static void main (String []args)
    {
        Character ch1 = Character.valueOf('A');
        Character ch2 = new Character('A');
        Character ch3 = Character.valueOf('C');
        char c1 = ch1.charValue();
        char c2 = ch2.charValue();
        char c3 = ch3.charValue();
        System.out.println("ch1:" + c1 + ", ch2:" + c2 + ", ch3:" + c3);
        int a1 = ch1.compareTo(ch2);
        int a2 = ch1.compareTo(ch3);
        System.out.println("ch1.compareTo(ch2):" + a1 + ", ch1.compareTo
            (ch3):" + a2);
        boolean bool1 = ch1.equals(ch2);
        boolean bool2 = ch1.equals(ch3);
        System.out.println("ch1.equals(ch2): " + bool1 + ", ch1.equals
            (ch3): " + bool2);
        boolean bool3 = Character.isUpperCase(ch1);
        boolean bool4 = Character.isUpperCase('s');
        System.out.println("bool3:" + bool3 + ", bool4:" + bool4);
        char c4 = Character.toUpperCase('s');
        Character c5 = Character.toLowerCase(ch1);
        System.out.println("c4:" + c4 + ", c5:" + c5);
    }
}
```

运行结果如图 10-15 所示。

```
ch1:A, ch2:A, ch3:C
ch1.compareTo(ch2):0, ch1.compareTo(ch3):-2
ch1.equals(ch2): true, ch1.equals(ch3): false
bool3:true, bool4:false
c4:S, c5:a
```

图 10-15 Character 类的应用举例

本例使用了 Character 类的几个方法，通过示例代码，读者可以体会每个方法的具体用法。

10.8 枚 举 类

枚举的本质是类，枚举类型的创建要使用 enum 关键字，它所创建的类型都是 java.lang.Enum 类的子类，java.lang.Enum 是一个抽象类。

10.8.1 声明枚举类

枚举屏蔽了枚举值的类型信息，不像在用 public、static 和 final 定义变量时必须指定类型。枚举是用来构建常量数据结构的模板，这个模板可扩展。枚举的声明格式如下：

```
[修饰符] enum 枚举名{
    枚举成员
}
```

参数说明如下。
- 修饰符：public、private、internal。
- 枚举名：符合 Java 规范的标识符。
- 枚举成员：任意枚举成员之间不能有相同的名称，多个枚举成员之间用逗号隔开。

下面创建枚举类，并定义枚举成员，代码为

```
public enum EnumNew {
    Jan,Feb,Mar,Apr,May,Jun,Jul,Aug,Sep,Oct,Nov,Dec
}
```

这里定义了一个枚举类 EnumNew，在类中定义了十二个月份的常量。

10.8.2 枚举类的常用方法

在 Java 语言中，每一个枚举类型成员都可以当作一个 Enum 类的实例，由于枚举成员默认被 public、static、final 修饰，所以可以直接使用枚举名称调用。

所有的枚举实例都可以调用枚举类的方法，常用的方法如表 10-10 所示。

表 10-10 枚举类的常用方法

方法名	说　明
compareTo(E o)	比较枚举与指定对象的定义顺序
valueOf(Class<T>enumType,String name)	返回带指定名称的指定枚举类型的枚举常量
values()	以数组的形式返回枚举类型的所有成员
ordinal()	返回枚举常量的索引位置(它在枚举声明中的位置，其中初始常量序数为零)
toString()	返回枚举常量的名称

实例 14 枚举实例方法的使用(源代码\ch10\10.14.txt)。

```java
public class EnumMethod {
    //定义颜色枚举类
    public enum Color{
        red,yellow,green,blue,pink,brown,purple
    }
    public static void main(String[] args) {
        //ordinal()方法的使用,获取指定枚举实例的索引
        for(int i=0;i<Color.values().length;i++){
            //循环输出枚举类中,所有枚举常量的索引位置
            System.out.println(Color.values()[i] + "的索引: " +
                Color.values()[i].ordinal());
        }
        System.out.println();
        //toString()方法的使用,返回枚举常量的名称
        System.out.println("toString()方法的使用: " + Color.blue.toString());
        //compareTo()方法的使用,对两个枚举常量的索引做比较
        System.out.println("compareTo()方法的使用: " + Color.blue.compareTo
            (Color.purple));
        //valueOf()方法的使用,返回指定名称的枚举常量
        System.out.println("valueOf()方法的使用:"+Color.valueOf("pink"));
    }
}
```

运行结果如图 10-16 所示。

在本案例中,定义了一个枚举类 Color,它有 7 个枚举常量。在类的 main()方法中,使用枚举类的方法。首先,在 for() 循环中,使用枚举类的 values()方法返回枚举常量数组,在 for()循环体中使用 ordinal()方法获得枚举常量的索引位置。然后在程序中测试枚举方法 toString()、compareTo()和 valueOf() 的使用。

```
<terminated> EnumMethod [Java Application] D:\eclipse-jee-R-win32-x86_64
red的索引: 0
yellow的索引: 1
green的索引: 2
blue的索引: 3
pink的索引: 4
brown的索引: 5
purple的索引: 6

toString()方法的使用: blue
compareTo()方法的使用: -3
valueOf()方法的使用: pink
```

图 10-16 枚举方法的使用

对枚举类型进行遍历使用 for()循环和枚举类的 values()方法。

10.8.3 添加属性和方法

枚举类除了 Java 提供的方法外,还可以定义自己的方法。在枚举类中,必须在枚举实例的最后一个成员后添加分号,并且必须先定义枚举实例。

实例 15 定义枚举类,并声明它的属性和方法(源代码\ch10\10.15.txt)。

```java
public enum EnumProperty {
    //枚举成员先定义,且必须以分号结尾
    Jan("January"),Feb("February"),Mar("March"),Apr("April"),May("May"),
    Jun("June"),Jul("July"),Aug("August"),Sep("September"),Oct("October"),Nov
```

```
("November"),Dec("December");
    //定义枚举类的private属性
    private final String month;
    //定义枚举类的private方法
    private EnumProperty(String month){
        this.month = month;
    }
    //定义枚举类的public方法
    public String getMonth(){
        return month;
    }
}
public class PropertyTest {
    public static void main(String[] args) {
        //使用增强for循环，遍历枚举类型并输出
        for(EnumProperty en:EnumProperty.values()){
            System.out.println(en + ":" + en.getMonth());
        }
    }
}
```

运行结果如图 10-17 所示。

在本案例中，定义枚举 EnumProperty，声明它的私有属性 month 和私有 EnumProperty()方法以及公有方法 getMonth()。EnumProperty()方法的作用是为私有属性赋值，getMonth()方法是获取私有属性的值。在测试类中，通过枚举的 values()方法获得枚举的所有成员，再通过增强 for 循环遍历枚举成员。

图 10-17 枚举的属性和方法

10.8.4 枚举在 switch 中的使用

枚举类常用在 switch 语句中。那么，如何使用枚举和 switch 语句呢？下面通过一个例子介绍枚举在 switch 语句中的使用。

实例 16 枚举在 switch 语句中的使用(源代码\ch10\10.16.txt)。

```
public enum EnumNew {
    Jan,Feb,Mar,Apr,May,Jun,Jul,Aug,Sep,Oct,Nov,Dec
}
public class EnumSwitch {
    public static void main(String[] args) {
        EnumNew en = EnumNew.Sep;
        System.out.print("现在是: ");
        switch(en){
        case Jan:
            System.out.print("一月份");
            break;
        case Feb:
            System.out.print("二月份");
            break;
```

```
            case Mar:
                System.out.print("三月份");
                break;
            case Apr:
                System.out.print("四月份");
                break;
            case May:
                System.out.print("五月份");
                break;
            case Jun:
                System.out.print("六月份");
                break;
            case Jul:
                System.out.print("七月份");
                break;
            case Aug:
                System.out.print("八月份");
                break;
            case Sep:
                System.out.print("九月份");
                break;
            case Oct:
                System.out.print("十月份");
                break;
            case Nov:
                System.out.print("十一月份");
                break;
            case Dec:
                System.out.print("十二月份");
                break;
        }
    }
}
```

运行结果如图 10-18 所示。

在本案例中，定义一个类测试枚举在 switch 语句中的使用。在程序的 main()方法中，声明枚举类型的变量 en，将变量 en 作为 switch 语句的表达式，通过 en 的值来匹配 case 语句中常量的值，若相等则执行相应的 case 语句。

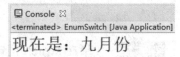

图 10-18 枚举在 switch 语句中的使用

注意

case 表达式中直接写入枚举值，不用添加枚举类作为限定。

10.8.5 EnumMap 和 EnumSet

为了更高效地操作枚举类型，java.util 中添加了两个新类：EnumMap 和 EnumSet。

1. EnumMap 类

EnumMap 是为枚举类型量身定做的 Map 实现。虽然使用其他的 Map 实现(如

HashMap)也可以完成枚举类型实例到值的映射,但是使用 EnumMap 的效率会更高。这是因为 EnumMap 只能接收同一枚举类型的实例作为键值,并且由于枚举类型实例的数量相对固定且有限,所以 EnumMap 使用数组来存放与枚举类型对应的值。这使得 EnumMap 的效率非常高。

2. EnumSet 类

EnumSet 是枚举类型的高性能 Set 实现。EnumSet 要求枚举常量必须属于同一枚举类型。它提供了许多工厂方法以便于初始化,如表 10-11 所示。

表 10-11　EnumSet 的常用方法

方　法	说　明
allOf(Class<E> elementType)	创建一个包含指定枚举类型的所有枚举成员的 EnumSet 对象
complementOf(EnumSet<E> s)	创建一个与指定枚举类型对象 s 相同的 EnumSet 对象,包含指定 s 中不包含的枚举成员
copyOf(EnumSet<E> s)	创建一个与指定枚举类型对象 s 相同的 EnumSet 对象,包含与 s 中相同的枚举成员
noneOf(Class<E> elementType)	创建一个具有指定枚举类型的空 EnumSet 对象
of(E first, E rest)	创建一个包含指定枚举成员的 EnumSet 对象
range(E from, E to)	创建一个包含从 from 到 to 之间的所有枚举成员的枚举 EnumSet 对象

实例 17　EnumSet 和 EnumMap 的使用(源代码\ch10\10.17.txt)。

```java
import java.util.*;
import java.util.Map.Entry;
public class EnumTest {
    public static void main(String[] args) {
        // EnumSet 的使用
        EnumSet<EnumNew> monthSet = EnumSet.allOf(EnumNew.class);
        for (EnumNew month : monthSet) {
            System.out.print(month + " ");
        }
        System.out.println();
        // EnumMap 的使用
        EnumMap<EnumNew, String> monthMap = new EnumMap(EnumNew.class);
        monthMap.put(EnumNew.Jan, "一月份");
        monthMap.put(EnumNew.Feb, "二月份");
        monthMap.put(EnumNew.Mar, "三月份");
        monthMap.put(EnumNew.Apr, "四月份");
        monthMap.put(EnumNew.May, "五月份");
        // 6-12 月份的省略
        for (Iterator<Entry<EnumNew, String>> ite = monthMap.entrySet().iterator(); ite.hasNext();) {
            Entry<EnumNew, String> entry = ite.next();
            System.out.print(entry.getKey().name() + ":" + entry.getValue()+" ");
```

```
            }
        }
}
```

运行结果如图 10-19 所示。

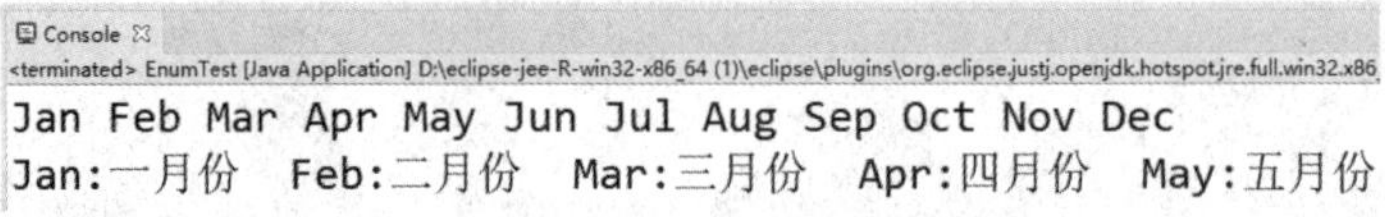

图 10-19　EnumSet 和 EnumMap 的使用

在本案例中，定义了一个类，在类中通过 EnumSet 的 allOf()方法获得枚举类 EnumNew 的所有枚举成员，并通过增强的 for 循环打印输出所有枚举成员。

10.9　就业面试问题解答

问题 1：int 和 Integer 有什么区别？

答：Java 提供两种不同的类型：引用类型和原始类型(或内置类型)。int 是 Java 的原始数据类型，Integer 是 Java 为 int 提供的封装类，Java 为每个原始类型都提供了封装类。

引用类型和原始类型的行为完全不同，并且它们具有不同的语义。引用类型和原始类型具有不同的特征和用法，包括：大小和速度问题，以哪种类型的数据结构存储。另外，当引用类型和原始类型用作某个类的实例数据时所指定的默认值不同。对象引用实例变量的默认值为 null，而原始类型的实例变量的默认值与具体的类型有关。

问题 2：在 Java 语言中，为什么要使用枚举？

答：枚举是 Java 1.5 版本以后新增的类型，用来定义一组取值范围固定的变量。在枚举没增加枚举类型前，定义这样的变量是通过定义一个接口，将不同的变量使用不同的整数赋值；但是这样做却有着很明显的缺点，即不能保证其定义数值的合法性，也无法根据数值大小获取其含义，而通过枚举这些问题将不复存在。

10.10　上机练练手

上机练习 1：Java 模拟实现双色球开奖结果

编写程序，从 1～33 号球中选取 6 个红色球，且红球不重复，从 1～16 号球中选取一个蓝色球，进而作为开奖结果。程序运行结果如图 10-20 所示。

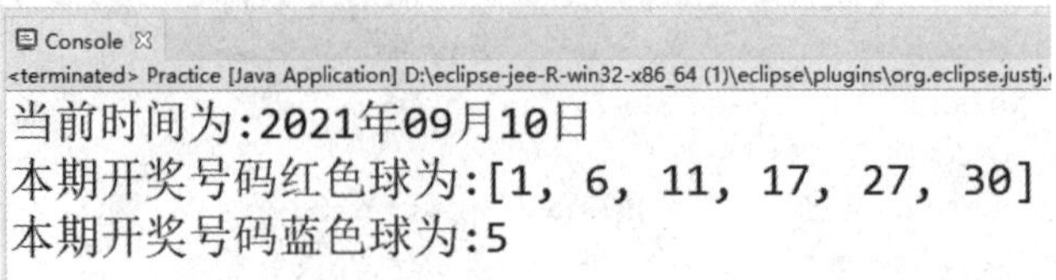

图 10-20　双色球开奖结果

第 10 章　常用类与枚举类

上机练习 2：随机生成的中奖号码

编写程序，通过 Random 类的对象生成中奖号码，并与用户猜测的中奖号码进行对比，并显示在控制台上。程序运行结果如图 10-21 所示。

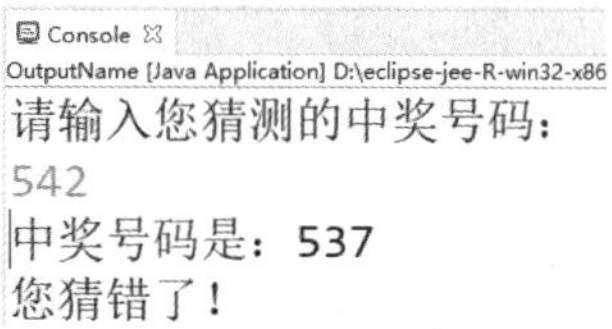

```
请输入您猜测的中奖号码：
542
中奖号码是：537
您猜错了！
```

图 10-21　猜中奖号码

上机练习 3：根据输入的年份和月份，输出天数

编写程序，根据输入的年份与月份，判断该年份是否为闰年，如果是，则 2 月份的天数为 29 天，否则是 28 天。程序运行结果如图 10-22 所示。

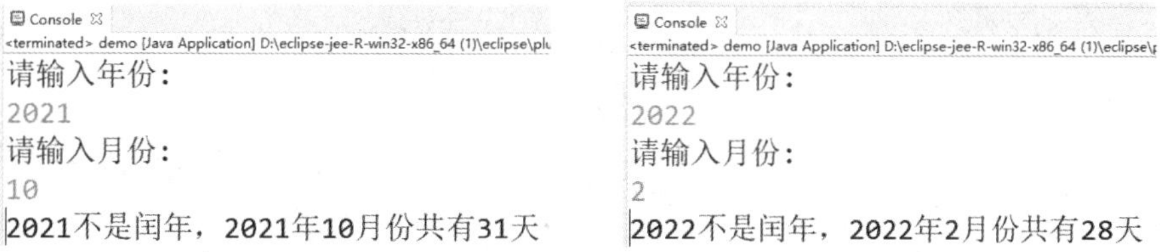

```
请输入年份：
2021
请输入月份：
10
2021不是闰年，2021年10月份共有31天
```

```
请输入年份：
2022
请输入月份：
2
2022不是闰年，2022年2月份共有28天
```

图 10-22　判断年份是否为闰年并输出月份天数

第 11 章

泛型与集合类

　　泛型是对 Java 语言类型系统的一种扩展,以支持创建可以按类型进行参数化的类。Java 中的集合就像一个容器,用来存放 Java 类的对象。通过定义泛型和使用集合类,可以提高程序的编程效率。本章就来介绍泛型类和集合类的应用。

11.1 泛　　型

不同类型的数据，如果封装方法相同，就不必为每一种类型单独定义一个类，而只需要定义一个泛型即可。

11.1.1 定义泛型类

Java 泛型的本质是参数化类型，也就是所操作的数据类型被指定为一个参数。定义泛型类的语法如下：

```
class 类名<T>{
    类体
}
```

其中，T 就是类型参数，用"<>"括起来。

定义了泛型类后，就可以定义泛型类的对象了。其格式如下：

```
泛型类名[<实际类型>] 对象名=new 泛型类名[<实际类型>]([形参列表])
```

或者

```
泛型类名[<实际类型>] 对象名=new 泛型类名[<>]([形参列表])
```

其中，实际类型不能是基本数据类型，必须是类或者接口。根据需要，实际类型也可以不写，如果不写，则泛型类中的所有对象都是 Object 类的对象；也可以使用通配符"?"代替实际类型，用来表示任意一个类。

实例 01　定义一个泛型类 Student<T>，输出一名学生的基本信息(源代码\ch11\11.1.txt)。

```java
public class Student<T> { // 泛型类 Student<T>
    private T info; // 类型形参

    public Student(T info) { // 类型形参的构造方法
        this.info = info; // 形参赋值
    }

    public T getInfo() { // 获取形参值
        return this.info;
    }

    public static void main(String[] args) {
        Student<String> name = new Student<String>("李珂");
        // String 类型的 name 对象
        Student<Integer> age = new Student<Integer>(20);
        // Integer 类型的 age 对象
        Student<String> gender = new Student<String>("女");
        // String 类型的 gender 对象
        System.out.println("姓名: " + name.getInfo());
        System.out.println("年龄: " + age.getInfo());
```

```
        System.out.println("性别: " + gender.getInfo());
    }
}
```

运行结果如图 11-1 所示。

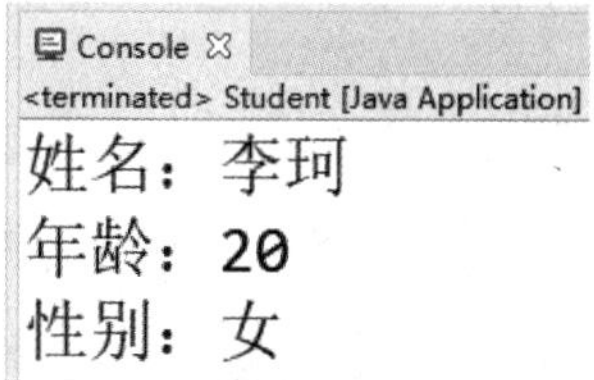

11.1.2 泛型方法

类可以定义为泛型类，方法同样可以定义为泛型方法，也就是在定义方法时声明了类型参数，这样的类型参数只限于在该方法中使用。泛型方法可以定义在泛型类中，也可以定义在非泛型类中。

定义泛型方法的格式如下：

```
[访问限定词] [static]<类型参数表列> 方法类型 方法名([参数表列])
{
    //……
}
```

图 11-1 泛型类实例运用

实例 02 使用泛型方法输出字符串、数值与日期信息(源代码\ch11\11.2.txt)。

```
import java.util.Date;
public class Test {
    public static <T> void print(T t)  // 泛型方法
    {
        System.out.println(t);
    }
    public static void main(String args[]) {
        // 调用泛型方法
        print("Hello Java!");
        print(458);
        print(-3.1415);
        print(new Date());
    }
}
```

运行结果如图 11-2 所示。

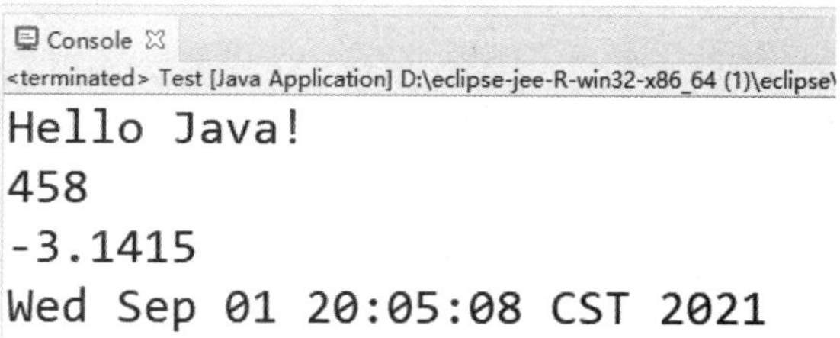

```
Hello Java!
458
-3.1415
Wed Sep 01 20:05:08 CST 2021
```

图 11-2 泛型方法的定义和使用

利用泛型方法，还可以定义具有可变参数的方法，如 printf 方法，具体格式如下：

```
System.out.printf("%d,%f\n",i,f);
System.out.printf("x=%d,y=%d,z=%d",x,y,z);
Printf 是具有可变参数的方法。具有可变参数的方法的定义形式是：
```

```
[访问限定词] <类型参数>　方法类型　方法名(类型参数名...参数名)
{
    //...
}
```

定义时,"类型参数名"后面一定要加上"...",表示是可变参数。"参数名"实际上是一个数组,当具有可变参数的方法被调用时,是将实际参数放到各个数组元素中。

实例 03 使用具有可变参数的泛型方法输出不同类型的实际参数值(源代码\ch11\11.3.txt)。

```java
public class Test {
    static <T> void print(T... ts)                  //泛型方法,形参是可变参数
    {
        for (int i = 0; i < ts.length; i++)         //访问形参数组中的每一个元素
            System.out.print(ts[i] + " ");
        System.out.println();
    }
    public static void main(String args[]) {
        print("天池山", "独库公路", "百里画廊");      //3 个实际参数,类型一样
        print("这件衣服", "价格", 519.0, "元");      //4 个实际参数,类型不一样
        String fruit[] = { "apple", "banana", "orange", "pear" };
                                                    //String 对象数组
        print(fruit);                               //1 个参数
    }
}
```

运行结果如图 11-3 所示。

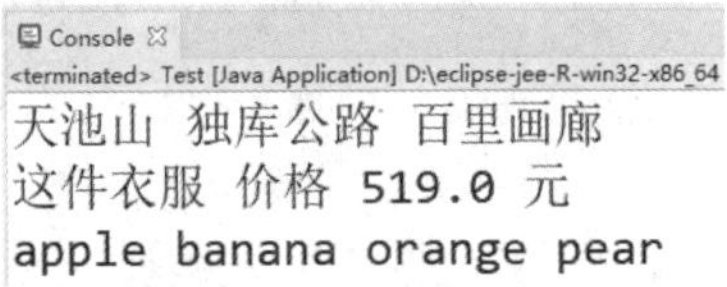

11.1.3　泛型接口

除了可以定义泛型类外,还可以定义泛型接口。泛型接口的定义格式如下:

图 11-3　可变参数方法的定义和使用

```
interface　接口名<类型参数列表>
{
    //接口体
}
```

在实现接口时,可以声明与接口相同的类型参数,实现形式如下:

```
class　类名<类型参数列表>implements 接口名<类型参数列表>
{
    //接口方法实现,如果方法是泛型,那么与泛型方法一样
}
```

也可以声明确定的类型参数,实现形式如下:

```
class　类名 implements 接口名<具体的类型参数>
{
    //接口方法实现,如果方法是泛型,类型参数与上面具体的类型参数一样
}
```

实例 04 使用泛型接口输出不同类型的实际参数值(源代码\ch11\11.4.txt)。

```java
interface Generics<T> // 泛型接口
{
    public T next(); // 有一个泛型方法
}

class SomethingGenerics<T> implements Generics<T>// 泛型类,实现泛型接口
{
    private T something[];// 泛型域
    int cursor;// 游标,标识 something 中的当前元素

    public SomethingGenerics(T something[])// 构造方法
    {
        this.something = something;
    }

    public T next()// 获取游标处的元素,实现接口中的方法
    {
        if (cursor < something.length)
            return (T) something[cursor++];
        return null;// 超出范围则返回空
    }
}

public class Test {
    public static void main(String args[]) {
        String str[] = { "天池山", "那拉提大草原", "唐古拉大草原" };
        // String 对象数组,直接实例化
        Generics<String> cityName = new SomethingGenerics<String>(str);
        // 创建泛型对象
        while (true)// 遍历,将泛型对象表示的元素显示出来
        {
            String s = cityName.next();
            if (s != null)
                System.out.print(s + " ");
            else
                break;
        }
        System.out.println();
        Integer num[] = { 123, 456, 789 };// Integer 对象数组,直接实例化
        Generics<Integer> numGen = new SomethingGenerics<Integer>(num);
            // 创建泛型对象
        while (true)// 遍历,将泛型对象表示的元素显示出来
        {
            Integer i = numGen.next();
            if (i != null)
                System.out.print(i + " ");
            else
                break;
        }
        System.out.println();
    }
}
```

运行结果如图 11-4 所示。

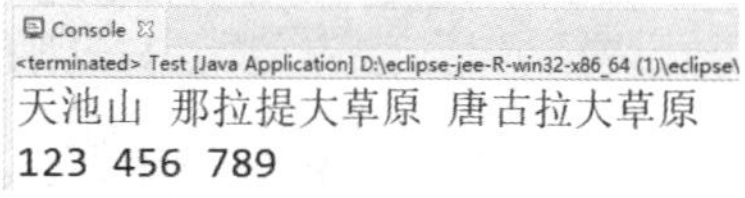

图 11-4　泛型接口实例

11.1.4 泛型参数

泛型数组类可以接收任意类型的类。但是如果只希望接收指定范围内类的类型，过多的类型就可能产生错误，这时可以对泛型的参数进行限定。参数限定的语法形式是：

类型形式参数 extends 父类

其中，"类型形式参数"是指声明泛型类时所声明的类型，"父类"表示只有这个类下面的子类才可以作为实际类型。

实例 05 使用泛型类找出多个数据中的最大数和最小数(源代码\ch11\11.5.txt)。

```java
class LtdGenerics<T extends Number>
//泛型类，实际类型只能是 Number 的子类，Ltd=Limited
{
    private T arr[];// 域，数组

    public LtdGenerics(T arr[])// 构造方法
    {
        this.arr = arr;
    }

    public T max()// 找最大数
    {
        T m = arr[0];// 假设第 0 个元素是最大值

        for (int i = 1; i < arr.length; i++)// 逐个判断
            if (m.doubleValue() < arr[i].doubleValue())
                m = arr[i]; // Byte, Double, Float, Integer, Long, Short
                            // 的对象都可以调用 doubleValue 方法得到对应的双精度数

        return m;
    }

    public T min()            // 找最小数
    {
        T m = arr[0];         // 假设第 0 个元素是最小值

        for (int i = 1; i < arr.length; i++)// 逐个判断
            if (m.doubleValue() > arr[i].doubleValue())
                m = arr[i];

        return m;
    }
}
public class Test {
    public static void main(String args[]) {
        // 定义整型数的对象数组，自动装箱
        Integer integer[] = {15, 58, 34, 93, 52, 37, 82, 94, 23, 48, 87, 48, 27};
        // 定义泛型类的对象，实际类型为 Integer
        LtdGenerics<Integer> ltdInt = new LtdGenerics<Integer>(integer);
```

```
        System.out.println("整型数最大值: " + ltdInt.max());
        System.out.println("整型数最小值: " + ltdInt.min());

        // 定义双精度型的对象数组, 自动装箱
        Double db[] = { 34.98, 23.7, 4.89, 78.72, 894.7, 29.8, 34.79,
82.8, 37.48, 92.37 };
        // 创建泛型类的对象, 实际类型为 Double
        LtdGenerics<Double> ltdDou = new LtdGenerics<Double>(db);
        System.out.println("双精度型数最大值: " + ltdDou.max());
        System.out.println("双精度型数最小值: " + ltdDou.min());

        String str[] = { "apple", "banana", "pear", "peach", "orange",
"watermelon" };
        // 下面的语句创建泛型类的对象不允许, 因为 String 不是 Number 类的子类,
        // 如果加上本条语句, 程序不能编译通过
        // LtdGenerics<String> ltdStr=new LtdGenerics<String>(str);
    }
}
```

运行结果如图 11-5 所示。

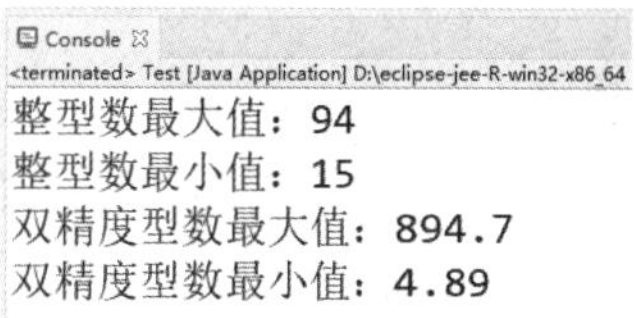

数值型数对应的数据类型类有 Byte、Double、Float、Integer、Long、Short，它们都是 Number 类的子类，故可把类型参数限定为 Number，即只有 Number 的子类才能作为泛型类的实际类型参数。这些数据类型类中都重写了 Number 类中的方法 doubleValue，所以在找最大数和最小数时可以通过调用 doubleValue 方法获得对象表示的数值，从而进行比较。

图 11-5 找出数据中的最大值和最小值

11.2 认识集合类

集合类是能处理一组相同类型的数据的类。类似于之前学的可定义多种数据类型的数组，与数组不同的是，集合长度元素个数可变，而且只存放类对象，存放基本数据类型要用其对应的包装类。

11.2.1 集合类概述

Java 语言中的集合框架就是一个类库的集合，包含实现集合的接口。集合就像一个容器，用来存储 Java 类的对象。Java 的集合类包括 List 集合、Set 集合和 Map 集合，其中 List 和 Set 继承了 Collection 接口，且 List 接口、Set 接口和 Map 接口还提供了不同的实现类。List 集合、Set 集合和 Map 集合的继承关系如图 11-6 所示。

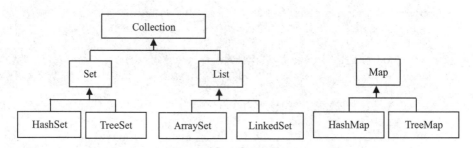

图 11-6　List 集合、Set 集合和 Map 集合的继承关系

11.2.2　Collection 接口的方法

由 List 集合、Set 集合和 Map 集合的继承关系可知，List 接口和 Set 接口都继承于 Collection 接口。Collection 接口虽然不能直接被使用，但提供了操作集合以及集合中元素的方法，且 Set 接口和 List 接口都可以调用 Collection 接口中的方法。Collection 接口的常用方法及说明如表 11-1 所示。

表 11-1　Collection 接口的常用方法

返回类型	方法名	说　　明
boolean	add(E e)	向集合中添加一个元素，元素数据类型是 E
boolean	addAll(Collection c)	将指定集合 c 中的所有元素都添加到集合
void	clear()	删除集合中的所有元素
boolean	contains(Object o)	判断集合中是否包含元素 o，若包含则返回 true
boolean	containsAll(Collection c)	判断集合是否包含指定集合 c 中的所有元素，若包含则返回 true
boolean	isEmpty()	判断集合是否为空，若是则返回 true
Iterator	iterator()	返回一个 iterator 对象，用于遍历集合中的所有元素
boolean	remove(Object o)	删除集合中指定的元素 o，若元素 o 存在，则删除
boolean	removeAll(Collection c)	删除所有在集合 c 中的元素
int	size()	返回集合中元素的个数
boolean	retainAll(Collection c)	保留所有在集合 c 中的元素
Object[]	toArray()	返回集合中所有元素的数组

在所有实现 Collection 接口的集合类中，都有一个 iterator 方法，此方法返回一个实现 Iterator 接口的对象。Iterator 对象称作迭代器，方便实现对容器内元素的遍历操作。

由于 Collection 是一个接口，不能直接实例化，下面的例子是通过 ArrayList 实现类来调用 Collection 接口的方法。

实例 06　使用 Collection 接口方法对集合中的元素进行添加、遍历和判断等操作(源代码\ch11\11.6.txt)。

```
import java.util.ArrayList; //import 关键字引入类
import java.util.Collection;
import java.util.Iterator;
public class CollectionTest {
    public static void main(String[] args) {
```

第 11 章 泛型与集合类

```
        Collection<String> c = new ArrayList<>();        // 创建集合 c
        // 向集合中添加元素
        c.add("Apple");
        c.add("Banana");
        c.add("Pear");
        c.add("Orange");
        ArrayList<String> array = new ArrayList<>();    // 创建集合 array
        // 向集合中添加元素
        array.add("Cat");
        array.add("Dog");
        System.out.println("集合 c 的元素个数：" + c.size());
        if (!array.isEmpty()) {              // 如果 array 集合不为空
            c.addAll(array);                 // 将集合 array 中的元素，添加到集合 c 中
        }
        System.out.println("集合 c 中元素个数：" + c.size());
        Iterator<String> iterator = c.iterator();  // 返回迭代器 iterator
        System.out.println("集合 c 中元素：");
        while (iterator.hasNext()) {        // 判断迭代器中是否存在下一元素
            System.out.print(iterator.next() + " ");
            // 使用迭代器循环输出集合中元素
        }
        System.out.println();
        if (c.contains("Cat")) {            // 判断集合 c 中是否包含元素 Cat
            System.out.println("---集合 c 中包含元素 Cat---");
        }
        c.removeAll(array);                 // c 集合删除集合 array 中所有元素
        iterator = c.iterator();            // 返回迭代器对象
        System.out.println("集合 c 中元素：");
        while (iterator.hasNext()) {
            System.out.print(iterator.next() + " ");
        }
        System.out.println();
        // 将集合中元素存放到字符串数组中
        Object[] str = c.toArray();
        String s = "";
        System.out.println("数组中元素：");
        for (int i = 0; i < str.length; i++) {
            s = (String) str[i];            // 将对象强制转换为字符串类型
            System.out.print(s + " ");      // 输出数组元素
        }
    }
}
```

运行结果如图 11-7 所示。

任何对象加入集合类后，自动转变为 Object 类型，所以在取出的时候，需要进行强制类型转换。

```
集合c的元素个数：4
集合c中元素个数：6
集合c中元素：
Apple Banana Pear Orange Cat Dog
---集合c中包含元素Cat---
集合c中元素：
Apple Banana Pear Orange
数组中元素：
Apple Banana Pear Orange
```

图 11-7 Collection 接口方法的使用

11.3　List 集合

List 集合为列表类型，以线性方式存储对象。List 集合包括 List 接口以及 List 接口的所有实现类。List 集合中的元素允许重复，各元素的顺序就是对象插入的顺序。与 Java 数组类型类似，可通过使用索引来访问集合中的元素。

11.3.1　List 接口

List 接口继承 Collection 接口并定义了一个允许有重复项的有序集合。除了由 Collection 定义的方法之外，List 还自定义了一些方法，如表 11-2 所示。

表 11-2　List 接口自定义的常用方法

方法名	描　述
add(int index,Object a)	将 a 插入调用列表，插入位置的下标由 index 传递。任何已存在的，在插入点以及插入点之后的元素将前移。因此，没有元素被覆写
get(int index)	返回 List 集合中指定索引位置的元素
indexOf(Object a)	返回调用列表中 obj 的第一个实例的下标。如果 obj 不是列表中的元素，则返回-1
set(int index,Object a)	用 a 对调用列表内由 index 指定的位置进行赋值

11.3.2　List 接口的实现类

常用的 List 实现类有两个，分别是 ArrayList 类和 LinkedList 类，使用 ArrayList 类随机访问元素比较方便，插入和删除元素比较耗时；使用 LinkedList 类插入和删除元素比较方便，随机访问元素比较耗时。

1. ArrayList 类

ArrayList 类以数组的形式保存集合中的元素，能够根据索引位置随机且快速地访问集合中的元素。ArrayList 类常用的构造方法有 3 种重载形式，具体如下。

(1) 构造一个初始容量为 10 的空列表。

```
public ArrayList()
```

(2) 构造一个指定初始容量的空列表。

```
public ArrayList(int initialCapacity)
```

(3) 构造一个包含指定集合元素的列表，这些元素是按照该 Collection 的迭代器返回它们的顺序排列。

```
public ArrayList(Collection c)
```

实例 07 使用 ArrayList 类对集合中的元素进行添加、删除和遍历等操作(源代码\ch11\11.7.txt)。

```java
import java.util.ArrayList;
import java.util.Iterator;
import java.util.List;
public class Test {
    public static void main(String[] args) {
        ArrayList<String> list = new ArrayList<>();  //创建初始容量为10的空列表
        list.add("cat");
        list.add("dog");
        list.add("pig");
        list.add("sheep");
        list.add("pig");
        System.out.println("---输出集合中元素---");
        Iterator<String> iterator = list.iterator();
        while(iterator.hasNext()){
            System.out.print(iterator.next()+" ");
        }
        System.out.println();
        //替换指定索引处的元素
        System.out.println("返回替换集合中索引是1的元素: " + list.set(1, "mouse"));
        iterator = list.iterator();
        System.out.println("---元素替换后集合中元素---");
        while(iterator.hasNext()){
            System.out.print(iterator.next()+" ");
        }
        System.out.println();
        //获取指定索引处的集合元素
        System.out.println( "获取集合中索引是2的元素: "+ list.get(2));
        System.out.println("集合中第一次出现pig索引: " + list.indexOf("pig"));
        List<String> l = list.subList(1, 4);
        iterator = l.iterator();
        System.out.println("---新集合中的元素---");
        while(iterator.hasNext()){
            System.out.print(iterator.next()+" ");
        }
    }
}
```

运行结果如图 11-8 所示。

```
---输出集合中元素---
cat dog pig sheep pig
返回替换集合中索引是1的元素：dog
---元素替换后集合中元素---
cat mouse pig sheep pig
获取集合中索引是2的元素：pig
集合中第一次出现pig索引：2
---新集合中的元素---
mouse pig sheep
```

图 11-8 ArrayList 类方法的使用

2. LinkedList 类

LinkedList 类以链表结构保存集合中的元素,随机访问集合中元素的性能较差,但向集合中插入元素和删除集合中元素的性能比较出色。

LinkedList 类除了继承 List 接口的方法外,又提供了一些方法,如表 11-3 所示。

表 11-3 LinkedList 类的方法

方法名	说 明
addFirst(E e)	将指定元素插入此集合的开头
addLast(E e)	将指定元素插入此集合的结尾
getFirst()	返回此集合的第一个元素
getLast()	返回此集合的最后一个元素
removeFirst()	移除并返回此集合的第一个元素
removeLast()	移除并返回此集合的最后一个元素

实例 08 使用 LinkedList 类对集合中的元素进行添加、删除和遍历等操作(源代码\ch11\11.8.txt)。

```java
import java.util.Iterator;
import java.util.LinkedList;
public class LinkedListTest {
    public static void main(String[] args) {
        LinkedList<String> list = new LinkedList<>();
        list.add("cat");
        list.add("dog");
        list.add("pig");
        list.add("sheep");
        list.addLast("mouse");
        list.addFirst("duck");
        System.out.println("---输出集合中元素---");
        Iterator<String> iterator = list.iterator();
        while(iterator.hasNext()){
            System.out.print(iterator.next()+" ");
        }
        System.out.println();
        System.out.println("获取集合的第一个元素: " + list.getFirst());
        System.out.println("获取集合的最后一个元素: " + list.getLast());
        System.out.println("删除集合第一个元素" + list.removeFirst());
        System.out.println("删除集合最后一个元素" + list.removeLast());
        System.out.println("---删除元素后集合元素---");
        iterator = list.iterator();
        while(iterator.hasNext()){
            System.out.print(iterator.next()+" ");
        }
    }
}
```

运行结果如图 11-9 所示。

```
---输出集合中元素---
duck cat dog pig sheep mouse
获取集合的第一个元素：duck
获取集合的最后一个元素：mouse
删除集合第一个元素duck
删除集合最后一个元素mouse
---删除元素后集合元素---
cat dog pig sheep
```

图 11-9　LinkedList 方法的使用

11.3.3　Iterator 迭代器

Iterator 迭代器也称 Iterator 接口，它是 java.util 包提供的一个接口，专门对集合进行迭代操作，其常用方法如表 11-4 所示。

表 11-4　Iterator 迭代器的常用方法

方法名	描　　述
hasNext()	如果仍有元素可以迭代，则返回 true
next()	返回迭代的下一个元素，其返回值类型为 Object
remove()	从迭代器指向的 Collection 中移除迭代器返回的最后一个元素

注意　　Iterator 本身属于一个接口，要想取得这个接口的实例化对象，必须依靠 Collection 接口中定义的方法：public Iterator<E> iterator()。

实例 09　使用 Iterator 迭代器遍历输出集合中的元素(源代码\ch11\11.9.txt)。

```java
import java.util.*;    //导入java.util包
public class Test {
    public static void main(String[] args) {
        List<String> all = new ArrayList<String>() ;
        all.add("cat") ;
        all.add("dog") ;
        all.add("pig") ;
        Iterator<String> iter = all.iterator() ;
        while (iter.hasNext()) {
            String str = iter.next() ;
            System.out.println(str);
        }
    }
}
```

运行结果如图 11-10 所示。

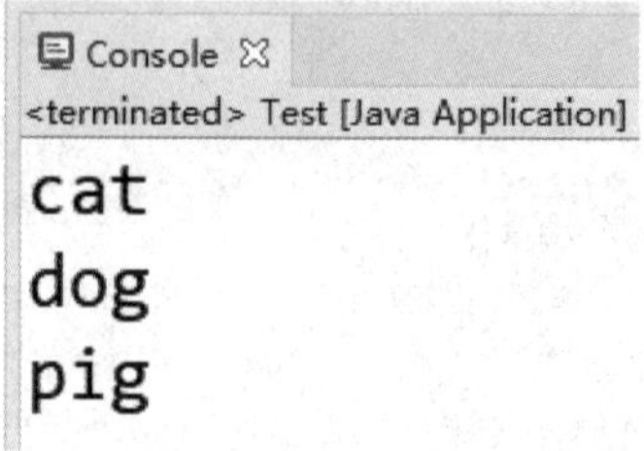

图 11-10　遍历输出集合中的元素

11.4　Set 集合

Set 集合由 Set 接口和 Set 接口的实现类组成。Set 集合中的元素不按特定的方式排序，只是简单地存放在集合中，但 Set 集合中的元素不能重复。

11.4.1　Set 接口

Set 接口继承了 Collection 接口，因此也包含 Collection 接口的所有方法。由于 Set 集合中的元素不能重复，因此在向 Set 集合中添加元素时，需要先判断新增元素是否已经存在于集合之中，最后再确定是否执行添加操作。

11.4.2　Set 接口的实现类

Set 接口常用的实现类有两个，分别为 HashSet 类和 TreeSet 类。实例化 Set 对象的语法格式如下：

```
Set<E> set1 = new HashSet <>( );         //E 表示数据类型
Set<E> set2 = new TreeSet <>( );         //E 表示数据类型
```

1. HashSet 类

HashSet 类实现了 Set 接口，不允许出现重复元素，不保证集合中元素的顺序，允许包含值为 null 的元素，但最多只能一个。HashSet 添加一个元素时，会调用元素的 hashCode() 方法，获得其哈希码，根据这个哈希码计算该元素在集合中的存储位置。HashSet 使用哈希算法存储集合中元素，可以提高集合元素的存储速度。

HashSet 类的常用构造方法有 3 种重载形式，具体如下。

(1) 构造一个新的空 Set 集合。

```
public HashSet()
```

(2) 构造一个包含指定集合中的元素的新的 Set 集合。

```
public HashSet(Collection c)
```

(3) 构造一个新的空 Set 集合，指定初始容量。

```
public HashSet(int initialCapacity)
```

实例 10 使用 HashSet 类输出集合中的元素个数与元素对象(源代码\ch11\11.10.txt)。

```
import java.util.HashSet;
import java.util.Iterator;
public class HashSetTest {
    public static void main(String[] args) {
        HashSet<String> hash = new HashSet<>();
        hash.add("cat");
        hash.add("dog");
        hash.add("pig");
        hash.add("sheep");
        hash.add("mouse");
        System.out.println("集合元素个数: " + hash.size());
        Iterator<String> iter = hash.iterator();
        while(iter.hasNext()){
            System.out.print(iter.next() + " ");
        }
    }
}
```

运行结果如图 11-11 所示。

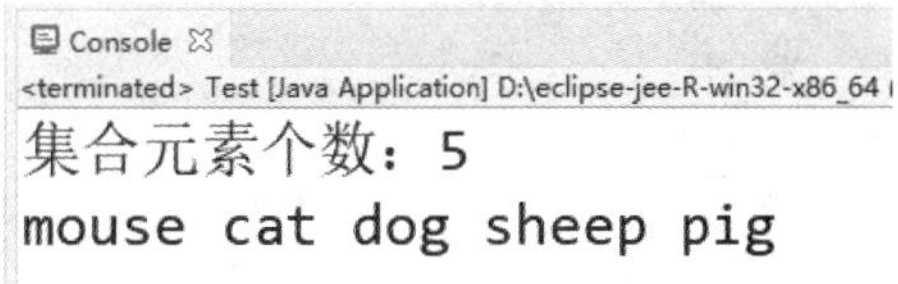

图 11-11 HashSet 的使用

2. TreeSet 类

TreeSet 类不仅继承了 Set 接口,还继承了 SortedSet 接口,它不允许出现重复元素。由于 SortedSet 接口可实现对集合中的元素进行自然排序(即升序排序),因此 TreeSet 类会对实现了 Comparable 接口的类的对象自动排序。TreeSet 类的常用方法如表 11-5 所示。

表 11-5 TreeSet 类的常用方法

方法名	说 明
first()	返回此集合中当前第一个(最低)元素,E 集合元素数据类型
last()	返回此集合中当前最后一个(最高)元素,E 集合元素数据类型
pollFirst()	获取并移除第一个(最低)元素;如果集合为空,则返回 null
pollLast()	获取并移除最后一个(最高)元素;如果集合为空,则返回 null
subSet(E fromElement, E toElement)	返回一个新集合,其元素是原集合从 fromElement(包括)到 toElement(不包括)之间的所有元素
tailSet(E fromElement)	返回一个新集合,其元素是原集合中 fromElement 对象之后的所有元素,包含 fromElement 对象
headSet(E toElement)	返回一个新集合,其元素是原集合中 toElement 对象之前的所有元素,不包含 toElement 对象

实例 11 使用 TreeSet 类对集合中的元素进行添加、删除、遍历等操作(源代码\ch11\11.11.txt)。

```
import java.util.Iterator;
```

```java
import java.util.SortedSet;
import java.util.TreeSet;
public class TreeSetTest {
    public static void main(String[] args) {
        TreeSet<String> tree = new TreeSet<>();
        tree.add("45");
        tree.add("32");
        tree.add("88");
        tree.add("12");
        tree.add("20");
        tree.add("80");
        tree.add("75");
        System.out.println("集合元素个数: " + tree.size() );
        System.out.println("---集合中元素---");
        Iterator<String> iter = tree.iterator();
        while(iter.hasNext()){
            System.out.print(iter.next() + " ");
        }
        System.out.println();
        System.out.println("---集合中20-88之间的元素---");
        SortedSet<String> s = tree.subSet("20", "88");
        iter = s.iterator();
        while(iter.hasNext()){
            System.out.print(iter.next() + " ");
        }
        System.out.println();
        System.out.println("---集合中45之前的元素---");
        SortedSet<String> s1 = tree.headSet("45");//包含45
        iter = s1.iterator();
        while(iter.hasNext()){
            System.out.print(iter.next() + " ");
        }
        System.out.println();
        System.out.println("---集合中45之后的元素---");
        SortedSet<String> s2 = tree.tailSet("45"); //不包含45
        iter = s2.iterator();
        while(iter.hasNext()){
            System.out.print(iter.next() + " ");
        }
        System.out.println();
        System.out.println("集合中第一个元素: "+tree.first());
        System.out.println("集合中最后一个元素: "+tree.last());
        System.out.println("获取并移出集合中第一个元素: "+tree.pollFirst());
        System.out.println("获取并移出集合中最后一个元素: "+tree.pollLast());
        System.out.println("---集合中元素---");
        iter = tree.iterator();
        while(iter.hasNext()){
            System.out.print(iter.next() + " ");
        }
        System.out.println();
    }
}
```

运行结果如图11-12所示。

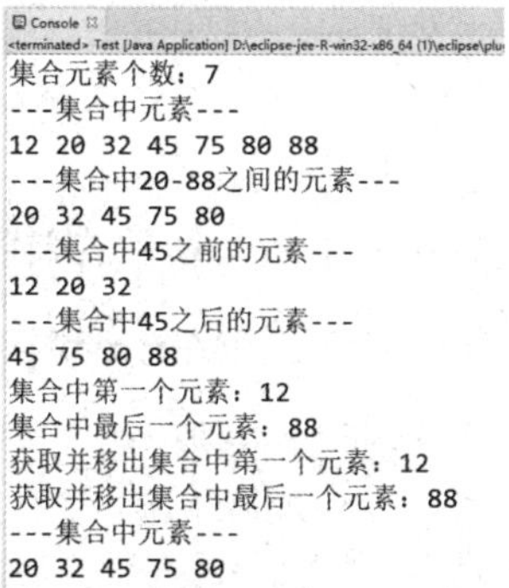

图 11-12 TreeSet 方法的使用

11.5 Map 集合

Map 集合没有继承 Collection 接口，其提供的是 Key 到 Value 的映射关系。Map 中不能包含相同的 Key，每个 Key 只能映射一个 Value。Map 集合包括 Map 接口以及 Map 接口的实现类。

11.5.1 Map 接口

Map 接口映射唯一关键字 Key。关键字 Key 是用于检索值的对象。给定一个关键字和一个值，可以存储这个值到一个 Map 对象中。当这个值被存储以后，就可以使用它的关键字来检索。Map 接口的常用方法如表 11-6 所示。

表 11-6 Map 的常用方法

方　法	描　述
put(Object k,Object v)	在 Map 集合中加入指定的 k 和 v 映射关系
get(Object k)	返回与关键字 k 相关联的值
void clear()	从调用映射中删除所有的键-值对
containsKey(Object k)	判断关键字 k 是否已经存在
containsValue(Object v)	判断是否有一个或多个关键字映射值 v
keySet()	返回一个包含 Map 集合的映射关键字的 Set 集合
entrySet()	返回包含 Map 集合的映射中的项的 Set 集合
values()	返回包含映射中的值的 Collection 集合，可用 get()和 put()方法
int size()	返回映射中键-值对的个数

11.5.2 Map 接口的实现类

Map 接口的常用实现类有两个，分别为 HashMap 类和 TreeMap 类。实例化 Map 对象的语法格式如下：

```
Map<K,V> l1 = new HashMap<>( );
```

```
Map<K,V> l1 = new TreeMap <>( );
```

1. HashMap 类

HashMap 类实现 Map 接口，集合中不接受重复关键字 Key。

实例 12　使用 HashMap 类将名字与工资数一一对应(源代码\ch11\11.12.txt)。

```
import java.util.*;
import java.util.HashMap;
import java.util.Iterator;
public class Test {
    public static void main(String args[])
    {
        // 创建 HashMap 对象
        HashMap hm = new HashMap();
        // 加入元素到 HashMap 中
        hm.put("张三", new Double(5800));
        hm.put("李四", new Double(4800));
        hm.put("王五", new Double(8900));
        hm.put("赵六", new Double(9825));
        hm.put("小明", new Double(5912));
        // 返回包含映射中项的集合
        Set set = hm.entrySet();
        // 用 Iterator 得到 HashMap 中的内容
        Iterator i = set.iterator();
        // 显示元素
        while (i.hasNext())
        {
        // Map.Entry 可以操作映射的输入
          Map.Entry me = (Map.Entry) i.next();
          System.out.print(me.getKey() + ": ");
          System.out.println(me.getValue());
        }
        System.out.println();
        // 让李四的工资增加 1000
        double balance = ((Double) hm.get("李四")).doubleValue();
        // 用新的值替换旧的值
        hm.put("李四", new Double(balance + 1000));
        System.out.println("李四现在的工资: " + hm.get("李四"));
    }
}
```

运行结果如图 11-13 所示。

2. TreeMap 类

TreeMap 类实现 Map 接口和 StortedMap 接口，元素不重复，且通过 Key 值排序存储。

```
李四：  4800.0
张三：  5800.0
小明：  5912.0
王五：  8900.0
赵六：  9825.0

李四现在的工资：5800.0
```

图 11-13　HashMap 集合的应用示例

实例 13 使用 TreeMap 类排列人员工资(源代码\ch11\11.13.txt)。

```java
import java.util.*;
import java.util.TreeMap;
import java.util.Iterator;
public class Test {
    public static void main(String args[]) {
        // 创建 TreeMap 对象
        TreeMap<Integer, String> tm = new TreeMap<>();
        // 加入元素到 TreeMap 中
        tm.put(2000, "张三");
        tm.put(1500, "李四");
        tm.put(2500, "王五");
        tm.put(5000, "赵六");
        Collection<String> col = tm.values();
        Iterator<String> i = col.iterator();
        System.out.println("按工资由低到高顺序输出：");
        while (i.hasNext()) {
            System.out.println(i.next());
        }
    }
}
```

运行结果如图 11-14 所示。

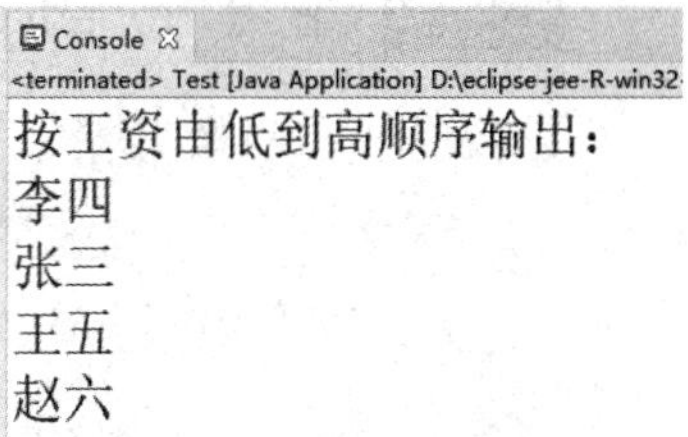

11.5.3 Properties 类

属性(Properties)是 Hashtable 的一个子类，用来保持值的列表，其中的关键字和值都是字符串(String)。Properties 类被许多其他的 Java 类所使用。例如，当获得系统环境值时，System.getProperties( )返回对象的类型。

图 11-14 TreeMap 的应用示例

Properties 定义了下面的实例变量。

```
Properties defaults;
```

这个变量包含一个与属性(Properties)对象相关联的默认属性列表。Properties 定义了如下的构造方法。

```
Properties( )
Properties(Properties propDefault)
```

第 1 种形式创建一个没有默认值的属性(Properties)对象，第 2 种形式创建一个将 propDefault 作为其默认值的对象。在这两种情况下，属性列表都是空的。

除了 Properties 从 Hashtable 中继承的方法之外，Properties 还有自己定义的方法，如表 11-7 所示。

表 11-7 Properties 的方法及其描述

方 法	描 述
String getProperty(String key)	返回与 key 相关联的值。如果 key 既不在列表中，也不在默认属性列表中，则返回一个 null 对象

续表

方 法	描 述
String getProperty(String key, String defaultProperty)	返回与 key 相关联的值。如果 key 既不在列表中，也不在默认属性列表中，则返回 defaultProperty
void list(PrintStream streamOut)	将 byte 型属性列表发送给与 streamOut 相链接的输出流
void list(PrintWriter streamOut)	将 char 型属性列表发送给与 streamOut 相链接的输出流
void load(InputStream streamIn) throws IOException	用与 streamIn 相链接的输入数据流输入一个属性列表
Object setProperty(String key,String value)	将 value 与 key 关联，返回与 key 关联的前一个值，如果不存在这样的关联，则返回 null(为了保持一致性，在 Java 2 中新增加的)
void store(OutputStream streamOut,String description)	在写入由 description 指定的字符串后，属性列表被写入与 streamOut 相链接的输出流(在 Java 2 中新增加的)

下面的例子说明了 Properties 的使用。该程序创建一个属性列表，在其中关键字是人员名称，值是这些人员的籍贯。注意试图寻找包括默认值小红的籍贯情况。

实例 14 使用 Properties 类创建一个属性列表并输出属性值(源代码\ch11\11.14.txt)。

```java
import java.util.*;
import java.util.Iterator;
public class Test {
    public static void main(String args[])
    {
        Properties capitals = new Properties();
        Set name;
        String str;
        capitals.put("小李", "北京");
        capitals.put("小刘", "上海");
        capitals.put("小张", "广州");
        capitals.put("小华", "深圳");
        capitals.put("小明", "重庆");
        // 返回包含映射中项的集合
        name = capitals.keySet();
        Iterator itr = name.iterator();
        while (itr.hasNext())
        {
            str = (String) itr.next();
            System.out.println("姓名: " + str + " , 籍贯: "+ capitals.getProperty(str) );
        }
        System.out.println();
        // 查找列表，如果没有则显示为"没有发现"
        str = capitals.getProperty("小红", "没有发现");
        System.out.println("小红的籍贯: " + str );
    }
}
```

运行结果如图 11-15 所示。

```
Console
<terminated> Test [Java Application] D:\eclipse-jee-R-win32-x86_
姓名：小刘 ，籍贯：上海
姓名：小李 ，籍贯：北京
姓名：小华 ，籍贯：深圳
姓名：小明 ，籍贯：重庆
姓名：小张 ，籍贯：广州

小红的籍贯：没有发现
```

图 11-15　Properties 的应用示例

11.6　就业面试问题解答

问题 1： HashSet 类和 TreeSet 类有什么区别？

答： HashSet 类和 TreeSet 类都是 Set 接口的实现类，它们都不允许有重复元素，但 HashSet 类在遍历集合中的元素时不关心元素的顺序，而 TreeSet 类则会按自然顺序(升序排列)遍历集合中的元素。

问题 2： 如何决定选用 HashMap 还是 TreeMap？

答： 对于在 Map 中插入、删除和定位元素这类操作，HashMap 是最好的选择。当需要对一个有序的集合进行遍历时，TreeMap 是更好的选择。

11.7　上机练练手

上机练习 1：输出一款商品的基本信息

编写程序，通过定义泛型与泛型方法，输出一款商品的基本信息。程序的运行结果如图 11-16 所示。

上机练习 2：输出学生的花名册

编写程序，通过 List 接口实现类保存书籍的名称，并将其输出。程序的运行结果如图 11-17 所示。

```
Console
<terminated> Display [Java Application] D:
输出商品信息：
名称：洗衣机
价格：4200元
品牌：海尔
是否全自动：是
```

图 11-16　商品基本信息

```
Console
<terminated> NameList [Java Application] D:\eclipse-jee-R-win32-x86_64 (1)\eclipse\plugins\org.eclipse.j
输出四大名著：
《西游记》 《三国演义》 《水浒传》 《红楼梦》
```

图 11-17　书籍名称

上机练习3：查找省会城市

由于省名称与省会城市名称之间构成了映射关系，在编写程序时，就可以将省名称作为关键字，省会城市名称作为项值，保存在 Map 集合中，然后根据输入的省名称，来查找省会城市的名称。程序的运行结果如图 11-18 所示。

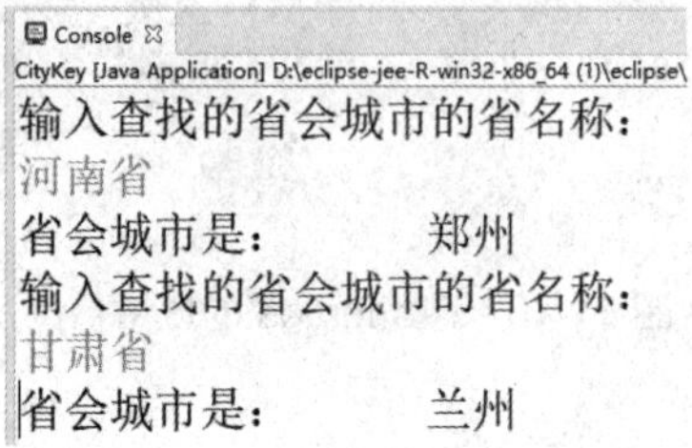

```
输入查找的省会城市的省名称：
河南省
省会城市是：    郑州
输入查找的省会城市的省名称：
甘肃省
省会城市是：    兰州
```

图 11-18　查找省会城市

第 12 章

Swing 技术

随着时代的发展和开发技术的不断进步，AWT 已经不能满足程序设计者的需求。而 Swing 的出现正好满足了这一需要，它建立在 AWT 基础之上，能够为不同平台保持相同的程序界面样式。本章将详细介绍 Swing 的使用，主要内容包括容器、组件、菜单组件、布局管理等。

12.1 Swing 概述

Swing 是 GUI(Graphical User Interface，图形用户接口)开发工具包，是应用程序提供给用户操作的图形界面，包括窗口、菜单、按钮等图形界面元素。

12.1.1 Swing 的特点

Java 中针对 GUI 设计提供了丰富的类库，这些类分别位于 java.awt 和 java.swing 包中，简称 AWT 和 Swing。其中，AWT 是抽象窗口工具包，是 Java 平台独立的窗口系统、图形和用户界面组件的工具包，其组件种类有限，无法实现目前 GUI 设计所需的所有功能，因此 Swing 出现了。

Swing 提供了一个用于实现包含插入式界面样式等特性的 GUI 的下层构件，使得 Swing 组件在不同的平台上都能够保持组件的界面样式特性。基于 Swing 的可移植性的特点，将 Swing 提供的组件称为"轻量级组件"，而将依赖于本地平台的 AWT 组件称为"重量级组件"。

在界面设计中，轻量级组件是绘制在包含它的容器中的，而不是绘制在它自己的窗口中，所以，轻量级组件最终必须包含在一个重量容器中。由 Swing 提供的小应用程序、窗体、窗口和对话框都必须是重量组件，以便于提供一个可以用来绘制 Swing 轻量组件的窗口。

12.1.2 Swing 包

Swing 包含两种元素：组件和容器。组件是单独的控制元素，例如按键或者文本编辑框。组件要放到容器中才能显示出来，实质上，每个容器也都是组件，因此容器也可放到另一个容器中。

1. 组件(控件)

Swing 的组件继承于 JComponent 类。JComponent 类提供了所有组件都需要的功能。JComponent 继承于 AWT 的类 Component 及其子类 Container。常见的组件有标签 JLabel、按键 JButton、输入框 JTextField、复选框 JCheckBox、列表 JList 等。

2. 容器

容器是一种可以包含组件的特殊组件。Swing 中有两大类容器，第一类是重量级容器，或者称为顶层容器(top-level container)，它们不继承于 JComponent 类，包括 JFrame、JApplet、JWindow、JDialog 等。其最大的特点是不能被别的容器包含，只能作为界面程序的最顶层容器来包含其他组件。

第二类容器是轻量级容器，或者称为中间层容器，叫作面板，它们继承于 JComponent 类，包括 JPanel、JScrollPane 等。中间层容器用来将若干个相关联的组件放在一起。由于中间层容器继承于 JComponent 类，因此它们本身也是组件，且可以包含在其他容器中。

Swing 组件的继承关系如图 12-1 所示。

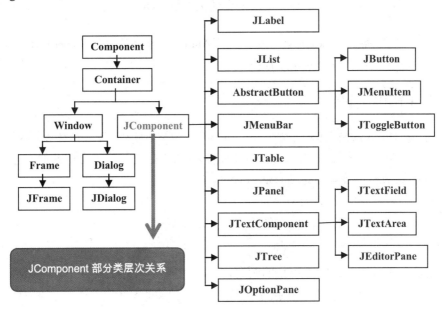

图 12-1　Swing 组件的继承关系

12.1.3　常用 Swing 组件概述

下面通过表格列出常用的 Swing 组件，并简单描述其含义，让读者对组件有所了解，具体的内容将在后面详细介绍。常用的组件如表 12-1 所示。

表 12-1　Swing 常用的组件

组　　件	含　　义
JFrame	窗口框架类，顶级容器
JDialog	对话框，顶级容器
JPanel	中间层容器，叫作面板，在窗体中布局其他组件
JButton	按钮组件，可显示图片文字
JRadioButton	单选按钮组件
JCheckBox	复选框按钮组件
JComBox	下拉列表框组件
JLabel	标签组件，可显示文字
JList	列表组件，显示文字
JTextArea	文本编辑区域组件
JTextField	文本编辑框组件
JPasswordField	密码编辑框组件
JOptionPane	弹出选择对话框组件

12.2　Swing 容器

Swing 中的容器有 JFrame、JDialog、JApplet、JPanel 和 JScrollPane 等。其中 JFrame、JScrollPane 和 JPanel 是最常用的容器类。

12.2.1　JFrame 窗体

JFrame 是 Window 窗体的子类，是 Swing 组件的顶级容器，它继承 AWT 组件的 Frame 类，支持 Swing 体系结构的高级 GUI 属性。JFrame 类或其子类创建的对象是一个窗体。JFrame 的默认布局管理器是 BorderLayout。

JFrame 类的常用构造方法如下：

(1) 创建一个初始时不可见的新窗体

```
public JFrame()
```

(2) 创建一个指定标题的不可见的新窗体

```
public JFrame(String title)  // title 为窗体标题
```

JFrame 类的常用方法如表 12-2 所示。

表 12-2　JFrame 类的常用方法

返回类型	方法名	说明
void	setVisible(boolean b)	设置窗体是否可见，默认是不可见的
void	setSize(int width,int height)	设置窗体的宽和高，以像素为单位
void	setTitle(String title)	设置窗体的标题
void	setResizable(boolean resizable)	设置窗体是否可以调整大小
void	setLocation(int x, int y);	设置窗体的位置，x、y 是左上角的坐标
void	setBounds(int x, int y, int width,int height)	设置窗体的位置、宽度和高度
void	setLayout(LayoutManager manager)	设置窗体的布局管理器
Component	add(Component comp)	将指定组件添加到容器的尾部

实例 01　JFrame 窗体的使用(源代码\ch12\12.1.txt)。

```java
import java.awt.Color;
import javax.swing.JFrame;
import javax.swing.JLabel;
public class JFrameTest {
    public static void main(String[] args){
        //创建窗体类
        JFrame frame1 = new JFrame();
        //为窗体设置标题
        frame1.setTitle("frame1 窗体");
        //设置窗体的位置
```

```
        frame1.setLocation(200, 150);
        //设置窗体的大小
        frame1.setSize(300, 300);
        //设置窗体可以调整大小
        frame1.setResizable(true);
        //设置窗体可以关闭
        frame1.setDefaultCloseOperation(JFrame.EXIT_ON_CLOSE);
        //设置窗体可见
        frame1.setVisible(true);
        JFrame frame2 = new JFrame();
        frame2.setTitle("frame2 窗体");
        frame2.setLocation(500, 150);
        frame2.setSize(300, 300);
        frame2.setResizable(true);
        frame2.setDefaultCloseOperation(JFrame.EXIT_ON_CLOSE);
        frame2.setVisible(true);
    }
}
```

运行结果如图 12-2 所示。

图 12-2　JFrame 窗体

setBounds()方法的作用与 setLocation()和 setSize()方法一起设置的作用相同，它们只在容器的布局管理器是 null 的情况下使用。

12.2.2　JPanel 面板

JPanel 面板是 Swing 的一种中间层容器，它可以容纳组件并使它们组合在一起。JPanel 面板无法单独显示，必须添加到容器中才可以。JPanel 的默认布局管理器是 FlowLayout，当把 JPanel 作为一个组件添加到某个容器中后，它仍然可以有自己的布局管理器。

JPanel 的常用构造方法如下：

(1) 使用默认布局管理器创建新面板。

```
public JPanel()
```

(2) 创建指定布局管理器的新面板。

```
public JPanel(LayoutManager layout) // layout 为布局管理器对象
```

JPanel 面板类的常用方法如表 12-3 所示。

表 12-3 JPanel 的常用方法

返回类型	方法名	说明
void	setBackground(Color c);	设置面板的背景色
void	setFont(Font font);	设置面板的字体
void	setLayout(LayoutManager mgr)	设置面板的布局管理器
Component	add(Component comp)	将指定组件添加到容器的尾部
void	setBounds(int x, int y, int width,int height)	设置面板的位置、宽度和高度

实例 02 JPanel 面板的使用(源代码\ch12\12.2.txt)。

```java
import java.awt.Color;
import javax.swing.*;
public class JPanelTest{
    public static void main(String[] args){
        //创建窗体
        JFrame frame = new JFrame();
        frame.setTitle("JPanel");
        //创建面板
        JPanel panel = new JPanel();
        //设置面板背景色
        panel.setBackground(Color.CYAN);
        //创建标签
        JLabel label = new JLabel("JLabel");
        JLabel label1 = new JLabel("JLabel1");
        JLabel label2 = new JLabel("JLabel2");
        //将标签添加到面板上
        panel.add(label);
        panel.add(label1);
        panel.add(label2);
        //将面板添加到窗体上
        frame.add(panel);
        //设置窗体
        frame.setBounds(400, 150, 300, 300);
        frame.setVisible(true);
    }
}
```

运行结果如图 12-3 所示。

12.2.3 JScrollPane 面板

JScrollPane 类实现了一个带有滚动条的面板,用来为某些组件添加滚动条,例如在学习 JList 和 JTextArea 组件时均用到了该组件。JScrollPane 类提

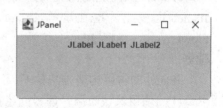

图 12-3 JPanel 面板

供的常用方法如表 12-4 所示。

表 12-4 JScrollPane 类的常用方法

方 法	功 能
setViewportView(Component view)	设置在滚动面板中显示的组件对象
setHorizontalScrollBarPolicy(int policy)	设置水平滚动条的显示策略
setVerticalScrollBarPolicy(int policy)	设置垂直滚动条的显示策略
setWheelScrollingEnabled(false)	设置滚动面板的滚动条是否支持鼠标的滚动轮

在调用表 12-4 中设置滚动条显示策略的方法设置滚动条的显示策略时，方法的参数可以选择 JScrollPane 类中设置滚动条显示策略的静态常量，如表 12-5 所示。

表 12-5 JScrollPane 类的静态常量

静态常量	常量值	滚动条的显示策略
HORIZONTAL_SCROLLBAR_AS_NEEDED	30	设置水平滚动条为只在需要时显示，默认策略
HORIZONTAL_SCROLLBAR_NEVER	31	设置水平滚动条为永远不显示
HORIZONTAL_SCROLLBAR_ALWAYS	32	设置水平滚动条为一直显示
VERTICAL_SCROLLBAR_AS_NEEDED	20	设置垂直滚动条为只在需要时显示，默认策略
VERTICAL_SCROLLBAR_NEVER	21	设置垂直滚动条为永远不显示
VERTICAL_SCROLLBAR_ALWAYS	22	设置垂直滚动条为一直显示

在开发应用程序时，对事件的处理是必不可少的，只有这样才能够实现软件与用户的交互。常用事件有动作事件处理、焦点事件处理、鼠标事件处理和键盘事件处理。

实例 03 应用滚动面板(源代码\ch12\12.3.txt)。

```
import javax.swing.JFrame;
import java.awt.*;
import java.awt.event.*;
import java.util.* ;
import javax.swing.*;
public class Test extends JFrame{
    public Test(){
      final JScrollPane frameScrollPane = new JScrollPane();
      // 创建窗体的滚动面板
      frameScrollPane.setVerticalScrollBarPolicy(JScrollPane.VERTICAL_SCROLLBAR_ALWAYS);
      getContentPane().add(frameScrollPane);
            // 将窗体滚动面板添加到窗体中
      final JPanel framePanel = new JPanel();
      framePanel.setLayout(new BorderLayout());
      frameScrollPane.setViewportView(framePanel);
      final JPanel typePanel = new JPanel();
      framePanel.add(typePanel, BorderLayout.NORTH);
```

```
        final JLabel typeLabel = new JLabel();
        typeLabel.setText("类别: ");
        typePanel.add(typeLabel);
        JScrollPane typeScrollPane = new JScrollPane();
                // 创建用于JList组件的滚动面板
        typeScrollPane
            .setVerticalScrollBarPolicy(JScrollPane.VERTICAL_SCROLLBAR_ALWAYS);
        typePanel.add(typeScrollPane);
        String[] items = { "电子信息", "计算机", "通信工程", "电气工程","机械工程" };
        JList list = new JList(items);
        list.setVisibleRowCount(3);
        typeScrollPane.setViewportView(list);
        final JLabel label = new JLabel();
        label.setPreferredSize(new Dimension(110, 0));
        typePanel.add(label);
        final JPanel contentPanel = new JPanel();
        framePanel.add(contentPanel);
        final JLabel contentLabel = new JLabel();
        contentLabel.setText("内容: ");
        contentPanel.add(contentLabel);
        JScrollPane contentScrollPane = new JScrollPane();
            // 创建用于JTextArea组件的滚动面板
        contentScrollPane.setHorizontalScrollBarPolicy(JScrollPane.HORIZONTAL_SCROLLBAR_NEVER);
        contentPanel.add(contentScrollPane);
        JTextArea textArea = new JTextArea();
        textArea.setRows(3);
        textArea.setColumns(20);
        textArea.setLineWrap(true);
        contentScrollPane.setViewportView(textArea);
        }
    public static void main(String []args){
        Test t=new Test();
        t.setSize(300,200);
        t.setResizable(false);
        t.setTitle("滚动面板");
        t.setVisible(true);
        t.setDefaultCloseOperation(JFrame.EXIT_ON_CLOSE);
    }
}
```

运行结果如图12-4所示。

图12-4　滚动面板

12.3 Swing 的组件

Swing 提供了许多图形界面组件，常用组件有按钮、单选按钮、复选框、标签、单行文本框、密码文本框等。

12.3.1 按钮 JButton

按钮是图形界面中最常见的组件。按钮是 JButton 类的对象，在按下按钮时生成一个事件。JButton 类的常用构造方法如下。

(1) 创建空按钮。

```
public JButton()
```

(2) 创建一个带文本的按钮。

```
public JButton(String text)    // text 为按钮的文本内容
```

(3) 创建一个带图标的按钮。

```
public JButton(Icon icon)    // icon 为按钮的图标
```

(4) 创建一个带文本和图标的按钮。

```
public JButton(String text,Icon icon)
```

JButton 类的常用方法如表 12-6 所示。

表 12-6 JButton 的常用方法

返回类型	方法名	说　明
void	setBackground(Color c)	设置按钮的背景色
void	setFont(Font font)	设置按钮上的字体样式
void	setBounds(int x,int y,int width,int height)	设置按钮的大小和位置

实例 04 JButton 按钮的使用(源代码\ch12\12.4.txt)。

```
import java.awt.Color;
import java.awt.Font;
import javax.swing.*;
public class JButtonTest{
    public static void main(String[] args){
        JFrame frame = new JFrame();
        frame.setTitle("JButton");
        frame.setLayout(null);
        JPanel panel = new JPanel();   //创建面板
        panel.setBounds(50, 50, 200, 200);
        JButton btn1 = new JButton("提交");   //创建按钮
        JButton btn2 = new JButton("重置");
        //设置按钮的背景色
        btn1.setBackground(Color.CYAN);
```

```
            btn2.setBackground(Color.CYAN);
            //为按钮文本设置字体
            Font f = new Font("宋体", Font.ITALIC, 18);
            btn1.setFont(f);
            btn2.setFont(f);
            frame.add(panel);      //面板添加到窗体上
            panel.add(btn1);       //按钮添加到面板上
            panel.add(btn2);       //按钮添加到面板上
            //设置窗体
            frame.setBounds(400, 150, 300, 300);
            frame.setVisible(true);
    }
}
```

运行结果如图 12-5 所示。

12.3.2 标签 JLabel

标签是一种可以包含文本的非交互组件，是 JLabel 类的对象。JLabel 类的常用构造方法如下。

(1) 创建空标签。

```
public JLabel()
```

图 12-5　JButton 按钮

(2) 创建一个带文本的标签。

```
public JLabel(String text)    // text 为标签的文本内容
```

(3) 创建一个带图标的标签。

```
public JLabel(Icon icon)      // icon 为标签的图标
```

(4) 创建带文本的标签，并指定字符串对齐方式。

```
JLabel(String text, int align)
```

align 为字符串对齐方式，其值有 3 个，分别是 Label.LEFT(左对齐)、Label.RIGHT (右对齐)和 Label.CENTER(居中对齐)。

JLabel 标签类的常用方法如表 12-7 所示。

表 12-7　JLabel 的常用方法

返回类型	方法名	说明
void	setText(String text)	设置标签的内容
String	getText()	获取标签的内容
void	setBounds(int x,int y,int width,int height)	设置标签的大小和位置

实例 05　JLabel 标签的使用(源代码\ch12\12.5.txt)。

```
import javax.swing.*;
public class JLabelTest {
    public static void main(String[] args) {
```

```
            JFrame frame = new JFrame();
            frame.setTitle("JLabel");
            JPanel panel = new JPanel();   //创建面板
            panel.setBounds(50, 50, 200, 200);
            //创建标签对象
            JLabel label1 = new JLabel("姓名: ");
            JLabel label2 = new JLabel();
            JLabel label3 = new JLabel();
            //设置标签内容
            label2.setText("性别: ");
            label3.setText("学历: ");
            //设置标签位置
            label1.setBounds(30,20,50,30);
            label2.setBounds(30,55,50,30);
            label3.setBounds(30,90,50,30);
            //设置面板布局管理器是 null
            panel.setLayout(null);
            //将标签添加到窗体
            panel.add(label1);
            panel.add(label2);
            panel.add(label3);
            //将面板添加到窗体上
            frame.add(panel);
            //设置窗体
            frame.setBounds(400, 150, 300, 300);
            frame.setVisible(true);
    }
}
```

运行结果如图 12-6 所示。

只有设置 JPanel 的布局管理器是 null 时，设置标签组件的位置和大小的方法才有效，否则无效。

图 12-6　JLabel 标签

12.3.3　复选框 JCheckBox

复选框有选中和未选中两种状态，它的形状是方形的，可以为复选框指定文本。复选框是 JCheckBox 类的对象，它的常用构造方法如下。

(1) 创建一个没有文本、没有图标并且最初未被选中的复选框。

```
public JCheckBox()
```

(2) 创建一个带文本的、最初未被选中的复选框。

```
JButton(String text) JCheckBox(String text)   // text 为复选框的文本内容
```

(3) 创建一个带文本的复选框，并指定其最初是否处于选定状态。

```
JCheckBox(String text, boolean selected)
```

JCheckBox 类的常用方法如表 12-8 所示。

表 12-8　JCheckBox 的常用方法

返回类型	方法名	说　明
void	setText(String text)	设置复选框的内容
boolean	isSelected()	检查当前复选框是否被选中
void	setBounds(int x,int y,int width,int height)	设置复选框的大小和位置

实例 06　JCheckBox 的使用(源代码\ch12\12.6.txt)。

```java
import javax.swing.*;
public class JCheckBoxTest {
    public static void main(String[] args) {
        JFrame frame = new JFrame();
        frame.setTitle("JCheckBox");
        JPanel panel = new JPanel();
        panel.setLayout(null);
        JLabel label = new JLabel("选择你的兴趣：");
        label.setBounds(20, 30, 100, 30);
        JCheckBox box1 = new JCheckBox();
        box1.setText("篮球");
        box1.setBounds(35, 65, 80, 30);
        JCheckBox box2 = new JCheckBox();
        box2.setText("足球");
        box2.setBounds(120, 65, 80, 30);
        JCheckBox box3 = new JCheckBox();
        box3.setText("羽毛球");
        box3.setBounds(205, 65, 80, 30);
        panel.add(label);
        panel.add(box1);
        panel.add(box2);
        panel.add(box3);
        frame.add(panel);
        //设置窗体
        frame.setBounds(400, 150, 300, 300);
        frame.setVisible(true);
    }
}
```

运行结果如图 12-7 所示。

12.3.4　单选按钮 JRadioButton

单选按钮与复选框类似，也有两种状态，即选中和未选中。与复选框不同的是，一组单选按钮中只能有一个处于选中状态。单选按钮是 JRadioButton 类的对象，JRadioButton 通常位于一个 ButtonGroup 按钮组中，不在按钮组中的单选按钮就失去了单选按钮的意义。

图 12-7　JCheckBox 复选框

JRadioButton 类的常用构造方法如下。

(1) 创建一个初始化为未选择的单选按钮，其文本未设定。

```
public JRadioButton()
```

(2) 创建一个具有指定文本的状态为未选择的单选按钮。

```
JRadioButton(String text)   //text 为按钮的文本内容
```

(3) 创建一个具有指定文本和选择状态的单选按钮。

```
JRadioButton(String text, boolean selected)
```

JRadioButton 类的常用方法如表 12-9 所示。

表 12-9 JRadioButton 类的常用方法

返回类型	方法名	说 明
void	setSelected(boolean b)	设置单选按钮是否被选中
boolean	isSelected()	检查当前单选按钮是否被选中
void	setBounds(int x,int y,int width,int height)	设置单选按钮的大小和位置

实例 07 单选按钮 JRadioButton 的使用(源代码\ch12\12.7.txt)。

```java
import javax.swing.*;
public class JRadioButtonTest {
    public static void main(String[] args) {
        JFrame frame = new JFrame();
        frame.setTitle("JRadioButton");
        frame.setLayout(null);
        JPanel panel = new JPanel();
        panel.setBounds(20, 80, 200, 150);
        JLabel label = new JLabel("性别: ");
        //创建单选按钮组
        ButtonGroup group = new ButtonGroup();
        //创建单选按钮
        JRadioButton btn1 = new JRadioButton();
        btn1.setText("男");
        JRadioButton btn2 = new JRadioButton();
        btn2.setText("女");
        //设置 btn1 按钮为选中
        btn1.setSelected(true);
        //将单选按钮添加到单选按钮组中
        group.add(btn1);
        group.add(btn2);
        panel.add(label);
        panel.add(btn1);
        panel.add(btn2);
        frame.add(panel);
        //设置窗体
        frame.setBounds(400, 150, 300, 300);
        frame.setVisible(true);
    }
}
```

运行结果如图 12-8 所示。

12.3.5 单行文本框 JTextField

单行文本框是用来读取输入和显示一行信息的组件，单行文本框是 JTextField 类的对象。JTextField 类的常用构造方法具体如下。

(1) 创建一个单行文本框。

图 12-8 JRadioButton 单选按钮

```
public JTextField()
```

(2) 创建一个指定宽度的单行文本框。

```
public JTextField(int columns)      // columns 为指定文本框宽度(列数)
```

(3) 创建显示指定字符串的单行文本框。

```
public JTextField(String text)      // text 为指定要显示的字符串
```

(4) 创建一个指定宽度并显示指定字符串的单行文本框。

```
public JTextField(String text, int columns)
```

JTextField 类的常用方法如表 12-10 所示。

表 12-10 JTextField 类的常用方法

返回类型	方法名	说　　明
void	setColumns(int columns)	设置单行文本框宽度(列数)
int	getColumns()	获取单行文本框宽度(列数)
void	setText(String text)	设置单行文本框要显示的字符串
void	setFont(Font f)	设置文本框的字体
void	setBounds(int x,int y,int width,int height)	设置单行文本框的大小和位置

实例 08　单行文本框 JTextField 的使用(源代码\ch12\12.8.txt)。

```
import javax.swing.*;
import javax.swing.*;
public class JTextFieldTest {
    public static void main(String[] args) {
        JFrame frame = new JFrame();
        frame.setTitle("JTextField");
        frame.setLayout(null);
        JPanel panel = new JPanel();
        panel.setBounds(10, 30, 200, 200);
        panel.setLayout(null);
        JLabel label = new JLabel("姓名：");
        label.setBounds(30, 10, 100,30);
        //创建单选按钮
        JTextField text = new JTextField(6);
        text.setText("小明");
        text.setBounds(30, 50, 100,30);
```

```
            panel.add(label);
            panel.add(text);
            frame.add(panel);
            //设置窗体
            frame.setBounds(400, 150, 300, 300);
            frame.setVisible(true);
        }
}
```

运行结果如图 12-9 所示。

12.3.6 密码文本框 JPasswordField

密码文本框是专门用来输入密码的，为了安全，输入的内容一般不显示原始字符，只显示一种字符，默认为"*"，也可以通过它提供的方法修改。

图 12-9 JTextField 单行文本框

密码文本框是 JPasswordField 类的对象，JPasswordField 的常用构造方法如下。

(1) 创建空的 JPasswordField。

```
public JPasswordField()
```

(2) 创建一个指定列数的 JPasswordField。

```
public JPasswordField(int columns)  // columns 为指定列数
```

(3) 创建一个指定文本的 JPasswordField。

```
JPasswordField(String text)
```

(4) 创建一个指定文本和列的 JPasswordField。

```
JPasswordField(String text, int columns)
```

JPasswordField 类的常用方法如表 12-11 所示。

表 12-11 JPasswordField 类的常用方法

返回类型	方法名	说明
void	setEchoChar(char c)	设置密码文本框的回显字符
char[]	getPassword()	获取密码文本框中的内容
void	setText(String text)	设置密码文本框要显示的字符串
void	setBounds(int x,int y,int width,int height)	设置密码文本框的大小和位置

实例 09 密码文本框 JPasswordField 的使用(源代码\ch12\12.9.txt)。

```
import javax.swing.*;
public class JPasswordFieldTest {
    public static void main(String[] args) {
        JFrame frame = new JFrame();
        frame.setTitle("JPasswordField");
```

```
            frame.setLayout(null);
            JPanel panel = new JPanel();       //创建面板
            panel.setBounds(20, 30, 180, 100);
            //创建标签对象
            JLabel label = new JLabel("密码：");
            JPasswordField pass = new JPasswordField("password");
            pass.setColumns(8);
            JLabel label2 = new JLabel("显示密码：");
            JLabel label3 = new JLabel();
            char[] cs = pass.getPassword();
            String str = new String(cs);
            label3.setText(str);
            //添加组件到面板
            panel.add(label);
            panel.add(pass);
            panel.add(label2);
            panel.add(label3);
            //添加面板到窗体
            frame.add(panel);
            //设置窗体大小、位置、可见性
            frame.setBounds(400, 150, 300, 300);
            frame.setVisible(true);
    }
}
```

运行结果如图 12-10 所示。

12.3.7 多行文本框 JTextArea

多行文本框与单行文本框的主要区别是多行文本框用来接收用户输入的多行文本信息，多行文本框是 JTextArea 类对象。JTextArea 类的常用构造方法如下。

图 12-10　JPasswordField 密码文本框

(1) 创建新的 JTextArea。

```
public JTextArea()
```

(2) 创建具有指定行数和列数的新的 JTextArea。

```
public JTextArea(int rows, int columns)
// rows 为文本框的行数，columns 为文本框的列数
```

(3) 创建显示指定文本的新的 JTextArea。

```
public JTextArea(String text)      // text 为指定文本
```

(4) 创建具有指定文本、行数和列数的 JTextArea。

```
public JTextArea(String text, int rows, int columns)
```

JTextArea 类的常用方法如表 12-12 所示。

表 12-12　JTextArea 类的常用方法

返回类型	方法名	说　明
void	append(String str)	将指定字符串添加到文本框最后
void	setRows(int rows)	设置文本框的行数
int	getRows()	获取文本框的行数
void	setColumns(int columns)	设置文本框的列数
int	getColumns()	获取文本框的列数
void	insert(String str, int pos)	将指定文本插入指定位置
void	setBounds(int x,int y,int width,int height)	设置文本框的大小和位置

实例 10　多行文本框 JTextArea 的使用(源代码\ch12\12.10.txt)。

```java
import javax.swing.*;
public class JTextAreaTest {
    public static void main(String[] args) {
        JFrame frame = new JFrame();
        frame.setTitle("JTextArea");
        JPanel panel = new JPanel();   //创建面板
        panel.setLayout(null);
        //创建标签对象
        JLabel label = new JLabel("请输入自我介绍：");
        //创建多行文本框
        JTextArea area = new JTextArea("我叫李红，");
        //设置多行文本框的行数和列数
        area.setRows(5);
        area.setColumns(12);
        //在文本框中插入内容
        area.insert("今年 23 岁，",5);
        //在多行文本框中追加
        area.append("是一名在校大学生。");
        //设置标签和多行文本框的位置和大小
        label.setBounds(30, 30, 80, 30);
        area.setBounds(30, 55, 250, 100);
        panel.add(label);
        panel.add(area);
        //添加面板到窗体
        frame.add(panel);
        //设置窗体的大小、位置、可见性
        frame.setBounds(400, 150, 300, 300);
        frame.setVisible(true);
    }
}
```

运行结果如图 12-11 所示。

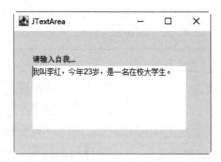

图 12-11　JTextArea 多行文本框

12.3.8　下拉列表 JComboBox

下拉列表的特点是将多个选项折叠在一起,只显示最前面或被选中的一项。下拉列表的右侧有一个下三角按钮,单击它会弹出所有的选项列表。用户可以在列表中进行选择,或者直接输入要选择的选项,也可以输入选项中没有的内容。

下拉列表由 JComboBox 实现,它的常用构造方法如下。

(1) 创建具有默认数据模型的 JComboBox。

```
public JComboBox()
```

(2) 创建一个 JComboBox,其选项取自现有的 ComboBoxModel。

```
public JComboBox(ComboBoxModel aModel)
```

(3) 创建包含指定数组中的元素的 JComboBox。

```
public JComboBox(Object[] items)
```

JComboBox 类的常用方法如表 12-13 所示。

表 12-13　JComboBox 类的常用方法

返回类型	方法名	说　明
void	addItem(Object anObject)	为下拉列表添加选项
int	getItemAt(int index)	获取指定索引处的列表项
int	getItemCount()	返回列表的项数
void	removeItem(Object anObject)	从下拉列表中删除指定选项
void	removeItemAt(int anIndex)	从下拉列表中删除指定索引处的项
void	removeAllItems()	删除下拉列表中的所有项
int	getSelectedIndex()	返回当前选中项的索引
Object	getSelectedItem()	返回当前选中项
void	setBounds(int x,int y,int width,int height)	设置下拉列表框的大小和位置

实例 11　下拉列表 JComboBox 的使用(源代码\ch12\12.11.txt)。

```
import javax.swing.*;
public class JComboBoxTest {
```

```
    public static void main(String[] args) {
        JFrame frame = new JFrame();
        frame.setTitle("JComboBox");
        JPanel panel = new JPanel();
        JLabel label = new JLabel("省份: ");
        String[] str = {"北京","河北","山东"};
        JComboBox box = new JComboBox(str);
        box.addItem("河南");
        //设置索引是 3 的项为选中
        box.setSelectedIndex(3);
        box.addItem("安徽");
        //显示选中的项,不可以动态改变
        JLabel label1 = new JLabel();
        label1.setText(box.getSelectedItem().toString());
        panel.add(label);
        panel.add(box);
        panel.add(label1);
        frame.add(panel);
        //设置窗体
        frame.setBounds(400, 150, 300, 300);
        frame.setVisible(true);
    }
}
```

运行结果如图 12-12 所示。

12.3.9 列表框 JList

列表框是将多个文本选项显示在一个区域,当其内容超过列表的高度时,显示滚动条。用户可以选择一项或多项。列表框是 JList 类的对象,它的常用构造方法如下。

图 12-12 JComboBox 下拉列表

(1) 创建一个具有空的、只读模型的 JList

```
public JList()
```

(2) 创建一个 JList,使其显示指定数组中的元素

```
public JList(Object[] listData)  // listData 为指定数组
```

(3) 根据指定的非 null 模型构造一个显示元素的 JList。

```
public JList(ListModel dataModel)  // dataModel 为指定模型显示 JList
```

实例 12 列表框 JList 的使用(源代码\ch12\12.12.txt)。

```
import java.awt.Color;
import javax.swing.*;
import javax.swing.border.*;
public class JListTest {
    public static void main(String[] args) {
        JFrame frame = new JFrame();
        frame.setTitle("JList");
        JPanel panel = new JPanel();
```

```
            JLabel label = new JLabel("兴趣爱好: ");
            String[] str = {"唱歌","旅游","跳舞"};
            JList list = new JList(str);
            //设置列表框的宽和高
            list.setFixedCellHeight(30);
            list.setFixedCellWidth(50);
            //设置列表框的边框
            Border border = new LineBorder(Color.black);
            list.setBorder(border);
            //设置选中项
            list.setSelectedIndex(1);
            panel.add(label);
            panel.add(list);
            frame.add(panel);
            //设置窗体
            frame.setBounds(400, 150, 300, 300);
            frame.setVisible(true);
    }
}
```

运行结果如图 12-13 所示。

12.3.10 表格组件 JTable

使用 JTable 类可以将数据以表格的形式显示，并允许用户编辑相应的数据。JTable 并不是包含或缓冲数据，它只是简单地作为数据的显示视图。

创建表格使用 JTable 类的构造方法，该类主要有以下构造方法。

图 12-13 JList 列表框

(1) 创建一个默认的 JTable 对象，使用默认的数据模型、默认的列模型和默认的选择模型对其进行初始化。

```
JTable()
```

(2) 使用 DefaultTableModel 创建具有 numRows 行和 numColumns 列个空单元格的 JTable。

```
JTable(int numRows, int numColumns)
```

参数介绍如下。
- numRows：行数。
- numColumns：列数。

(3) 创建一个 JTable 对象，显示二维数组 rowData 中的值，其列名称为二维数组 columnNames。

```
JTable(Object[][] rowData, Object[] columnNames)
```

参数介绍如下。
- rowData：新表的数据。
- columnNames：每列的名称。

(4) 创建一个 JTable 对象,其列名称为 columnNames。

```
JTable(Vector rowData, Vector columnNames)
```

参数介绍如下。
- rowData:新表的数据。
- columnNames:每列的名称。

 如果直接将表格添加到相应的容器中,则需要先通过 JTable 类的 getTableHeader()方法获得 JTableHeader 类的对象,然后再将该对象添加到容器的相应位置,否则表格将没有列名。

实例 13 创建一个表格,用于显示学生期末成绩(源代码\ch12\12.13.txt)。

```java
import java.awt.*;
import java.util.Random;
import javax.swing.*;
public class ScoreTable extends JFrame {
    private static final long serialVersionUID = 1L;
    public ScoreTable() {
        setTitle("成绩表");
        setBounds(400, 300, 470, 250);       // 设置窗口大小和位置
        setLayout(new FlowLayout());         // 设置窗口布局
        String[] names = { "张珊珊", "张欢喜", "王静涵", "李小娜", "李青云",
            "赵明敏", "马子艳", "杨璇蕊", "杨阳光", "马小丽" };
        String[][] score = new String[names.length][];// 成绩数
        Random random = new Random();        // 随机数生成器
        for (int i = 0; i < names.length; i++) {
            score[i] = new String[4];        // 二维数组实例化
            for (int j = 0; j < 4; j++) {
            //随机生成 75~98 的数
                int num = random.nextInt(98) % (98 - 75 + 1) + 75;
                score[i][j] = String.valueOf(num);
                score[i][0] = names[i];      // 保证第一列是姓名
            }
        }
        String head[] = { "姓名", "英语", "语文", "数学" }; // 表头
        JTable table = new JTable(score, head);// 创建表,加入表内容和表头
        table.setSelectionMode(ListSelectionModel.SINGLE_SELECTION);
            // 选择模式为单选
        table.setSelectionBackground(Color.YELLOW); // 被选择行的背景色为黄色
        table.setSelectionForeground(Color.RED);
            // 被选择行的前景色(文字颜色)为红色
        JScrollPane scrollPane = new JScrollPane(table);//创建滚动面板对象
        add(scrollPane); // 滚动面板加入窗口
        setVisible(true);
    }
    public static void main(String[] args) {
        new ScoreTable();
    }
}
```

运行结果如图 12-14 所示。

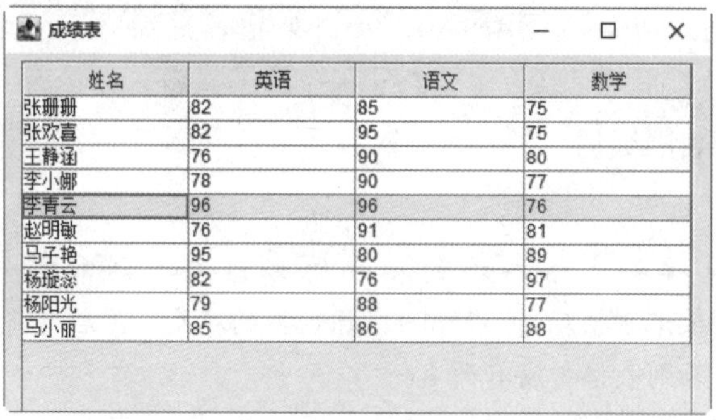

姓名	英语	语文	数学
张珊珊	82	85	75
张欢喜	82	95	75
王静涵	76	90	80
李小娜	78	90	77
李青云	96	96	76
赵明敏	76	91	81
马子艳	95	80	89
杨璇蕊	82	76	97
杨阳光	79	88	77
马小丽	85	86	88

图 12-14　成绩表

12.4　菜 单 组 件

桌面应用程序为了方便用户的操作，提供了菜单。菜单分为放置在菜单栏的下拉式菜单和弹出式菜单。

12.4.1　下拉式菜单

下拉式菜单是放置在菜单栏(JMenuBar)上的组件，菜单栏含有一个或多个下拉式菜单名称。菜单项分为普通菜单项、单选按钮菜单项和复选按钮菜单项。菜单项还可以设置快捷键，菜单是 JMenu 类的对象。

实例 14　创建下拉式菜单(源代码\ch12\12.14.txt)。

```
import javax.swing.*;
public class JMenuTest {
    public static void main(String[] args) {
        JFrame frame = new JFrame();
        frame.setTitle("下拉式菜单");
        //创建 JMenuBar 菜单栏对象
        JMenuBar bar = new JMenuBar();
        //将菜单栏添加到窗体上
        frame.setJMenuBar(bar);
        //创建 JMenu 菜单对象
        JMenu file = new JMenu("文件");
        JMenu edit = new JMenu("编辑");
        JMenu view = new JMenu("查看");
        //将菜单添加到菜单栏上
        bar.add(file);
        bar.add(edit);
        bar.add(view);
        //创建 JMenu 菜单下的子菜单 JMenuItem
        JMenuItem open = new JMenuItem("打开");
        JMenuItem save = new JMenuItem("保存");
        JMenuItem saveAs = new JMenuItem("另存为");
```

```
            //子菜单添加到file菜单项下
            file.add(open);
            file.add(save);
            file.add(saveAs);
            //设置窗体
            frame.setBounds(400, 150, 300, 300);
            frame.setVisible(true);
        }
}
```

运行结果如图 12-15 所示。

12.4.2 弹出式菜单

在 Swing 中可以创建弹出式菜单，弹出式菜单是 JPopupMenu 类的对象。

实例 15 创建弹出式菜单(源代码\ch12\12.15.txt)。

图 12-15 下拉式菜单

```
import java.awt.event.*;
import javax.swing.*;
public class JPopupMenuTest {
    public static void main(String[] args) {
        JFrame frame = new JFrame();
        frame.setTitle("JPopupMenu");
        JPanel panel = new JPanel();
        //创建弹出式菜单
        JPopupMenu popMenu = new JPopupMenu();
        popMenu.add(new JMenuItem("复制"));
        popMenu.add(new JMenuItem("剪切"));
        popMenu.add(new JMenuItem("粘贴"));
        panel.add(popMenu);
        frame.add(panel);
        //添加面板的右击鼠标事件
        panel.addMouseListener(new MouseAdapter() {
            @Override   //重写右击释放鼠标方法
            public void mouseReleased(MouseEvent event){
                //判断是否单击鼠标右键
                if(event.getButton() == MouseEvent.BUTTON3){
                    //显示弹出式菜单内容
                    popMenu.show(panel, event.getY(), event.getY());
                }
            }
        });
        //设置窗体
        frame.setBounds(400, 150, 300, 300);
        frame.setVisible(true);
    }
}
```

运行结果如图 12-16 所示。

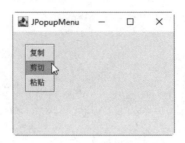

图 12-16　弹出式菜单

12.5　布 局 管 理

Java 语言中的 java.awt 包提供了多种布局管理器类，常用的有 FlowLayout、BorderLayout 和 GridLayout。

12.5.1　流式布局管理器

FlowLayout 布局管理器(即流式布局管理器)是 Panel 面板类的默认布局管理器。FlowLayout 布局管理器对组件逐行定位，行内从左到右，一行排满后换行。FlowLayout 布局管理器不改变组件的大小，按照组件原有的尺寸显示组件，可以设置组件之间的间距、行距以及对齐方式。FlowLayout 布局管理器默认的对齐方式是居中。

FlowLayout 的常用构造方法如下。

(1) 构造一个新的 FlowLayout，居中对齐，默认的水平和垂直间距是 5 个单位。

```
FlowLayout()
```

(2) 构造一个新的 FlowLayout，指定对齐方式，默认的水平和垂直间距是 5 个单位。

```
FlowLayout(int align)    // align 为指定的对齐方式
```

(3) 创建一个新的 FlowLayout，指定对齐方式，指定水平和垂直间距。

```
FlowLayout(int align, int hgap, int vgap)
```

参数介绍如下。
- align：指定的对齐方式。
- hgap：指定水平间距。
- vgap：指定垂直间距。

实例 16　流式布局管理器的使用(源代码\ch12\12.16.txt)。

```
import java.awt.FlowLayout;
import javax.swing.*;
public class FlowTest {
    public static void main(String[] args) {
        JFrame frame = new JFrame();
        frame.setTitle("流式布局管理器");
        //设置窗体的布局管理器是流式布局管理器
```

```
        frame.setLayout(new FlowLayout());
        //创建按钮
        JButton btn1 = new JButton("知识");
        JButton btn2 = new JButton("游戏");
        JButton btn3 = new JButton("故事");
        //将按钮添加到面板上
        frame.add(btn1);
        frame.add(btn2);
        frame.add(btn3);
        //设置窗体的大小
        frame.setVisible(true);
        frame.setBounds(300, 200, 300, 300);
    }
}
```

运行上述程序,结果如图 12-17 所示。

12.5.2 边框布局管理器

图 12-17 流式布局管理器

BorderLayout 布局管理器(即边框布局管理器)是窗体 JFrame 的默认布局管理器。BorderLayout 将整个容器的布局分为东(EAST)、西(WEST)、南(SOUTH)、北(NORTH)、中(CENTER)五个区域,组件只能被添加到指定的区域。

如果不指定组件加入的区域,则默认被加入 CENTER 区,每个区域只能加入一个组件,如果加入多个组件,则先前加入的组件被覆盖。

BorderLayout 布局管理器尺寸缩放原则是南、北两个区域在水平方向上缩放,东、西两个区域在垂直方向上缩放,中间区域可在水平和垂直两个方向上缩放。BorderLayout 的常用构造方法如下。

(1) 创建一个组件之间没有间距的 BorderLayout。

```
BorderLayout()
```

(2) 创建一个具有指定组件间距的 BorderLayout。

```
BorderLayout(int hgap, int vgap)
```

参数介绍如下。

- hgap:指定水平间距。
- vgap:指定垂直间距。

实例 17 边框布局管理器的使用(源代码\ch12\12.17.txt)。

```
import java.awt.*;
import javax.swing.*;
public class BorderTest {
    public static void main(String[] args) {
        JFrame frame = new JFrame();
        frame.setTitle("边框布局管理器");
        //设置窗体:边框布局管理器
```

```
        frame.setLayout(new BorderLayout());
        //创建按钮
        JButton btn1 = new JButton("左");
        JButton btn2 = new JButton("右");
        JButton btn3 = new JButton("上");
        JButton btn4 = new JButton("下");
        JButton btn5 = new JButton("中");
        //将按钮添加到窗体的指定区域
        frame.add(btn1,BorderLayout.EAST);
        frame.add(btn2,BorderLayout.WEST);
        frame.add(btn3,BorderLayout.NORTH);
        frame.add(btn4,BorderLayout.SOUTH);
        frame.add(btn5,BorderLayout.CENTER);
        //设置窗体的大小
        frame.setVisible(true);
        frame.setBounds(300, 200, 300, 300);
    }
}
```

运行结果如图12-18所示。

12.5.3 网格布局管理器

GridLayout布局管理器(即网格布局管理器)将空间划分成规则的矩形网格，每个单元格区域大小相等。

GridLayout布局管理器的构造方法中指定分割的行数和列数，常用的构造方法如下。

(1) 创建一个具有默认值的GridLayout，即每个组件占据一行一列。

```
GridLayout()
```

图12-18 边框布局管理器

(2) 创建一个具有指定行数和列数的GridLayout。

```
GridLayout(int rows, int cols)
```

参数介绍如下。

- rows：指定行数。
- cols：指定列数。

实例18 网格布局管理器的使用(源代码\ch12\12.18.txt)。

```
import java.awt.*;
import javax.swing.*;
public class GridTest {
    public static void main(String[] args) {
        JFrame frame = new JFrame();
        frame.setTitle("网格布局管理器");
        //设置窗体：网格布局管理器
        frame.setLayout(new GridLayout(3,2));
        //创建按钮
        JButton btn1 = new JButton("按钮1");
        JButton btn2 = new JButton("按钮2");
```

```
        JButton btn3 = new JButton("按钮 3");
        JButton btn4 = new JButton("按钮 4");
        JButton btn5 = new JButton("按钮 5");
        JButton btn6 = new JButton("按钮 6");
        //将按钮添加到窗体
        frame.add(btn1);
        frame.add(btn2);
        frame.add(btn3);
        frame.add(btn4);
        frame.add(btn5);
        frame.add(btn6);
        //设置窗体的大小
        frame.setVisible(true);
        frame.setBounds(300, 200, 300, 300);
    }
}
```

运行结果如图 12-19 所示。

图 12-19　网格布局管理器

12.6　就业面试问题解答

问题 1：为何设置了组件的大小和位置，显示没有变化？

答：使用布局管理器时，布局管理器负责各个组件的大小和位置，因此无法设置组件的大小和位置。如果使用组件的 setLocation()、setSize()和 setBounds()等方法修改组件的位置和大小，会被布局管理器覆盖。如果要设置组件的大小和位置，则应该通过 setLayout(null)方法，取消容器的布局管理器。

问题 2：弹出式选择菜单(Choice)和列表(List)有什么区别？

答：Choice 是以一种紧凑的形式展示的，需要下拉才能看到所有的选项，Choice 中一次只能选中一个选项，List 可以同时有多个元素可见，支持选中一个或者多个元素。

12.7　上机练练手

上机练习 1：使用 Java 语言完成用户注册功能

使用 Java 语言提供的事件监听器接口，完成用户注册功能。运行程序，只填写用户名，单击"注册"按钮，结果如图 12-20 所示；注册信息填写完成，单击"注册"按钮，结果如图 12-21 所示；单击"重置"按钮，结果如图 12-22 所示。

图 12-20　填写用户名　　　图 12-21　填写完成　　　图 12-22　单击"重置"按钮

上机练习 2：使用 Java 语言实现计算器界面

编写程序，使用 JPanel 面板实现带有显示器的计算器界面。程序运行效果如图 12-23 所示。

图 12-23　计算器界面

上机练习 3：使用 Java 语句实现进度条功能

编写程序，利用 JProgressBar 类可以创建一个进度条。进度条的本质是一个矩形组件，通过填充它的部分或者全部来指示一个任务的具体执行情况。执行结果如图 12-24 所示。

图 12-24　进度条

第13章

输入和输出流

在 Java 语言中,将不同的输入/输出(I/O)设备之间的数据传输抽象为"流",程序允许通过流的方式与输入/输出设备进行数据传输。本章将详细介绍 Java 中的输入/输出流,主要内容包括文件类、字节流、字符流、文件流、数据操作流等。

13.1 文 件 类

File 类是 I/O 包中唯一代表磁盘文件本身的对象。File 类定义了一些与平台无关的方法来操纵文件,通过调用 File 类提供的各种方法,能够完成创建文件、删除文件、重命名文件、判断文件的读写权限及文件是否存在,以及设置和查询文件的最近修改时间等操作。

13.1.1 文件类的常用方法

文件类的方法非常多,常用的如表 13-1 所示。

表 13-1 文件类的常用方法

类 型	方法名	功 能
	File(String filename)	在当前路径下,创建一个名字为 filename 的文件
	File(String path, String filename)	在给定的 path 路径下,创建一个名字为 filename 的文件
String	getName()	获取文件(目录)的名称
String	getPath()	获取路径名字符串
String	getAbsolutePath()	获取绝对路径的字符串
long	length()	获取文件的长度。如果表示目录,则返回值不确定
boolean	canRead()	判断文件是否可读
boolean	canWrite()	判断文件是否可写
boolean	canExecute()	判断文件是否执行
boolean	exists()	判断文件(目录)是否存在
boolean	isFile()	判断文件是否是一个标准文件
boolean	isDirectory()	判断文件是否是一个目录
boolean	isHidden()	判读文件是否是一个隐藏文件
long	lastModified()	获取文件最后一次被修改的时间

下面的构造方法可以用来生成 File 对象。

```
File(String directoryPath)
```

在这里,directoryPath 是文件的路径名。

File 定义了很多获取 File 对象标准属性的方法。例如,getName()用于返回文件名,getParent()返回父目录名;exists()方法在文件存在的情况下返回 true,反之,则返回 false。然而 File 类是不对称的,意思是虽然存在可以验证一个简单文件对象属性的很多方法,但是没有相应的方法来改变这些属性。下面的例子说明了 File 的几个方法。

实例 01 File 方法的使用(源代码\ch13\13.1.txt)。

```java
import java.io.*;//引入I/O系统类
public class Test
{
    public static void main(String[] args)
    {
        File f=new File("e:\\text.txt");
        if(f.exists())
           f.delete();
        else
           try
           {
              f.createNewFile();
           }
           catch(Exception e)
           {
              System.out.println(e.getMessage());
           }
        // getName()方法，取得文件名
        System.out.println("文件名："+f.getName());
        // getPath()方法，取得文件路径
        System.out.println("文件路径："+f.getPath());
        // getAbsolutePath()方法，得到绝对路径名
        System.out.println("绝对路径："+f.getAbsolutePath());
        // getParent()方法，得到父文件夹名
        System.out.println("父文件夹名称："+f.getParent());
        // exists()，判断文件是否存在
        System.out.println(f.exists()?"文件存在":"文件不存在");
        // canWrite()，判断文件是否可写
        System.out.println(f.canWrite()?"文件可写":"文件不可写");
        // canRead()，判断文件是否可读
        System.out.println(f.canRead()?"文件可读":"文件不可读");
        /// isDirectory()，判断是否是目录
        System.out.println(f.isDirectory()?"是":"不是"+"目录");
        // isFile()，判断是否是文件
        System.out.println(f.isFile()?"是文件":"不是文件");
        // isAbsolute()，是否是绝对路径名称
        System.out.println(f.isAbsolute()?"是绝对路径":"不是绝对路径");
        // lastModified()，文件最后的修改时间
        System.out.println("文件最后修改时间："+f.lastModified());
        // length()，文件的长度
        System.out.println("文件大小："+f.length()+" Bytes");
    }
}
```

运行结果如图 13-1 所示。

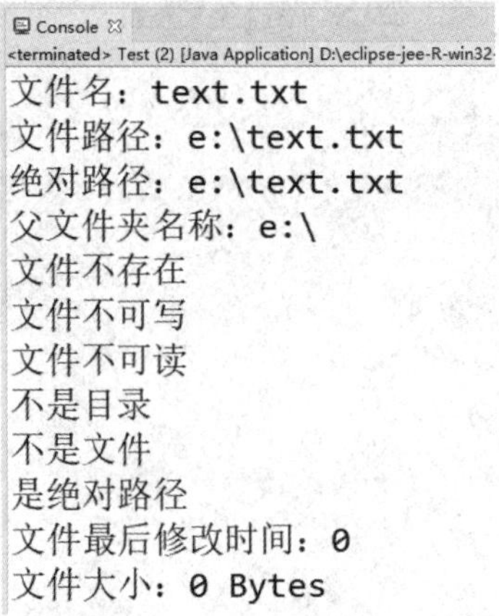

```
 Console
 <terminated> Test (2) [Java Application] D:\eclipse-jee-R-win32
 文件名：text.txt
 文件路径：e:\text.txt
 绝对路径：e:\text.txt
 父文件夹名称：e:\
 文件不存在
 文件不可写
 文件不可读
 不是目录
 不是文件
 是绝对路径
 文件最后修改时间：0
 文件大小：0 Bytes
```

图 13-1　File 方法的使用

13.1.2　遍历目录文件

Java 把目录作为一种特殊的文件进行处理，它除了具备文件的基本属性(如文件名、所在路径等信息)外，同时也提供了专用于目录的一些操作方法，如表 13-2 所示。

表 13-2　遍历目录文件的方法

类　型	方法名	功　能
boolean	mkdir()	创建一个目录，并返回创建结果。若成功则返回 true，若失败(目录已存在)则返回 false
boolean	mkdirs()	创建一个包括父目录在内的目录。创建所有目录，若成功，则返回 true，如果失败，则返回 false，但要注意的是有可能部分目录已创建成功
String[]	list()	获取目录下字符串表示形式的文件名和目录名
String[]	list(FilenameFilter filter)	获取满足指定过滤器条件的字符串表示形式的文件名和目录名
File[]	listFiles()	获取目录下文件类型表示形式的文件名和目录名
File[]	listFiles(FileFilter filter)	获取满足指定过滤器文件条件的文件表示形式的文件名和目录名
File[]	listFiles(FilenameFilter filter)	获取满足指定过滤器路径和文件条件的文件表示形式的文件名和目录名

实例 02　列出给定目录下的所有文件名(源代码\ch13\13.2.txt)。

```java
import java.io.*;//引入 I/O 系统类
import java.util.Scanner; //引入 Scanner 类
public class Test
{
    public static void main(String args[])
    {
        Scanner scanner = new Scanner(System.in);
        System.out.println("请输入要访问的目录：");
```

```
            String s = scanner.nextLine();//读取待访问的目录名

            File dirFile = new File(s);//创建目录文件对象
            String[] allresults = dirFile.list();//获取目录下的所有文件名
            for (String name : allresults)
                System.out.println(name);//输出所有文件名

            System.out.println("输入文件扩展名:");
            s = scanner.nextLine();
            Filter_Name fileAccept = new Filter_Name();//创建文件名过滤对象
            fileAccept.setExtendName(s);//设置过滤条件
            String result[] = dirFile.list(fileAccept);//获取满足条件的文件名
            for (String name : result)
                System.out.println(name);//输出满足条件的文件名
    }
}
class Filter_Name implements FilenameFilter
{
    String extendName;
    public void setExtendName(String s)
    {
        extendName = s;
    }
    public boolean accept(File dir, String name)
    {//重写接口中的方法,设置过滤内容
        return name.endsWith(extendName);
    }
}
```

运行结果如图 13-2 所示。

13.1.3 删除文件和目录

在操作文件时,经常需要删除一个目录下的某个文件或者删除整个目录,这时读者可以使用 File 类的 delete()方法。下面通过一个案例来演示如何使用 delete()方法删除文件。

实例 03 删除执行目录下的文件(源代码\ch13\13.3.txt)。

在路径"D:/0file/"下创建一个 MyText.txt 文件,输出属性信息,然后删除文件,再判断文件是否存在。

图 13-2 列出文件名

```
import java.io.*;//引入 I/O 系统类
public class CreatFile {
    public static void main(String[] args) throws IOException {
        File file = new File("D:\\0file\\MyText.txt");//创建一个 File 对象
        file.createNewFile();
        //输出刚创建的文件的一些信息
        System.out.println("查看刚创建的文件是否存在:"+file.exists());
        System.out.println("文件名: "+file.getName());
        System.out.println("文件路径: "+file.getAbsolutePath());
        System.out.println("文件能否可读: "+file.canRead());
```

```
            System.out.println("文件能否可写："+file.canWrite());
            System.out.println("文件内容长度："+file.length());
            System.out.println("删除文件："+file.delete());
            System.out.println("再看看文件存不存在:"+file.exists());
            if(!file.exists()) {//判断看看刚创建的文件存不存在
                System.out.println("文件不存在，文件被删除了！");
            }
        }
}
```

运行结果如图 13-3 所示。

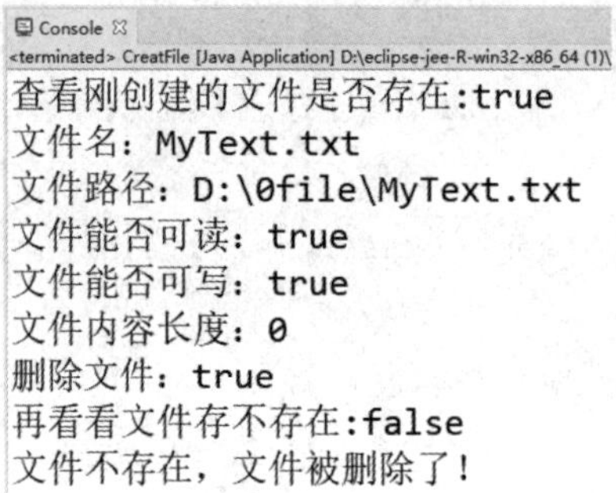

图 13-3 删除文件

13.2 字 节 流

字节流(byte stream)类是以字节为单位来处理数据的，由于字节流不会对数据进行任何转换，因此可以用来处理二进制的数据。字节流类为处理字节式输入/输出提供了丰富的环境。一个字节流可以和其他任何类型的对象并用，包括二进制数据。这样的多功能性使得字节流对很多类型的程序都很重要。

13.2.1 字节输入流

字节输入流的作用是从数据输入源(例如从磁盘、网络等)获取字节数据输入到应用程序(内存)中。InputStream 是一个定义了 Java 流式字节输入模式的抽象类，该类的所有方法在出错时都会引发一个 IOException 异常。表 13-3 所示为 InputStream 的方法。

表 13-3 InputStream 的方法

方 法	描 述
int available()	返回当前可读的输入字节数
void close()	关闭输入流。关闭之后若再读取则会产生 IOException 异常
void mark(int numBytes)	在输入流的当前点放置一个标记。该流在读取 numBytes 个字节前都保持有效
boolean markSupported()	如果调用的流支持 mark()/reset()就返回 true
int read()	如果下一个字节可读则返回一个整型数，遇到文件尾时返回-1

续表

方 法	描 述
int read(byte buffer[])	试图读取 buffer.length 个字节到 buffer 中,并返回实际成功读取的字节数。遇到文件尾时返回-1
int read(byte buffer[], int offset,int numBytes)	试图读取 buffer 中从 buffer[offset]开始的 numBytes 个字节,返回实际读取的字节数。遇到文件结尾时返回-1
void reset()	重新设置输入指针到先前设置的标志处
long skip(long numBytes)	忽略 numBytes 个输入字节,返回实际忽略的字节数

FileInputStream 类创建一个能从文件读取字节的 InputStream 类,它的两个常用的构造方法如下。

```
FileInputStream(String filepath)
FileInputStream(File fileObj)
```

这两个构造方法都能引发 FileNotFoundException 异常。在这里,filepath 是文件的绝对路径,fileObj 是描述该文件的 File 对象。

下面的例子创建了两个使用同样磁盘文件且各含一个上面所描述的构造方法的 FileInputStream 类。

```
InputStream f0 = new FileInputStream("c:\\test.txt");
File f = new File("c:\\test.txt");
InputStream f1 = new FileInputStream(f);
```

尽管第 1 个构造方法可能更常用,但第 2 个构造方法允许在把文件赋给输入流之前用 File 方法进一步检查文件。当一个 FileInputStream 被创建时,它可以被公开读取。

实例 04 从磁盘文件中读取指定文件并显示出来(源代码\ch13\13.4.txt)。

```java
import java.io.*;                          //引入 I/O 系统类
import java.util.Scanner;                  //引入 Scanner 类
public class Test {
    public static void main(String[] args)
    {
        byte[] b=new byte[1024];           //设置字节缓冲区
        int n=-1;
        System.out.println("请输入要读取的文件名:(例如: d:\\hello.txt)");
        Scanner scanner=new Scanner(System.in);
        String str=scanner.nextLine();     //获取要读取的文件名
        try
        {
            FileInputStream in=new FileInputStream(str);    //创建字节输入流
            while((n=in.read(b,0,1024))!=-1)
            {//读取文件内容到缓冲区并显示
                String s=new String (b,0,n);
                System.out.println(s);
            }
            in.close();                    //读取文件结束,关闭文件
        }
        catch(IOException e)
```

```
            {
                System.out.println("文件读取失败");
            }
        }
    }
}
```

运行结果如图 13-4 所示。

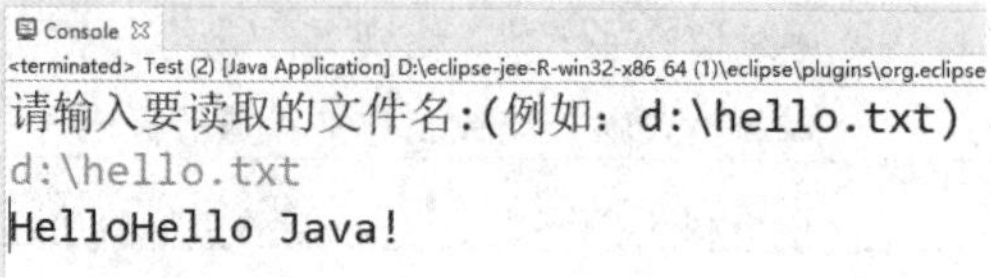

图 13-4　读取指定文件并显示出来

13.2.2　字节输出流

字节输出流的作用是将字节数据从应用程序(内存)中传送到输出目的地，如外部设备、网络等。字节输出流 OutputStream 的常用方法如表 13-4 所示。OutputStream 是定义了流式字节输出模式的抽象类，该类的所有方法返回一个 void 值并且在出错的情况下引发一个 IOException 异常。

表 13-4　OutputStream 的常用方法

方　法	描　述
void close()	关闭输出流。关闭后的写操作会产生 IOException 异常
void flush()	定制输出状态以使每个缓冲区都被清除，也就是刷新输出缓冲区
void write(int b)	向输出流写入单个字节。注意参数是一个整型数，它允许设计者不必把参数转换成字节型就可以调用 write()方法
void write(byte buffer[])	向一个输出流写一个完整的字节数组
void write(byte buffer[], int offset, int numBytes)	写数组 buffer 以 buffer[offset]为起点的 numBytes 个字节区域内的内容

要特别注意的是，表 13-3 和表 13-4 中的多数方法由 InputStream 和 OutputStream 的子类来实现，但 mark()和 reset()方法除外。注意下面讨论的每个子类中这些方法的使用和不使用的情况。

FileOutputStream 创建了一个可以向文件写入字节的类 OutputStream，常用的构造方法如下：

```
FileOutputStream(String filePath)
FileOutputStream(File fileObj)
FileOutputStream(String filePath, boolean append)
```

它们可以引发 IOException 或 SecurityException 异常。在这里，filePath 是文件的绝对路径，fileObj 是描述文件的 File 对象。如果 append 为 true，文件就以设置搜索路径模式打开。FileOutputStream 的创建不依赖于文件是否存在。在创建对象时，FileOutputStream 会在打开输出文件之前就创建它。在这种情况下，如果试图打开一个只读文件，则会引发一个 IOException 异常。

在完成写操作过程中,系统会将数据暂存到缓冲区中,缓冲区存满后再一次性写入输出流中。执行 close()方法时,不管缓冲区是否已满,都会把其中的数据写到输出流。

实例 05 向一个磁盘文件中写入数据(源代码\ch13\13.5.txt)。

```
import java.io.*;//引入I/O系统类
import java.util.Scanner; //引入Scanner类
public class Test
{
    public static void main(String[] args)
    {
        String content;//待输出字符串
        byte[] b;//输出字节流
        FileOutputStream out;//文件输出流
        Scanner scanner = new Scanner(System.in);
        System.out.println("请输入文件名:(例如,d:\\hello.txt)");
        String filename = scanner.nextLine();
        File file = new File(filename);//创建文件对象

        if (!file.exists())
        {//判断文件是否存在
            System.out.println("文件不存在,是否创建?(y/n)");
            String f = scanner.nextLine();
            if (f.equalsIgnoreCase("n"))
                System.exit(0);//不创建,退出
            else
            {
                try
                {
                    file.createNewFile();//创建新文件
                }
                catch(IOException e)
                {
                    System.out.println("创建失败");
                    System.exit(0);
                }
            }
        }

        try
        {//向文件中写内容
            content="Hello";
            b=content.getBytes();
            out = new FileOutputStream(file);//建立文件输出流
            out.write(b);//完成写操作
            out.close();//关闭输出流
            System.out.println("文件写操作成功! ");
        }
        catch(IOException e)
        {e.getMessage();}

        try
```

```
        {//向文件中追加内容
            System.out.println("请输入追加的内容：");
            content = scanner.nextLine();
            b=content.getBytes();
            out = new FileOutputStream(file,true);//创建可追加内容的输出流
            out.write(b);//完成追加写操作
            out.close();//关闭输出流
            System.out.println("文件追加写操作成功！");
            scanner.close();
        }
        catch(IOException e)
        {e.getMessage();}
    }
}
```

运行结果如图 13-5 所示。

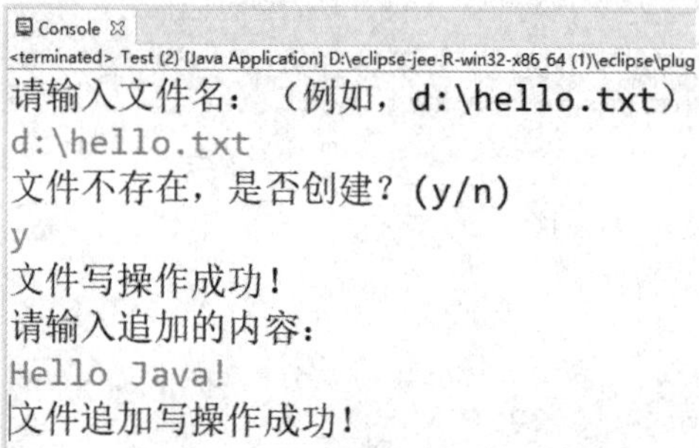

图 13-5　程序运行结果

13.3　字　符　流

在实际应用中，经常会出现直接操作字符的需求，如果依然采用字节流实现，不仅效率不高，而且还容易出错。

13.3.1　字符输入流 Reader

Reader 是专门输入数据的字符操作流，它是一个抽象类，其定义如下：

```
public abstract class Reader
extends Object
implements Readable, Closeable
```

该类的所有方法在出错的情况下都将引发 IOException 异常。该类的主要方法如表 13-5 所示。

表 13-5　Reader 类的主要方法

方　　法	描　　述
abstract void close()	关闭输入源。进一步的读取将会产生 IOException 异常
void mark(int numChars)	在输入流的当前位置设立一个标志。该输入流在 numChars 个字符被读取之前有效
boolean markSupported()	该流支持 mark()/reset()则返回 true
int read()	如果调用的输入流的下一个字符可读则返回一个整型数。遇到文件尾时返回-1
int read(char buffer[])	试图读取 buffer 中的 buffer.length 个字符，返回实际成功读取的字符数。遇到文件尾返回-1
abstract int read(char buffer[], int offset,int numChars)	试图读取 buffer 中从 buffer[offset]开始的 numChars 个字符，返回实际成功读取的字符数。遇到文件尾返回-1
boolean ready()	如果下一个输入请求不等待则返回 true，否则返回 false
long skip(long numChars)	跳过 numChars 个输入字符，返回跳过的字符设置输入指针到先前设立的标志处

13.3.2　字符输出流 Writer

Writer 是定义流式字符输出的抽象类，所有该类的方法都返回一个 void 值并在出错的条件下引发 IOException 异常。表 13-6 所示给出了 Writer 类中的方法。

表 13-6　Writer 类中的方法

方　　法	描　　述
abstract void close()	关闭输出流。关闭后的写操作会产生 IOException 异常
abstract void flush()	定制输出状态以使每个缓冲区都被清除，也就是刷新输出缓冲区
void write(int ch)	向输出流写入单个字符。注意参数是一个整型数，它允许设计者不必把参数转换成字符型就可以调用 write()方法
void write(char buffer[ ])	向一个输出流写一个完整的字符数组
abstract void write(char buffer[ ],int offset,int numChars)	向调用的输出流写入数组 buffer 以 buffer[offset]为起点，长度为 numChars 个字符的区域内的内容
void write(String str)	向调用的输出流写 str
void write(String str, int offset,int numChars)	写数组 str 中以指定的 offset 为起点的长度为 numChars 个字符区域内的内容

实例 06　应用字符流实现文件读写功能(源代码\ch13\13.6.txt)。

```
import java.io.*;//引入 I/O 系统类
import java.util.Scanner; //引入 Scanner 类
```

```
public class Test
{
    public static void main(String args[ ]) throws IOException
    {
        String strLine;
        String strTest="Welcome to the Java World!";
        BufferedWriter bwFile=new BufferedWriter(new FileWriter("demo.txt"));
        bwFile.write(strTest,0,strTest.length());
        bwFile.flush( );
        System.out.println("成功写入 demo.txt!\n");
        BufferedReader bwReader=new BufferedReader(new FileReader("demo.txt"));
        strLine=bwReader.readLine( );
        System.out.println("从 demo.txt 读取的内容为:");
        System.out.println(strLine);
    }
}
```

保存并运行程序，结果如图 13-6 所示。

```
成功写入demo.txt!

从demo.txt读取的内容为:
Welcome to the Java World!
```

图 13-6　读写文件

13.4　文 件 流

文件流是用来对文件进行读写的流类，主要包括 FileReader 类和 FileWriter 类。

13.4.1　FileReader 类

FileReader 类创建了一个可以读取文件内容的 Reader 类。它最常用的构造方法如下。

```
FileReader(String filePath)
FileReader(File fileObj)
```

这两个方法都能引发一个 FileNotFoundException 异常。在这里 filePath 是一个文件的完整路径，fileObj 是描述该文件的 File 对象。

13.4.2　FileWriter 类

FileWriter 类可以创建一个可以写文件的 Writer 类。它最常用的构造方法如下。

```
FileWriter(String filePath)
FileWriter(String filePath, boolean append)
FileWriter(File fileObj)
```

上述构造方法可以引发 IOException 或 SecurityException 异常。在这里 filePath 是文件的绝对路径，fileObj 是描述该文件的 File 对象。如果 append 为 true，输出是附加到文件尾的。FileWriter 类的创建不依赖于文件存在与否。

实例 07 利用文件流实现文件的复制功能(源代码\ch13\13.7.txt)。

```java
import java.io.*;//引入 I/O 系统类
import java.util.Scanner; //引入 Scanner 类
public class Test
{
public static void main(String[] args) throws IOException
    {
        Scanner scanner=new Scanner(System.in);
        System.out.println("请输入源文件名和目的文件名，中间用空格分隔");
        String s=scanner.next();//读取源文件名
        String d=scanner.next();//读取目的文件名
        File file1=new File(s);//创建源文件对象
        File file2=new File(d);//创建目的文件对象
        if(!file1.exists())
        {
            System.out.println("被复制的文件不存在");
            System.exit(1);
        }
        InputStream input=new FileInputStream(file1);//创建源文件流
        OutputStream output=new FileOutputStream(file2);//创建目的文件流
        if((input!=null)&&(output!=null))
        {
            int temp=0;
            while((temp=input.read())!=(-1))
                output.write(temp);//完成数据复制
        }
        input.close();//关闭源文件流
        output.close();//关闭目的文件流
        System.out.println("文件复制成功！");
    }
}
```

保存并运行程序，结果如图 13-7 所示。

```
请输入源文件名和目的文件名，中间用空格分隔
d:\hello.txt e:\java.txt
文件复制成功！
```

图 13-7 利用文件流实现文件的复制功能

13.5 字符缓冲流

缓冲流是在实体 I/O 流基础上增加一个缓冲区，应用程序和 I/O 设备之间的数据传输都要经过缓冲区来进行。缓冲流分为缓冲输入流和缓冲输出流。使用缓冲流可以减少应用

程序与 I/O 设备之间的访问次数，提高传输效率；可以对缓冲区中的数据进行按需访问和预处理，增加访问的灵活性。

13.5.1 缓冲输入流类

缓冲输入流是将从输入流读入的字节/字符数据先存在缓冲区中，应用程序从缓冲区而不是从输入流读取数据，包括字节缓冲输入流 BufferedInputStream 类和字符缓冲输入流 BufferedReader 类。

1. 字节缓冲输入流 BufferedInputStream 类

先通过实体输入流(例如 FileInputStream 类)对象逐一读取字节数据并存入缓冲区，应用程序则从缓冲区读取数据。

构造方法：

```
public BufferedInputStream(InputStream in)
public BufferedInputStream(InputStream in,int size)
```

其中，size 指定缓冲区的大小。BufferedInputStream 类继承自 InputStream，所以该类的方法与 InputStream 类的方法相同。

2. 字符缓冲输入流 BufferedReader 类

BufferedReader 类与字节缓冲输入流 BufferedInputStream 类在功能和实现上基本相同，但它只适用于字符读入。构造方法：

```
public BufferedReader(Reader in)
public BufferedReader(Reader in,int sz)
```

BufferedReader 类继承自 Reader，所以该类的方法与 Reader 类的方法相同。新增了按行读取方法 String readLine()。该方法的返回值为该行不包含结束符的字符串内容，如果已到达流末尾，则返回 null。

13.5.2 缓冲输出流类

缓冲输出流是在进行数据输出时先把数据存在缓冲区，当缓冲区满时再一次性地写到输出流中。缓冲输出流包括字节缓冲输出流 BufferedOutputStream 类和字符缓冲输出流 BufferedWriter 类。

1. 字节缓冲输出流 BufferedOutputStream 类

在进行输出操作时，先将字节数据写入缓冲区，当缓冲区满时，再把缓冲区中的所有数据一次性写到底层输出流中。构造方法：

```
public BufferedOutputStream(OutputStream out)
public BufferedOutputStream(OutputStream out,int size)
```

BufferedOutputStream 类继承自 OutputStream，所以该类的方法与 OutputStream 类的方法相同。

2. 字符缓冲输出流 BufferedWriter 类

BufferedWriter 类与字节缓冲输出流 BufferedOutputStream 类在功能和实现上是相同的，但它只适用于字符输出。BufferedWriter 类的构造方法：

```
public BufferedWriter(Writer out)
public BufferedWriterr(Writer out,int sz)
```

BufferedWriter 类继承自 Writer，所以该类的方法与 Writer 类的方法相同。BufferedWriter 类新增了写行分隔符的方法 String newLine()，行分隔符字符串由系统属性 line.separator 定义。

实例 08 向指定文件写入内容，并重新读取该文件内容(源代码\ch13\13.8.txt)。

```java
import java.io.*;//引入 I/O 系统类
import java.util.Scanner; //引入 Scanner 类
public class Test
{
    public static void main(String[] args)
    {
        File file;
        FileReader fin;
        FileWriter fout;
        BufferedReader bin;
        BufferedWriter bout;
        Scanner scanner = new Scanner(System.in);
        System.out.println("请输入文件名，例如 d:\\hello.txt");
        String filename = scanner.nextLine();

        try
        {
            file = new File(filename);              //创建文件对象
            if (!file.exists())
            {
                file.createNewFile();               //创建新文件
                fout = new FileWriter(file);        //创建文件输出流对象
            }
            else
                fout = new FileWriter(file, true);//创建追加内容的文件输出流对象

            fin = new FileReader(file);             //创建文件输入流
            bin = new BufferedReader(fin);          //创建缓冲输入流
            bout = new BufferedWriter(fout);        //创建缓冲输出流

            System.out.println("请输入数据，最后一行为字符'0'结束。");
            String str = scanner.nextLine();        //从键盘读取待输入字符串
            while (!str.equals("0"))
            {
                bout.write(str);                    //输出字符串内容
                bout.newLine();                     //输出换行符
                str = scanner.nextLine();           //读下一行
            }
            bout.flush();                           //刷新输出流
```

```
            bout.close();                           //关闭缓冲输出流
            fout.close();                           //关闭文件输出流
            System.out.println("文件写入完毕! ");

            //重新将文件内容显示出来
            System.out.println("文件" + filename + "的内容是：");
            while ((str = bin.readLine()) != null)
                System.out.println(str);           //读取文件内容并显示

            bin.close();                            //关闭缓冲输入流
            fin.close();                            //关闭文件输入流
        }
        catch (IOException e)
        {e.printStackTrace();}
    }
}
```

运行结果如图 13-8 所示。

图 13-8　向指定文件写入内容

13.6　数据操作流

数据流是 Java 提供的一种装饰类流，建立在实体流基础上，让程序不需考虑数据所占字节个数的情况下就能够正确地完成读写操作。数据流类分为 DataInputStream 类和 DataOutputStream 类，分别为数据输入流类和数据输出流类。

13.6.1　数据输入流

数据输入流 DataInputStream 类允许程序以与机器无关方式从底层输入流中读取基本 Java 数据类型。DataInputStream 类的常用方法如表 13-7 所示。

表 13-7　DataInputStream 类的常用方法

类　型	方法名	功　能
	DataInputStream(InputStream in)	使用指定的实体流 InputStream 创建一个 DataInputStream
boolean	readBoolean()	读取一个布尔值

续表

类型	方法名	功能
byte	readByte()	读取一个字节
char	readChar()	读取一个字符
long	readLong()	读取一个长整型数
int	readInt()	读取一个整数
short	readShort()	读取一个短整型数
float	readFloat()	读取一个 Float 数
double	readDouble()	读取一个 Double 数
String	readUTF()	读取一个 UTF 字符串
int	skipBytes(int n)	跳过并丢弃 n 个字节，返回实际跳过的字节数

13.6.2 数据输出流

数据输出流 DataOutputStream 类允许程序以适当方式将基本的 Java 数据类型写入输出流。DataOutputStream 类的常用方法如表 13-8 所示。

表 13-8 DataOutputStream 类的常用方法

类型	方法名	功能
	DataOuputStream(OutputStream out)	创建一个新的数据输出流，将数据写入指定基础输出流
void	writeBoolean(Boolean v)	将一个布尔值写出到输出流
void	writeByte(int v)	将一个字节写出到输出流
void	writeBytes(String s)	将字符串按字节(每个字符的高八位丢弃)顺序写出到输出流
void	writeChar(int c)	将一个 Char 值以 2 字节值形式写入输出流，先写入高字节
void	writeChars(String s)	将字符串按字符顺序写出到输出流
void	writeLong(long v)	将一个长整型数写出到输出流
void	writeInt(int v)	将一个整数写出到输出流
void	writeShort(int v)	将一个短整型数写出到输出流
void	writeFloat(float v)	将一个 Float 数写出到输出流
void	writeDouble(double v)	将一个 Double 数写出到输出流
void	writeUTF(String s)	将一个字符串用 UTF_8 编码形式写出到输出流
int	size()	返回写到数据输出流中的字节数
void	flush()	清空输出流

实例 09 将 Java 数据写入文件中并输出(源代码\ch13\13.9.txt)。

```
import java.io.*;//引入 I/O 系统类
public class Test
```

```
{
    public static void main(String args[])
    {
        File file=new File("data.txt");
        try
        {
            FileOutputStream out=new FileOutputStream(file);
            DataOutputStream outData=new DataOutputStream(out);
            outData.writeBoolean(true);
            outData.writeChar('A');
            outData.writeInt(10);
            outData.writeLong(8888);
            outData.writeFloat(3.14f);
            outData.writeDouble(3.1415926897);
            outData.writeChars("hello Java!");
        }
        catch(IOException e){}

        try
        {
            FileInputStream in=new FileInputStream(file);
            DataInputStream inData=new DataInputStream(in);
            System.out.println(inData.readBoolean());    //读取boolean数据
            System.out.println(inData.readChar());       //读取字符数据
            System.out.println(inData.readInt());        //读取int数据
            System.out.println(inData.readLong());       //读取long数据
            System.out.println(+inData.readFloat());     //读取float数据
            System.out.println(inData.readDouble());     //读取double数据

            char c = '\0';
            while((c=inData.readChar())!='\0')           //读入字符不为空
                System.out.print(c);
        }
        catch(IOException e){}
    }
}
```

运行结果如图13-9所示。

```
true
A
10
8888
3.14
3.1415926897
hello Java!
```

图13-9 写入并输出数据示例

13.7 就业面试问题解答

问题 1：在程序结束时，忘记关闭所有打开的流，对程序有什么影响？

答：在程序结束时，Java 程序会自动关闭所有打开的流，但是当使用完流后，手动关闭所有打开的流仍是一个好的编程习惯。

问题 2：使用字节流，如何读取文件中的汉字并在控制台显示？

答：使用字节流读取汉字并在控制台显示的方法有以下两种：第一种，将从输入流中读取的字节数据存放到字节数组中，再通过循环在控制台打印；第二种，通过转换流 InputStreamReader 将字节流转换为字符流，按行读取文件内容。

13.8 上机练练手

上机练习 1：创建文件并以字节为单位进行读写操作

编写程序，创建一个 txt 文件，在控制台中输入诗句写入该文件，再读出来显示在控制台。程序运行结果如图 13-10 所示。

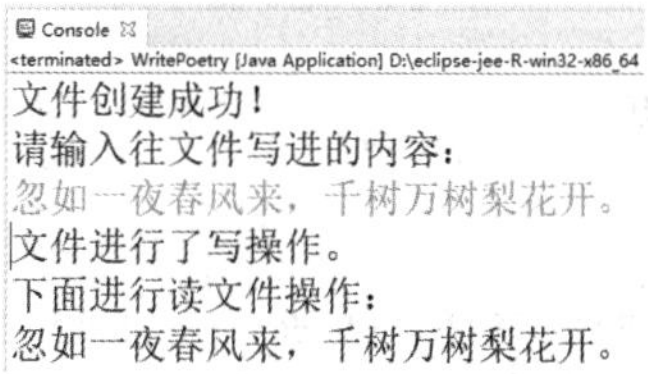

图 13-10 文件读写操作

上机练习 2：保存会议记录

编写程序，模拟开会时保存会议记录的场景，老板说"开始开会(按钮)"，接着员工就可以在打开的窗口中添加会议记录了，程序运行结果如图 13-11 所示。单击"开始会议"按钮，打开会议记录本，在其中添加会议记录，如图 13-12 所示。然后单击"保存"按钮，即可保存会议记录到 d://notes.txt 文件中，打开该文件，就可以看到添加的会议记录内容了，如图 13-13 所示。

图 13-11 单击"开始会议"按钮

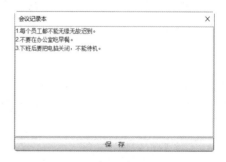
图 13-12 添加会议记录

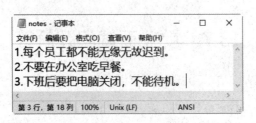

图 13-13　保存会议记录

上机练习 3：录入并读取个人信息

编写程序，录入并读取个人信息，包括工号、姓名、性别，程序运行结果如图 13-14 所示；在其中根据提示输入个人信息，如图 13-15 所示，单击"写入文件"按钮，即可将个人信息保存到文件 d://hobbies.txt 中；单击"读取文件"按钮，即可在控制台中显示写入的文件信息，如图 13-16 所示。

图 13-14　程序运行结果

图 13-15　录入个人信息

图 13-16　读取录入的个人信息

第14章

线程与并发

大多数程序语言只能循序运行单独的一个程序块,而无法同时运行多个不同的程序块。Java 的"多线程"可以弥补这个缺憾,它可以让不同的程序块一起运行,这样既可以让程序运行得更为顺畅,同时也可达到多任务处理的目的。本章将详细介绍线程与并发的相关知识。

14.1 创建线程

在 Java 语言中，线程也是一种对象，但并不是任何对象都可以成为线程，只有实现了 Runnable 接口或者继承了 Thread 类的对象才能成为线程。

线程的创建有两种方式：一种是继承 Thread 类，另一种是实现 Runnable 接口。

14.1.1 继承 Thread 类

Thread 存放在 java.lang 类库里，但并不需要加载 java.lang 类库，因为它会自动加载。而 run()方法是定义在 Thread 类里的一个方法，因此把线程的程序代码编写在 run()方法内，事实上所做的就是覆写的操作。因此要使一个类可激活线程，必须按照下面的语法来编写。

```
class 类名称 extends Thread  // 从 Thread 类扩展出子类
{
    属性…
    方法…
    修饰符 run(){ // 覆写 Thread 类里的 run()方法
        以线程处理的程序;
    }
}
```

实例 01 同时激活多个线程(源代码\ch14\14.1.txt)。

```java
public class Test{
    public static void main(String args[])
    {
        new TestThread().start();
        // 循环输出
        for(int i=0;i<5;i++)
        {
            System.out.println("main 线程在运行");
        }
    }
}
class TestThread extends Thread
{
    public void run()
    {
        for(int i=0;i<5;i++)
        {
            System.out.println("TestThread 在运行");
        }
    }
}
```

运行结果如图 14-1 所示。从运行结果中可以看到两行输出是交替进行的，也就是说程序是采用多线程机制运行的。

```
main 线程在运行
main 线程在运行
main 线程在运行
main 线程在运行
main 线程在运行
TestThread 在运行
TestThread 在运行
TestThread 在运行
TestThread 在运行
TestThread 在运行
```

图 14-1　同时激活多个线程

14.1.2　实现 Runnable 接口

Java 程序只允许单一继承，即一个子类只能有一个父类，所以在 Java 中如果一个类继承了某一个类，同时又想采用多线程技术，就不能用 Thread 类产生线程，因为 Java 不允许多继承，这时要用 Runnable 接口来创建线程。多线程的定义语法如下。

```
class 类名称 implements Runnable // 实现 Runnable 接口
{
    属性…
    方法…
    修饰符 run(){      // 覆写 Thread 类里的 run()方法
        以线程处理的程序；
    }
}
```

实例 02　用 Runnable 接口实现多线程(源代码\ch14\14.2.txt)。

```java
public class Test
{
    public static void main(String args[])
    {
        TestThread t = new TestThread() ;
        new Thread(t).start();
        // 循环输出
        for(int i=0;i<5;i++)
        {
            System.out.println("main 线程在运行");
        }
    }
}
class TestThread implements Runnable
{
    public void run()
    {
        for(int i=0;i<5;i++)
        {
        System.out.println("TestThread 在运行");
        }
    }
}
```

运行结果如图 14-2 所示。

main 线程在运行
TestThread 在运行
main 线程在运行
main 线程在运行
main 线程在运行
main 线程在运行
TestThread 在运行
TestThread 在运行
TestThread 在运行
TestThread 在运行

图 14-2　用 Runnable 接口实现多线程

14.2　线程的状态与转换

每个 Java 程序都有一个默认的主线程，对于 Java 应用程序，主线程是 main()方法执行的线索；对于 Applet 程序，主线程是指挥浏览器加载并执行 Java Applet 程序的线索。要想实现多线程，必须在主线程中创建新的线程对象。

14.2.1　线程状态

线程从创建到执行完成的整个过程，称为线程的生命周期。一个线程在生命周期内总是处于某一种状态，任何一个线程一般都具有 5 种状态，即创建、就绪、运行、阻塞、终止。线程的状态如图 14-3 和图 14-4 所示。

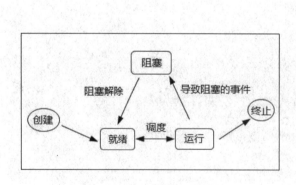

图 14-3　线程的状态 1

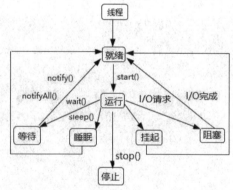

图 14-4　线程的状态 2

(1) 创建状态：new 关键字和 Thread 类或其子类创建一个线程对象后，该线程对象就处于新建状态。它保持这个状态直到调用 start()方法启动这个线程。

(2) 就绪状态：线程一旦调用了 start()方法，就进入就绪状态。就绪状态的线程不一定立即运行，它处于就绪队列中，要等待 JVM 里线程调度器的调度。

(3) 运行状态：当线程得到系统的资源后进入运行状态。

(4) 阻塞状态：当处于运行状态的线程，因为某种特殊的情况，例如 I/O 操作，让出系统资源，进入阻塞状态时，调度器立即调度就绪队列中的另一个线程开始运行。当阻塞事件解除后，线程由阻塞状态回到就绪状态。

(5) 挂起状态：当处于运行状态的线程，调用 suspend()方法时，线程挂起。当另一个线程调用 resume()方法时，线程进入就绪状态。

(6) 睡眠状态：当处于运行状态的线程，调用 sleep()方法时，线程进入睡眠状态。若睡眠线程超过了睡眠时间，则线程进入就绪状态。

(7) 等待状态：当处于运行状态的线程，调用 wait()方法时，线程进入等待状态。当另一个线程调用 notify()或 notifyAll()方法时，等待队列中的第一个或全部线程进入就绪状态。

(8) 终止状态：线程执行完成或调用 stop()方法时，该线程就进入终止状态。

14.2.2 线程睡眠

线程创建后，调用 start()方法进入就绪状态，在就绪队列里等待执行；当线程执行 run()方法时，线程进入运行状态。当线程调用 Thread 类的 sleep()静态方法时，线程进入睡眠。

实例 03 调用 sleep()方法，进入线程睡眠(源代码\ch14\14.3.txt)。

```java
import java.util.Date;
public class SleepTest implements Runnable{
    boolean flag = true;  //声明成员变量
    public void run(){
        System.out.println("子线程执行...");
      while(flag){
        System.out.println("---"+new Date()+"---");
        try {
            Thread.sleep(1000);   //当前线程睡眠 1s, 1s=1000ms
        } catch (InterruptedException e) {
                //线程体捕获中断异常，跳出循环
                System.out.println("中断子线程，跳出 while 循环");
                break;
            }
        }
    }
    public static void main(String[] args) {
        SleepTest s = new SleepTest();
        Thread t = new Thread(s);   //创建子线程
        System.out.println("主线程执行...");
        System.out.println("主线程睡眠 5000 秒");
        t.start();   //启动子线程
        try {
            Thread.sleep(5000); //主线程睡眠 5s
        } catch (InterruptedException e) {
            e.printStackTrace();
        }
        System.out.println("主线程执行...");
```

```
            //主线程睡眠结束后，如果子线程没有结束，则中断子线程
            t.interrupt();
        }
    }
```

运行结果如图 14-5 所示。

图 14-5 调用 sleep()方法

 wait()方法和 sleep()方法的区别：调用 wait()方法，线程释放资源；调用 sleep()方法，线程不会释放资源。

14.2.3 线程合并

当线程调用 Thread 类的 join()方法时，合并某个线程。即当前线程进入阻塞状态，被调用的线程执行。

实例 04 调用 join()方法合并线程(源代码\ch14\14.4.txt)。

```
public class JoinTest implements Runnable{
    public void run(){
        for(int i=0;i<10;i++){
            System.out.println("我是: " + Thread.currentThread().getName());
            try {
                Thread.sleep(1000);  //睡眠 1s
            } catch (InterruptedException e) {
                e.printStackTrace();
            }
        }
    }
    public static void main(String[] args) {
        JoinTest j = new JoinTest();
        Thread t = new Thread(j);
        t.setName("子线程");
        t.start();
        for(int i=0;i<10;i++){
            System.out.println("我是主线程");
            if(i==5){
                try {
                    t.join();//合并子线程
```

```
                } catch (InterruptedException e) {
                    e.printStackTrace();
                }
            }
        }
    }
}
```

运行结果如图 14-6 所示。

14.2.4 线程让出

当线程调用 Thread 类的 yield()静态方法时，线程让出 CPU 资源，从运行状态进入阻塞状态。

图 14-6 join()方法

实例 05 调用 yield()方法使线程让出 CPU 资源(源代码\ch14\14.5.txt)。

```
public class YieldTest implements Runnable {
    public void run(){
        for(int i=1;i<10;i++){
            System.out.println(Thread.currentThread().getName() + ": " + i);
            if(i%3==0){
                Thread.yield();   //让出 CPU 资源
            }
        }
    }
    public static void main(String[] args) {
        YieldTest y = new YieldTest();
        Thread t1 = new Thread(y);
        Thread t2 = new Thread(y);
        t1.setName("thread1");
        t2.setName("thread2");
        t1.start();
        t2.start();
    }
}
```

运行结果如图 14-7 所示。从运行结果可以看出，当线程 thread1 执行到 i 可以被 3 整除时，让出线程；然后线程 thread2 执行，当它执行到 i 可以被 3 整除时，也让出线程；接着线程 thread 1 再执行，两个线程循环执行。

图 14-7 yield()方法

14.3 线程的同步

编程过程中,为了防止多线程访问共享资源时发生冲突,在 Java 语言中提供了线程同步机制。

14.3.1 线程安全

当一个类已经很好地同步以保护它的数据时,这个类就是线程安全的(thread safe)。相反地,线程不安全就是不提供数据访问保护,有可能出现多个线程先后更改数据造成所得到的数据是无效数据。

线程安全问题都是由多个线程对共享的变量进行读写引起的。例如购买火车票的问题。

实例 06 使用 Java 线程演示购买火车票(源代码\ch14\14.6.txt)。

```java
class MyThread implements Runnable {  // 线程主体类
    private int ticket = 6 ;
    @Override
    public void run() {  // 理解为线程的主方法
        for (int x = 0; x < 50; x++) {
            if (this.ticket > 0) {  // 第1步:卖票的根据
                try {
                    Thread.sleep(1000) ;
                } catch (InterruptedException e) {
                    e.printStackTrace();
                }
                System.out.println(Thread.currentThread().getName()
                        + "卖票, ticket = " + this.ticket--);
            }
        }
    }
}
public class Test {
    public static void main(String[] args) {
        MyThread mt = new MyThread() ;
        new Thread(mt, "售票员 A").start();
        new Thread(mt, "售票员 B").start();
        new Thread(mt, "售票员 C").start();
    }
}
```

运行结果如图 14-8 所示。

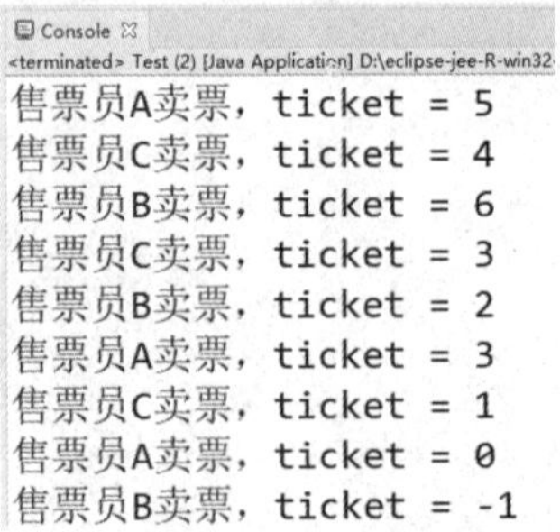

通过该程序的运行结果发现,程序运行中出现了负数,很明显是由于不同步所造成的,实际上此时的程序在进行操作的过程中需要两步完成卖票。

第一步:判断是否还有票;

第二步:卖票。

但是在第二步和第一步之间出现了延迟,假设现在只有最后 1 张票了,所有的线程现在应该几乎都会同时进入 run()

图 14-8 购买火车票

方法执行，那么此时的 if 判断条件应该都满足，所以再进行自减操作就出现了负数，这就是程序不同步的问题。

要想解决这个问题，最好的做法是一个一个地操作线程，即：现在应该上一把锁，其他的线程一看上锁就要等待，直到锁打开的时候。要想解决此类问题，有两种实现方式：同步代码块和同步方法。

14.3.2　同步代码块

同步代码块是使用 synchronized 关键字定义的代码块，但是在进行同步的时候需要设置一个对象锁，一般都会锁当前对象 this。

实例 07　使用同步代码块解决购买火车票问题(源代码\ch14\14.7.txt)。

```java
class MyThread implements Runnable { // 线程主体类
    private int ticket = 6 ;
    @Override
    public void run() { // 理解为线程的主方法
        for (int x = 0; x < 50; x++) {
            synchronized(this) {
                if (this.ticket > 0) { // 第1步：卖票的根据
                    try {
                        Thread.sleep(1000) ;
                    } catch (InterruptedException e) {
                        e.printStackTrace();
                    }
                    System.out.println(Thread.currentThread().getName()
                            + "卖票, ticket = " + this.ticket--);
                }
            }
        }
    }
}
public class Test {
    public static void main(String[] args) {
        MyThread mt = new MyThread() ;
        new Thread(mt, "售票员A").start();
        new Thread(mt, "售票员B").start();
        new Thread(mt, "售票员C").start();
    }
}
```

运行结果如图 14-9 所示。此时解决了不同步的问题，但是同时可以发现，程序的执行速度变慢了。同步要比上面的异步操作线程的安全性高，但是性能会降低。

14.3.3　同步方法

如果在一个方法上使用了 synchronized 定义，那么此方法就称为同步方法。

```
Console
<terminated> Test (2) [Java Application] D:\eclipse-jee-R-win32
售票员A卖票, ticket = 6
售票员A卖票, ticket = 5
售票员A卖票, ticket = 4
售票员A卖票, ticket = 3
售票员C卖票, ticket = 2
售票员C卖票, ticket = 1
```

图 14-9　使用同步代码块解决问题

实例 08 使用同步方法解决购买火车票问题(源代码\ch14\14.8.txt)。

```java
class MyThread implements Runnable {  // 线程主体类
    private int ticket = 6;
    @Override
    public void run() {  // 理解为线程的主方法
        for (int x = 0; x < 50; x++) {
            this.sale() ;
        }
    }
    public synchronized void sale() {    // 同步方法
        if (this.ticket > 0) {  // 第1步：卖票的根据
            try {
                Thread.sleep(1000);
            } catch (InterruptedException e) {
                e.printStackTrace();
            }
            System.out.println(Thread.currentThread().getName()
                    + "卖票, ticket = " + this.ticket--);
        }
    }
}
public class Test {
    public static void main(String[] args) {
        MyThread mt = new MyThread();
        new Thread(mt, "售票员A").start();
        new Thread(mt, "售票员B").start();
        new Thread(mt, "售票员C").start();
    }
}
```

运行结果如图 14-10 所示。所谓的同步，就是指一个线程等待另外一个线程操作完再继续的情况。

```
Console
<terminated> Test (2) [Java Application] D:\eclipse-jee-R-win32
售票员A卖票, ticket = 6
售票员C卖票, ticket = 5
售票员B卖票, ticket = 4
售票员B卖票, ticket = 3
售票员B卖票, ticket = 2
售票员B卖票, ticket = 1
```

图 14-10 实现同步方法

14.3.4 死锁

如果有多个进程，且它们都要争用对多个锁的独占访问，那么就有可能发生死锁。

最常见的死锁形式是当线程 1 持有对象 A 上的锁，而且正在等待对象 B 上的锁；而线程 2 持有对象 B 上的锁，却正在等待对象 A 上的锁。这两个线程永远都不会获得第 2 个锁，或是释放第 1 个锁，所以它们只会永远等待下去。

要避免死锁，应该确保在获取多个锁时，在所有的线程中都以相同的顺序获取锁。

在下面的例子中，程序创建了两个类 A 和 B，它们分别具有方法 funA()和 funB()，在调用对方的方法前，funA()和 funB()都睡眠一会儿。主类 DeadLockDemo 创建 A 和 B 实例，然后产生第 2 个线程以构成死锁条件。funA()和 funB()使用 sleep()方法强制死锁条件出现。而在真实程序中，死锁是较难发现的。

实例 09　程序死锁的产生(源代码\ch14\14.9.txt)。

```
class A
{
    synchronized void funA(B b)
    {
        String name=Thread.currentThread().getName();
        System.out.println(name+ " 进入 A.foo ");
        try
        {
            Thread.sleep(1000);
        }
        catch(Exception e)
        {
            System.out.println(e.getMessage());
        }
        System.out.println(name+ " 调用 B 类中的 last()方法");
        b.last();
    }
    synchronized void last()
    {
        System.out.println("A 类中的 last()方法");
    }
}
class B
{
    synchronized void funB(A a)
    {
        String name=Thread.currentThread().getName();
        System.out.println(name + " 进入 B 类中的");
        try
        {
            Thread.sleep(1000);
        }
        catch(Exception e)
        {
            System.out.println(e.getMessage());
        }
        System.out.println(name + " 调用 A 类中的 last()方法");
        a.last();
    }
    synchronized void last()
    {
        System.out.println("B 类中的 last()方法");
    }
}
class Test implements Runnable
```

```
{
    A a=new A();
    B b=new B();
    Test()
    {
        // 设置当前线程的名称
        Thread.currentThread().setName("Main -->> Thread");
        new Thread(this).start();
        a.funA(b);
        System.out.println("main 线程运行完毕");
    }
    public void run()
    {
        Thread.currentThread().setName("Test -->> Thread");
        b.funB(a);
        System.out.println("其他线程运行完毕");
    }
    public static void main(String[] args)
    {
        new Test();
    }
}
```

保存并运行程序，结果如图 14-11 所示。

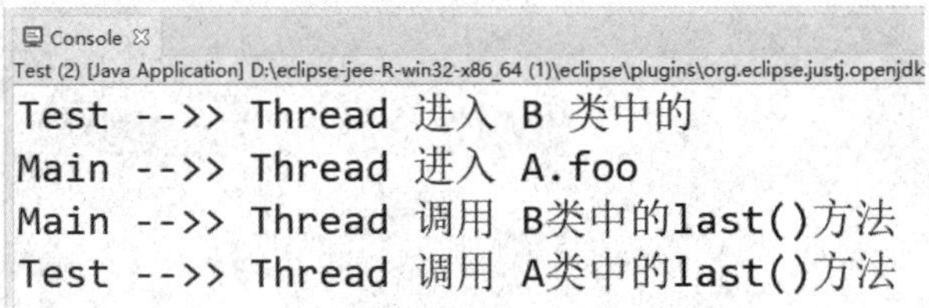

图 14-11 产生程序死锁示例

从运行结果可以看到，Test-->>Thread 进入了 B 的监视器，然后又在等待 A 的监视器。同时 Main-->>Thread 进入了 A 的监视器，并等待 B 的监视器，这个程序永远不会完成。

14.4 线程交互

线程间的交互指的是线程之间需要一些协调通信，来共同完成一项任务。线程的交互可以通过 wait()方法和 notify()方法来实现。

14.4.1 wait()和 notify()方法

在 Java 程序执行过程中，当线程调用 Object 类提供的 wait()方法时，当前线程停止执行，并释放所占用的资源，线程从运行状态转换为等待状态。当另外的线程执行某个对象的 notify()方法时，会唤醒在此对象等待池中的某个线程，使该线程从等待状态转换为就绪状态；当另外的线程执行某个对象的 notifyAll()方法时，会唤醒对象等待池中的所有线程,使这些线程从等待状态转换为就绪状态。Object 类提供的 wait()方法和 notify()方法的使用如表 14-1 所示。

表 14-1 Object 类的方法使用说明

返回类型	方法名	说明
void	notify()	唤醒对象上等待的某个线程
void	notifyAll()	唤醒对象上等待的所有线程
void	wait()	让当前线程进入等待状态。直到其他线程调用对象的 notify()方法或 notifyAll()方法
void	wait(long timeout)	让当前线程处于等待(阻塞)状态,直到其他线程调用对象的 notify()方法或 notifyAll()方法,或者超过参数设置的 timeout 超时时间
void	wait(long timeout,int nanos)	与 wait(long timeout) 方法类似,多了一个 nanos 参数,这个参数表示额外时间(以纳秒为单位,范围是 0~999999)。所以超时的时间还需要加上 nanos 纳秒

14.4.2 生产者—消费者问题

在 Java 语言中,线程交互的经典问题就是生产者与消费者的问题。这个问题是通过 wait()方法和 notifyAll()方法实现的。

生产者与消费者问题描述:生产者将生产的产品(玩具)放到仓库(栈)中,而消费者从仓库中消费产品。仓库一次存放固定数量的产品,如果仓库满了就停止生产,生产者等待消费者消费产品;仓库不满则生产者继续生产。如果仓库是空的,消费者就停止消费,等仓库有产品了再消费。

实例 10 使用 Java 演示生产者与消费者问题(源代码\ch14\14.10.txt)。

```java
public class ProducerConsumer {
    public static void main(String[] args) {
        Stack s = new Stack();            //创建栈对象 s
        Producer p = new Producer(s);     //创建生产者对象
        Consumer c = new Consumer(s);     //创建消费者对象
        new Thread(p).start();            //创建生产者线程1
        new Thread(p).start();            //创建生产者线程2
        new Thread(p).start();            //创建生产者线程3
        new Thread(c).start();            //创建消费者线程
    }
}
//生产玩具 Rabbit 类
class Rabbit {
    int id; //小兔子 id
    Rabbit(int id) {
        this.id = id;
    }
```

```java
    public String toString() {
        return "玩具：" + id;                    //重写 toString()方法，打印玩具的 id
    }
}
//存放生产玩具小兔子的栈
class Stack {
    int index = 0;
    Rabbit[] rabbitArray = new Rabbit[6];       //存放玩具的数组
    public synchronized void push(Rabbit wt) {  //玩具放入数组栈的方法 push()
        while(index == rabbitArray.length) {
            try {
                this.wait();          //生产的玩具放满栈，等待消费者消费
            } catch (InterruptedException e) {
                e.printStackTrace();
            }
        }
        this.notifyAll();                       //唤醒所有生产者进程
        rabbitArray[index] = wt;                //将玩具放入栈
        index ++;
    }
    public synchronized Rabbit pop() {  //将玩具拿出消费的方法 pop()
        while(index == 0) {                     //如果栈空
            try {
                this.wait();                    //等待生产玩具
            } catch (InterruptedException e) {
                e.printStackTrace();
            }
        }
        this.notifyAll();                       //栈不空，唤醒所有消费者进程
        index--;                                //消费，买玩具
        return rabbitArray[index];
    }
}
//生产者类
class Producer implements Runnable {
    Stack st = null;
    Producer(Stack st) {                        //构造方法，为类的成员变量 ss 赋值
        this.st = st;
    }
    public void run() {                         //线程体
        for(int i=0; i<10; i++) {               //循环生产 20 个玩具
            Rabbit r = new Rabbit(i);           //创建玩具类
            st.push(r);                         //将生产的玩具放入栈
            //输出生产了玩具 r，默认调用玩具类的 toString()
            System.out.println("生产-" + r);
            try {
                Thread.sleep((int)(Math.random() * 200));//生产完一个，睡眠
            } catch (InterruptedException e) {
                e.printStackTrace();
            }
        }
    }
}
//消费者类
```

```java
class Consumer implements Runnable {
    Stack st = null;
    Consumer(Stack st) {    //构造方法，为类的成员变量ss赋值
        this.st = st;
    }
    public void run() {
        for(int i=0; i<10; i++) {    //循环消费，即买20个玩具
            Rabbit r = st.pop();    //从栈中，买一个玩具
            System.out.println("消费-" + r);
            try {
                Thread.sleep((int)(Math.random() * 1000));
                //消费一个玩具后，睡眠
            } catch (InterruptedException e) {
                e.printStackTrace();
            }
        }
    }
}
```

运行结果如图 14-12 所示。在程序的 main()方法中，首先创建 Stack 类对象 s，然后创建生产者对象 p 和消费者对象 c。将生产者对象 p 作为 Thread 类的构造方法参数，创建 3 个生产者线程，并启动它们；将消费者对象 c 作为 Thread 类的构造方法参数，创建一个消费者线程，并启动它。

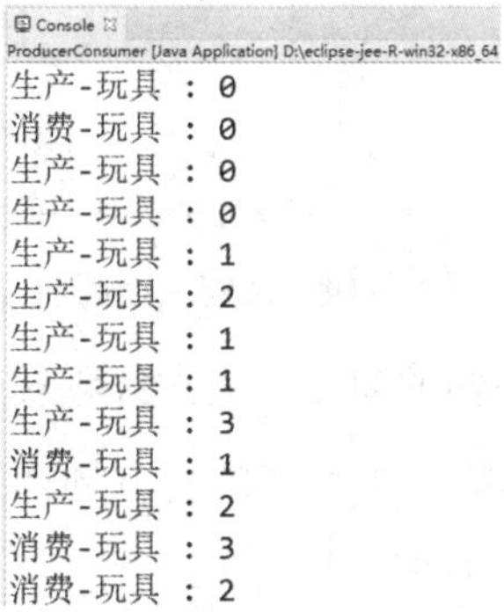

```
 Console 
ProducerConsumer [Java Application] D:\eclipse-jee-R-win32-x86_64
生产-玩具 ： 0
消费-玩具 ： 0
生产-玩具 ： 0
生产-玩具 ： 0
生产-玩具 ： 1
生产-玩具 ： 2
生产-玩具 ： 1
生产-玩具 ： 1
生产-玩具 ： 3
消费-玩具 ： 1
生产-玩具 ： 2
消费-玩具 ： 3
消费-玩具 ： 2
```

图 14-12 生产者与消费者问题

14.5 就业面试问题解答

问题 1：Thread 类中的 start()和 run()方法有什么区别？

答：start()方法用来启动新创建的线程，而且 start()内部可以调用 run()方法，这和直接调用 run()方法的效果不一样。当调用 run()方法时，只在原来的线程中调用，没有新的线程启动。当调用 start()方法时才会启动新线程。

问题 2：在编写程序时，是使用 Runnable 接口还是 Thread 类来创建线程？

答：在编写程序时，通过继承 Thread 类或者调用 Runnable 接口都可以实现创建线程的操作。由于 Java 不支持类的多重继承，当需要继承其他类时，就需要调用 Runnable 接口来创建线程；如果不需要继承其他类，就可以使用继承 Thread 类来创建线程了。

14.6 上机练练手

上机练习1：使用多线程协作完成计算任务

编写程序，使用多线程协作完成计算 1 到 100 自然数的求和。程序运行结果如图 14-13 所示。

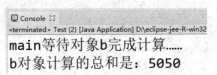

图 14-13 线程交互协作

上机练习2：创建一个带有按钮的窗口，通过线程给按钮添加背景色

编写程序，通过调用线程方法 sleep()和 yield()来实现线程状态的转换，从而实现给按钮添加背景色的效果。程序运行结果如图 14-14 所示，单击"开始"按钮，即可改变按钮的颜色。

图 14-14 按钮变换颜色

上机练习3：创建一个带有按钮的窗口，通过线程实现秒表功能

编写程序，创建一个窗口，并在窗口内显示定时秒表。程序运行结果如图 14-15 所示，单击"开始"按钮，即可开始计时。

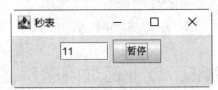

图 14-15 实现秒表计时功能

第15章

JDBC 编程基础

学习 Java 语言，一定会遇到 JDBC 技术，因为使用 JDBC 技术可以非常方便地操作各种主流数据库，查询数据库中的数据，对数据库中的数据进行添加、删除、修改等操作。本章就来介绍使用 JDBC 操作 MySQL 数据库。

15.1 JDBC 的原理

JDBC 的全称是 Java Database Connectivity(Java 数据库连接)，它是一套用于执行 SQL 语句的 Java API。应用程序可以通过这套 API 与关系数据库进行数据交换，使用 SQL 语句来完成对数据库中数据的查询、新增、更新和删除等操作。JDBC 由两层构成，一层是 JDBC API，负责 Java 应用程序与 JDBC 驱动程序管理器之间进行通信，负责发送程序中的 SQL 语句。其下一层是 JDBC 驱动程序，负责与实际连接数据库的第三方驱动程序进行通信，返回查询信息或者执行规定的操作。

JDBC 操作数据库数据的大致步骤如图 15-1 所示。

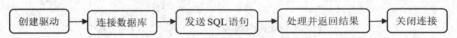

图 15-1　JDBC 操作数据库的大致步骤

在 Java 程序中连接数据库的前提是程序中有数据驱动包。添加数据库驱动包的步骤如下：

01 进入官方下载主页下载压缩包，网址为 https://dev.mysql.com/downloads/，单击 Connector/J 链接，如图 15-2 所示。

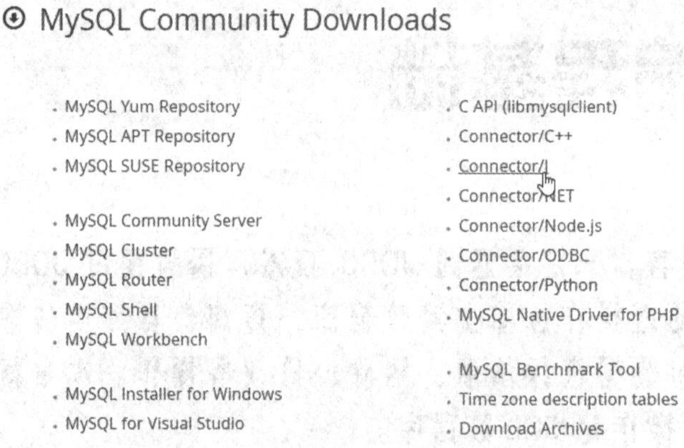

图 15-2　数据驱动包下载页面

02 选择 Platform Independent 平台，单击 mysql-connector-java-8.0.23.zip 右侧的 Download 按钮进行下载，如图 15-3 所示。

03 将下载的压缩包解压到指定文件夹，在 Eclipse 中选择当前项目，单击鼠标右键，在弹出的快捷菜单中选择 Build Path→Configure Build Path 选项，如图 15-4 所示。

04 打开 Properties for FirstProject 对话框，选择左侧的 Java Build Path 选项，再选择 Libraries 选项卡，如图 15-5 所示。

05 单击 Add External JARs 按钮，打开 JAR Selection 对话框，在其中选择压缩包解压后的 jar 包，如图 15-6 所示。

第 15 章 JDBC 编程基础

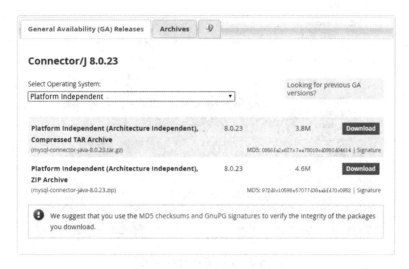

图 15-3 下载数据驱动包

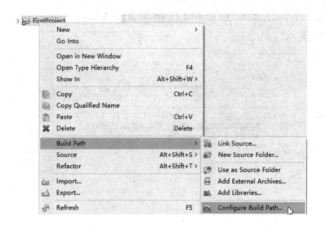

图 15-4 选择 Configure Build Path 选项

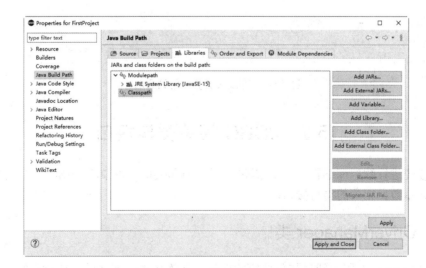

图 15-5 Properties for FirstProject 对话框

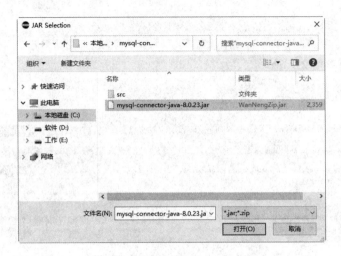

图 15-6　JAR Selection 对话框

06 单击"打开"按钮，返回到 Properties for FirstProject 对话框，可以看到添加的 jar 包显示在 Modulepath 下，依次单击 Apply 按钮和 Apply and Close 按钮，即可完成 jar 包的添加，如图 15-7 所示。

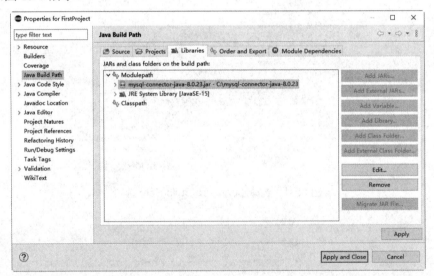

图 15-7　完成数据驱动包的添加

15.2　JDBC 相关类与接口

为了方便进行数据库编程，Java 提供了很多类和接口。本节将介绍几个与连接数据库和操作数据库数据相关的类与接口。

15.2.1　DriverManager 类

DriverManager 类用于创建与数据库的连接。在连接数据库之前，通过系统的 Class 类的 forName() 方法加载可连接的数据库驱动。

加载数据库驱动程序的语法格式如下：

```
Class.forName("数据库驱动名");
Class.forName("com.mysql.cj.jdbc.Driver");  //MySQL 驱动的注册
```

根据自己的数据库填写对应的数据库驱动名称。本章以 MySQL 数据库为例进行讲解和学习。

加载好的驱动会注册到 DriverManager 类中，此时通过 DriverManager 类的 getConnection() 方法与对应的数据库建立连接。其语法格式如下：

```
DriverManager.getConnection(String url,String loginName,String password);
```

其中，url 是数据库的所在位置和时区设置，loginName 和 password 是数据库的登录名和密码。

url 的语法格式可以如下：

```
String url = "jdbc:mysql://127.0.0.1:3306/school?serverTimezone=UTC";
```

其中，127.0.0.1 表示本地 IP 地址，3306 是 MySQL 的默认端口，school 是数据库名称，serverTimezone=UTC 通过"？"通配符设置时区参数，是为了保证服务和 Java 程序操作数据库数据时在时间上的统一。UTC 是世界统一时间的简称，它比北京时间早 8 小时。在中国可以取值为 Asia/Shanghai。

15.2.2 Connection 接口

Connection 接口代表 Java 程序和数据库的连接，只有获得该连接对象后，才能访问数据库，并操作数据表。在 Connection 接口中，定义了一系列方法，其常用方法如表 15-1 所示。

表 15-1 Connection 接口定义的方法

方法名称	功能描述
createStatement()	创建并返回一个 Statement 实例
prepareStatement()	创建并返回一个 PreparedStatement 实例，可对 SQL 语句进行预编译处理
prepareCall()	创建并返回一个 CallableStatement 实例，通常在调用数据库存储过程时创建该实例
commit()	将从上一次提交或回滚以来进行的所有更改同步到数据库，并释放 Connection 实例当前拥有的所有数据库锁定
rollback()	取消当前事务中的所有更改，并释放当前 Connection 实例拥有的所有数据库锁定
close()	立即释放 Connection 实例占用的数据库和 JDBC 资源，即关闭数据库连接

Java 与 MySQL 数据库进行连接时，需要一个连接对象，创建连接对象的语法格式如下：

```
Connection con = DriverManager.getConnection(String url,String loginName,String password);
```

15.2.3 Statement 接口

Statement 接口用来执行静态的 SQL 语句，并返回执行结果。例如，对于 INSERT、UPDATE 和 DELETE 语句，调用 executeUpdate(String sql)方法；对于 SELECT 语句，则调用 executeQuery(String sql)方法，并返回一个永远不能为 null 的 ResultSet 实例。

Statement 对象是通过 Connection 接口对象的 createStatement()方法创建的，具体书写格式如下：

```
Statement sql = con.createStatement();
```

Statement 接口提供的常用方法如表 15-2 所示。

表 15-2 Statement 接口提供的常用方法

方法名称	功能描述
executeQuery(String sql)	执行指定的静态 SELECT 语句，并返回一个 ResultSet 实例
executeUpdate(String sql)	执行静态 INSERT、UPDATE 或 DELETE 语句，并返回同步更新记录的条数的 int 值
clearBatch()	清除位于 Batch 中的所有 SQL 语句
addBatch(String sql)	将 INSERT 或 UPDATE SQL 命令添加到 Batch 中
executeBatch()	批量执行 SQL 语句。若全部执行成功，则返回由更新条数组成的数组
close()	立即释放 Statement 实例占用的数据库和 JDBC 资源

15.2.4 PreparedStatement 接口

PreparedStatement 接口继承并扩展了 Statement 接口，用来执行动态的 SQL 语句，即包含参数的 SQL 语句。通过 PreparedStatement 实例执行的动态 SQL 语句将被预编译并保存到 PreparedStatement 实例中，从而可以反复并且高效地执行该 SQL 语句。

需要注意的是，在通过 setXxx()方法为 SQL 语句中的参数赋值时，建议利用与参数类型匹配的方法，也可以利用 setObject()方法为各种类型的参数赋值。PreparedStatement 接口的使用方法如下：

```
PreparedStatement ps = connection.prepareStatement("select * from table_name where id>? and (name=? or name=?)");
ps.setInt(1, 6);
ps.setString(2, "小马");
ps.setObject(3, "小牛");
ResultSet rs = ps.executeQuery();
```

其中，参数中的 1、2、3 表示从左到右的第几个通配符。

15.2.5 ResultSet 接口

ResultSet 接口类似于一个数据表，通过该接口的实例可以获得检索结果集，以及对应数据表的相关信息，例如列名和类型等，ResultSet 实例通过执行查询数据库的语句生成。

ResultSet 实例有如下几个特点：
(1) ResultSet 实例可通过 next()方法遍历，且只能遍历一次。
(2) ResultSet 实例中的数据有行列编号，从 1 开始遍历。
(3) ResultSet 中定义的很多方法，在修改数据时不能同步到数据库，需要执行 updateRow()或 insertRow()方法完成同步操作。
(4) ResultSet 实例通过数据库中的列属性名来获取相应的值。

15.3 JDBC 连接数据库

在了解了 JDBC 连接和操作数据库的相关类和接口之后，下面以访问 MySQL 数据库中 student 数据表中的数据为例，介绍 JDBC 连接数据库的操作过程。

15.3.1 加载数据库驱动程序

加载数据库驱动之前确保数据库对应的驱动类加载到程序中，代码为

```
DriverManager.registerDriver(Driver driver);
```

或者

```
Class.forName("com.mysql.cj.jdbc.Driver");
```

15.3.2 创建数据库连接

创建数据库连接的语句代码如下：

```
String url = "jdbc:mysql://127.0.0.1:3306/ school?serverTimezone=UTC";
Connection con =DriverManager.getConnection(url);
```

如果数据库设置了登录名和口令，则在创建连接时只需在方法中包含用户名和密码，这里用户名为"root"，密码为空字符串。

```
Connection con = DriverManager.getConnection( url, "root", "")
```

15.3.3 获取 Statement 对象

Connection 创建 Statement 的方式主要有两种，分别如下：
(1) createStatement()：创建基本的 Statement 对象。
(2) prepareStatement()：创建 PreparedStatement 对象。
以创建基本的 Statement 对象为例，创建方式如下：

```
Statement sql = con.createStatement();
```

15.3.4 执行 SQL 语句

通过已获得的 Statement 对象执行 SQL 语句。这里是查询表 student 的内容。

```
ResultSet res = sql.executeQuery("SELECT * FROM 'student'");
```

所有的 Statement 都有以下 3 种执行 SQL 语句的方法：
(1) execute()：可以执行任何 SQL 语句。
(2) executeQuery()：通常执行查询语句，执行后返回代表结果集的 ResultSet 对象。
(3) executeUpdate()：主要用于执行数据操纵语句(DML)和数据定义语句(DDL)。

15.3.5 获得执行结果

如果执行的 SQL 语句是查询语句，执行结果将返回一个 ResultSet 对象，该对象里保存了 SQL 语句查询的结果。程序可以通过操作 ResultSet 对象来获得查询结果。

```
while(res.next()) {//遍历查询结果，输出 name 属性值
    System.out.println("student 表中 name 字段的值是："+res.getString("name"));
}
```

实例 01 连接数据库并进行遍历数据操作(源代码\ch15\15.1.txt)。

首先在 MySQL 数据库中创建 emp 表，表数据如图 15-8 所示。

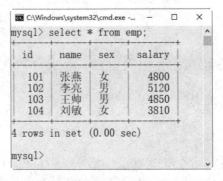

图 15-8　emp 表

```
import java.sql.*;
public class Jdbc {
    public static void main(String[] args) {
        Connection con = null;
        try {// 加载 MySQL 数据库驱动
            Class.forName("com.mysql.cj.jdbc.Driver");
            // 连接 MySQL 数据库中的 company 数据库
            con=DriverManager.getConnection("jdbc:mysql:" + "//127.0.0.1:3306/
                company", "root", "Wyy123456");
            Statement sql = con.createStatement();// 获取 Statement 对象
            // 执行 SQL 语句，并将结果返回到 ResultSet 对象中
            ResultSet res = sql.executeQuery("SELECT * FROM 'emp'");
            while (res.next()) {// 遍历查询结果，输出 name 属性值
                System.out.println("emp 表中 name 字段的值是：" + res.getString
                    ("name"));
            }
            con.close();// 关闭与数据库的连接
        } catch (SQLException e) {// 数据库连接和数据库操作中可能出现的异常捕获
            e.printStackTrace();
        } catch (ClassNotFoundException e1) {
```

第 15 章 JDBC 编程基础

```
                // 注册本地 MySQL 数据库驱动时可能出现的驱动
                e1.printStackTrace();
        }
    }
}
```

运行结果如图 15-9 所示。

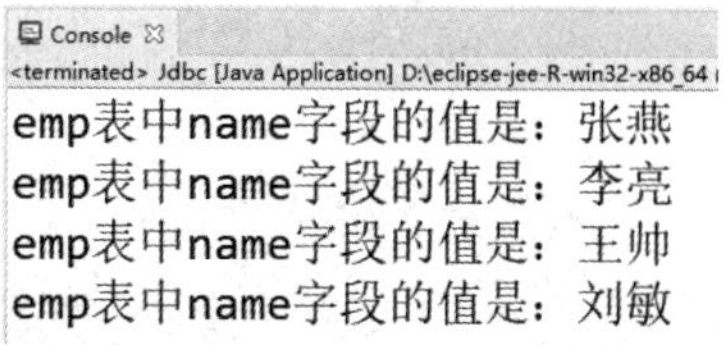

15.3.6 关闭连接

每次操作数据库结束后都要关闭数据库连接，释放资源，包括关闭 ResultSet、Statement 和 Connection 等资源。关闭连接的语句如下：

图 15-9 遍历数据表的 name 字段

```
con.close();
```

15.4 操作数据库

对连接的数据库可以进行创建数据表、插入数据、查询数据和删除数据等操作。

15.4.1 创建数据表

创建数据表是对数据库内容的更新，下面从数据库和 Java 程序两个角度展开讲解数据表的操作。

1. 在数据库中创建数据表

在数据库中创建数据表的 SQL 语句如下：

```
create table table_name (属性列表);
```

属性列表就是属性名和数据类型，以及一些属性的属性设置关键字。

> 删除数据表的 SQL 语句如下：
> ```
> DROP TABLE table_name;
> ```

2. 在 Java 程序中创建数据表

在 Java 中，可以用 Statement 类对象的 executeUpdate()方法来实现数据表的创建，具体语法如下：

```
//Java 程序创建数据表
String sqlCreat = "create table table_name (属性列表)";
Statement 对象.executeUpdate(sql);
```

> Java 程序中删除数据表的语句如下：
> ```
> String sqlDelete = "DROP TABLE table_name";
> ```

实例 02 在 Java 程序中创建数据表 person(源代码\ch15\15.2.txt)。

```java
import java.sql.*; //导入java.sql包
public class Creat_person {
    public static void main(String[] args) {
        Connection con = null;
        try {// 加载MySQL数据库驱动
            Class.forName("com.mysql.cj.jdbc.Driver");
            // 连接MySQL数据库中的company数据库
            con=DriverManager.getConnection("jdbc:mysql:" + "//127.0.0.1:3306/
                company", "root", "Wyy123456");
            Statement sql = con.createStatement();//获取Statement对象
            //执行SQL语句，创建数据表person
            String sqlStr = "create table person (" +
                    "   id INT  AUTO_INCREMENT," +
                    "   name VARCHAR(25)," +
                    "   position VARCHAR(25)," +
                    "   salary FLOAT," +
                    "   PRIMARY KEY (id)" +
                    "   );";
            int res = sql.executeUpdate(sqlStr);
            System.out.println(res);
            con.close();//关闭与数据库的连接
        } catch (SQLException e) {//数据库连接和数据库操作中可能出现的异常捕获
            e.printStackTrace();
        }catch (ClassNotFoundException e1) {
            //注册本地MySQL数据库驱动时可能出现的驱动
            e1.printStackTrace();
        }
    }
}
```

运行结果如图 15-10 所示，在数据库中出现了一个新的数据表 person。

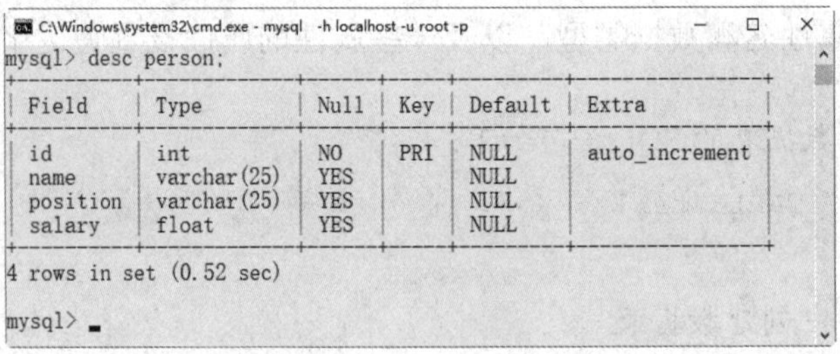

图 15-10 创建数据表 person

15.4.2 插入数据

插入数据是对数据库中数据表内容的更新，下面从数据库和 Java 程序两个角度展开讲解插入数据操作。

1. 在数据库的数据表中插入数据

在数据库的数据表中，插入数据的 SQL 语句如下：

```
Insert into table_name (属性列表) values (属性值);
```

属性值与属性列表上的位置一一对应。

2. 在 Java 程序中向数据表插入数据

插入数据是对数据库内容的更新，可以用 Statement 类对象的 executeUpdate()方法来实现数据的插入，具体语法如下：

```
//Java 程序向数据库插入数据
String sqlCreat = "Insert into table_name (属性列表) values (属性值)";
Statement 对象.executeUpdate(sql);
```

实例 03 在数据表 person 中插入一条人员数据记录(源代码\ch15\15.3.txt)。

插入人员的基本信息是：姓名张晓，职位是销售员，底薪是 3500 元。

```java
import java.sql.*; //导入 java.sql 包
public class InsertData {
    public static void main(String[] args) {
        Connection con = null;
        try {// 加载 MySQL 数据库驱动
            Class.forName("com.mysql.cj.jdbc.Driver");
            // 连接 MySQL 数据库中的 company 数据库
            con=DriverManager.getConnection("jdbc:mysql:" + "//127.0.0.1:3306/
                company", "root", "Wyy123456");
            Statement sql = con.createStatement();//获取 Statement 对象
            //执行 SQL 语句，向数据表 person 插入数据
            String sqlStr = "insert into person "
                + "(id , name,position , salary )"
                + "values (101,\"张晓\",\"销售员\",3500)";
            int res = sql.executeUpdate(sqlStr);
            System.out.println(res);
            con.close();//关闭与数据库的连接
        } catch (SQLException e) {//数据库连接和数据库操作中可能出现的异常捕获
            e.printStackTrace();
        }catch (ClassNotFoundException e1) {
        //注册本地 MySQL 数据库驱动时可能出现的驱动
            e1.printStackTrace();
        }
    }
}
```

运行结果如图 15-11 所示，在数据库的表 person 中新添加了内容。

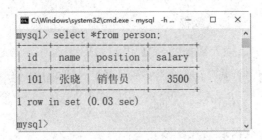

图 15-11　在数据库中插入数据

15.4.3　查询数据

在查询数据时，可以通过 select 关键字进行全查询，也可以通过配合 where 关键字进行条件查询。在 Java 中可以利用 Statement 实例通过执行静态 SELECT 语句来完成，也可以利用 PreparedStatement 实例通过执行动态 SELECT 语句来完成。

1. 数据库中的查询语句

```
//全查询
SELECT * FROM emp;
//条件查询
select * from emp where name= "李亮";
```

2. Java 中的查询语句

(1) 利用 Statement 实例通过执行静态 SELECT 语句查询数据的典型代码如下：

```
Statement state = con.createStatement();
ResultSet res = state.executeQuery(SQL 语句字符串);
```

(2) 利用 PreparedStatement 实例通过执行动态 SELECT 语句查询数据的典型代码如下：

```
String sql = "select * from tb_table_name where sex=?";
PreparedStatement prpdStmt = connection.prepareStatement(sql);
prpdStmt.setString(1, "男");
ResultSet rs = prpdStmt.executeQuery();
```

无论利用哪个实例查询数据，都需要执行 executeQuery()方法，这时才真正执行 SELECT 语句，从数据库中查询符合条件的记录，该方法将返回一个 ResultSet 型的结果集，在该结果集中不仅包含所有满足查询条件的记录，还包含相应数据表的相关信息，例如每一列的名称、类型和列的数量等。

实例 04　查询数据表 person 中的数据记录(源代码\ch15\15.4.txt)。

查询的具体要求为：将工资低于 3000 元的人员信息显示出来。

```
import java.sql.*; //导入 java.sql 包
public class InsertData {
    public static void main(String[] args) {
```

```java
        Connection con = null;
        try {// 加载 MySQL 数据库驱动
            Class.forName("com.mysql.cj.jdbc.Driver");
            // 连接 MySQL 数据库中的 company 数据库
            con = DriverManager.getConnection("jdbc:mysql:" + "
                //127.0.0.1:3306/company", "root", "Wyy123456");
            Statement sql = con.createStatement();// 获取 Statement 对象
            String sqlStr = "SELECT * FROM `person`";
            ResultSet res = sql.executeQuery(sqlStr);
            System.out.println("person 表中人员的信息是：");
            while (res.next()) {// 遍历查询结果，输出查询到的信息
                System.out.println("姓名：" + res.getString("name") + " 职位："
                    + res.getString("position"));
            }
            // 带有通配符的 SQL 查询语句
            String sqlStr2 = "select * from person where salary<=?";
            // 创建动态查询 PreparedStatement 对象
            PreparedStatement prpdStmt = con.prepareStatement(sqlStr2);
            prpdStmt.setFloat(1, 3000); // 给通配符的值赋值
            ResultSet res2 = prpdStmt.executeQuery(); // 进行动态查询
            System.out.println("person 表中工资低于 3000 的人员信息是：");
            while (res2.next()) {// 遍历查询结果，输出查询信息
                System.out.println("姓名：" + res2.getString("name") +
                    " 职位：" + res2.getString("position"));
            }
            con.close();// 关闭与数据库的连接
        } catch (SQLException e) {// 数据库连接和数据库操作中可能出现的异常捕获
            e.printStackTrace();
        } catch (ClassNotFoundException e1) {
            // 注册本地 MySQL 数据库驱动时可能出现的驱动
            e1.printStackTrace();
        }
    }
}
```

运行结果如图 15-12 所示。查询之前要确保数据库中已经插入足够的数据。

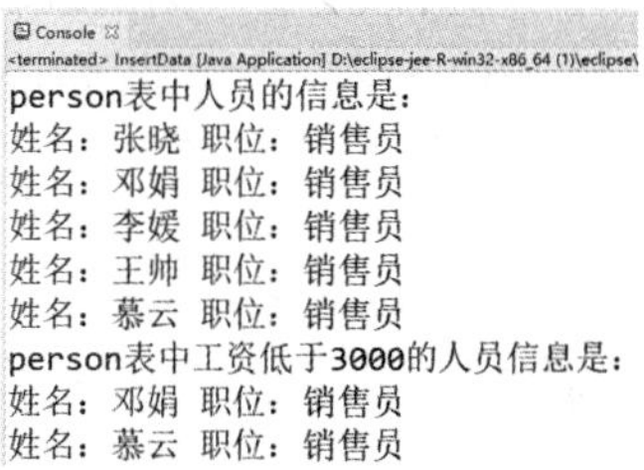

15.4.4 更新数据

更新数据库数据就是更改数据库中原有的信息。

1. 数据库中更新数据的语句

数据更新语句的命令格式如下：

图 15-12 数据查询

```
UPDATE <table_name> SET colume_name = 'xxx' WHERE <条件表达式>
```

2. Java 中的更新语句

在更新数据时，既可以利用 Statement 实例通过执行静态 UPDATE 语句完成，也可以利用 PreparedStatement 实例通过执行动态 UPDATE 语句完成，还可以利用 CallableStatement 实例通过执行存储过程完成。

(1) 利用 Statement 实例通过执行静态 UPDATE 语句修改数据的典型代码如下：

```
String sql = "update tb_record set salary=3000 where duty='部门经理'";
statement.executeUpdate(sql);
```

(2) 利用 PreparedStatement 实例通过执行动态 UPDATE 语句修改数据的典型代码如下：

```
String sql = "update tb_record set salary=? where duty=?";
PreparedStatement prpdStmt = connection.prepareStatement(sql);
prpdStmt.setInt(1, 3000);
prpdStmt.setString(2, "部门经理");
prpdStmt.executeUpdate();
```

(3) 利用 CallableStatement 实例通过执行存储过程修改数据的典型代码如下：

```
String call = "{call pro_record_update_salary_by_duty(?,?)}";
CallableStatement cablStmt = connection.prepareCall(call);
cablStmt.setInt(1, 3000);
cablStmt.setString(2, "部门经理");
cablStmt.executeUpdate();
```

无论利用哪个实例修改数据，都需要执行 executeUpdate()方法，这时才真正执行 UPDATE 语句，修改数据库中符合条件的记录，该方法将返回一个 int 型数，为被修改记录的条数。

实例 05 更新数据表 person 中的数据记录(源代码\ch15\15.5.txt)。

更新的要求为将工资低于 3000 元的人员工资更新至 3000 元。

```java
import java.sql.*; //导入java.sql包
public class UpdateInfo {
    public static void main(String[] args) {
        Connection con = null;
        try {// 加载MySQL数据库驱动
            Class.forName("com.mysql.cj.jdbc.Driver");
            // 连接MySQL数据库中的company数据库
            con = DriverManager.getConnection("jdbc:mysql:" + "//127.0.0.1:3306/
                company", "root", "Wyy123456");
            Statement sql = con.createStatement();// 获取Statement对象
            String sqlStr = "update person set salary = 3000 where
                salary<=3000;";
            int res = sql.executeUpdate(sqlStr);// 更新操作
            System.out.println(res);
            con.close();// 关闭与数据库的连接
        } catch (SQLException e) {// 数据库连接和数据库操作中可能出现的异常捕获
            e.printStackTrace();
        } catch (ClassNotFoundException e1) {
            // 注册本地MySQL数据库驱动时可能出现的驱动
            e1.printStackTrace();
        }
    }
}
```

数据库中数据的变化如图 15-13 所示。可以看到数据表中工资低于 3000 元的数据已经不存在了。

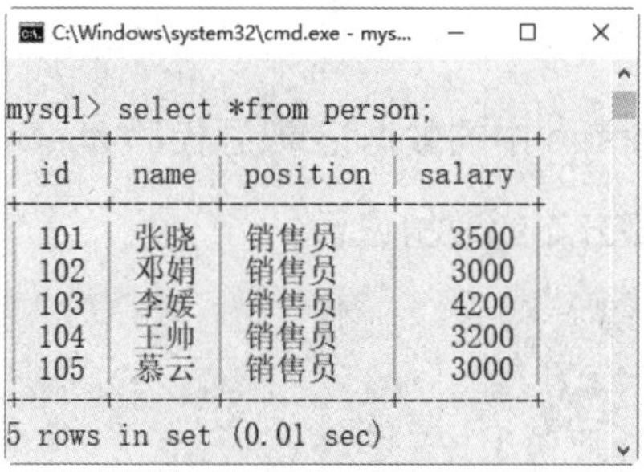

图 15-13　更新操作

15.4.5　删除数据

删除数据就是将数据库中符合条件的数据清除。

1. 数据库中删除数据的语句

Delete 语句的格式如下：

```
DELETE FROM <表名> WHERE <条件表达式>
```

例如：

```
DELETE FROM table1 WHERE No = 7658
```

从表 table1 中删除一条记录，其字段 No 的值为 7658。

2. Java 中的删除语句

在 Java 中，可以使用 Statement 或者 PreparedStatement 调用 executeUpdate 方法来实现删除数据的操作。

(1) 利用 Statement 实例通过执行静态 DELETE 语句删除数据的典型代码如下：

```
String sql = "delete from tb_record where date<'2017-2-14'";
statement.executeUpdate(sql);
```

(2) 利用 PreparedStatement 实例通过执行动态 DELETE 语句删除数据的典型代码如下：

```
String sql = "delete from tb_record where date<?";
PreparedStatement prpdStmt = connection.prepareStatement(sql);
prpdStmt.setString(1, "2017-2-14");          // 为日期型参数赋值
prpdStmt.executeUpdate();
```

(3) 利用 CallableStatement 实例通过执行存储过程删除数据的典型代码如下：

```
String call = "{call pro_record_delete_by_date(?)}";
CallableStatement cablStmt = connection.prepareCall(call);
cablStmt.setString(1, "2017-2-14");         // 为日期型参数赋值
cablStmt.executeUpdate();
```

无论利用哪个实例删除数据，都需要执行 executeUpdate()方法，这时才真正执行 DELETE 语句，删除数据库中符合条件的记录，该方法将返回一个 int 型数，为被删除记录的条数。

实例 06 删除数据表 person 中的数据记录(源代码\ch15\15.6.txt)。

删除的条件是姓名为"慕云"的数据记录。

```java
import java.sql.*; //导入java.sql 包
public class DeleteData {
    public static void main(String[] args) {
        Connection con = null;
        try {// 加载 MySQL 数据库驱动
            Class.forName("com.mysql.cj.jdbc.Driver");
            // 连接 MySQL 数据库中的 company 数据库
            con = DriverManager.getConnection("jdbc:mysql:" +
            "//127.0.0.1:3306/company", "root", "Wyy123456");
            Statement sql = con.createStatement();// 获取 Statement 对象
            String sqlStr = "delete from person where name = \"慕云\";";
            int res = sql.executeUpdate(sqlStr);// 删除操作
            System.out.println(res);
            con.close();// 关闭与数据库的连接
        } catch (SQLException e) {// 数据库连接和数据库操作中可能出现的异常捕获
            e.printStackTrace();
        } catch (ClassNotFoundException e1) {
            // 注册本地 MySQL 数据库驱动时可能出现的驱动
            e1.printStackTrace();
        }
    }
}
```

数据库的运行结果如图 15-14 所示。可以看到数据表中姓名为"慕云"的数据记录已经不存在了。

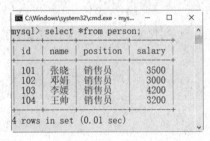

图 15-14 删除数据记录

15.5 就业面试问题解答

问题 1：什么是 JDBC，在什么时候会用到它？

答：JDBC 的全称是 Java DataBase Connection，也就是 Java 数据库连接，我们可以用它来操作关系型数据库。JDBC 接口及相关类在 java.sql 包和 javax.sql 包里。我们可以用它来连接数据库，执行 SQL 查询。

问题 2：相对于 Statement，PreparedStatement 的优点是什么？

答：它和 Statement 相比，优点在于以下几个方面：

(1) PreparedStatement 有助于防止 SQL 注入，因为它会自动对特殊字符转义。

(2) PreparedStatement 可以用来进行动态查询。

(3) PreparedStatement 执行更快。尤其在重用它或者使用它的拼接查询接口执行多条语句时。

使用 PreparedStatement 的 setter 方法更容易写出面向对象的代码，而对于 Statement，我们得拼接字符串来生成查询语句。如果参数太多，字符串拼接看起来会非常丑陋并且容易出错。

15.6 上机练练手

上机练习 1：查询数据库 mydb 中数据表 person 的数据记录

首先在 mydb 数据库中创建数据表 person，然后给数据表添加数据，接着编写 Java 程序，通过 Statement 接口和 ResultSet 接口来查询数据表中的数据记录。程序运行结果如图 15-15 所示。

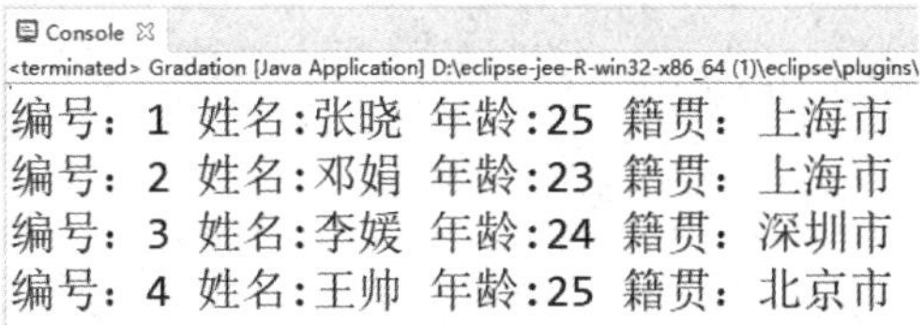

图 15-15　查询数据表中的数据记录

上机练习 2：查询数据表 person 中籍贯为 "上海市" 的数据记录

编写程序，在数据库 mydb 的 person 数据表中，查询籍贯为 "上海市" 的数据记录。程序运行结果如图 15-16 所示。

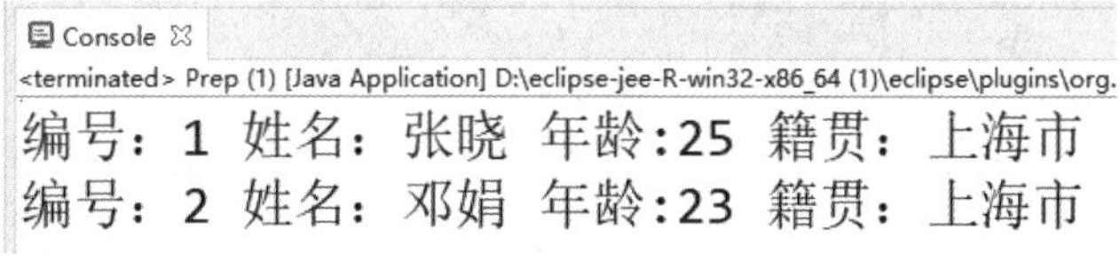

图 15-16　查询数据表中指定条件的数据记录

上机练习 3：对数据表 person 执行添加、修改、删除操作

编写程序，通过 Java 语言中的 PreparedStatement 对象对数据表中的原有数据进行添加、修改和删除操作。程序运行结果如图 15-17 所示。

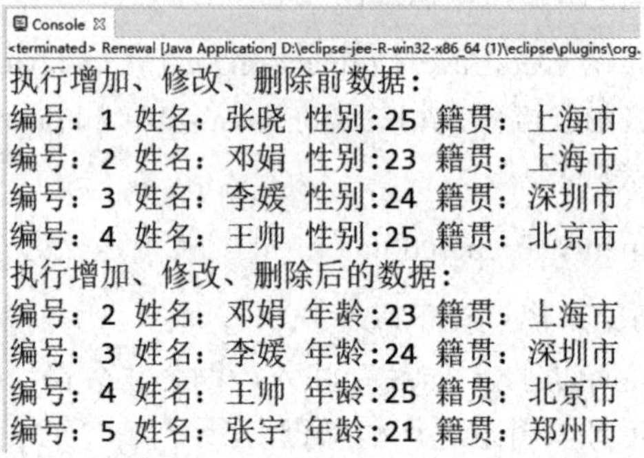

```
Console
<terminated> Renewal [Java Application] D:\eclipse-jee-R-win32-x86_64 (1)\eclipse\plugins\org.
执行增加、修改、删除前数据：
编号：1  姓名：张晓  性别：25  籍贯：上海市
编号：2  姓名：邓娟  性别：23  籍贯：上海市
编号：3  姓名：李媛  性别：24  籍贯：深圳市
编号：4  姓名：王帅  性别：25  籍贯：北京市
执行增加、修改、删除后的数据：
编号：2  姓名：邓娟  年龄：23  籍贯：上海市
编号：3  姓名：李媛  年龄：24  籍贯：深圳市
编号：4  姓名：王帅  年龄：25  籍贯：北京市
编号：5  姓名：张宇  年龄：21  籍贯：郑州市
```

图 15-17　添加、修改和删除数据记录

第 16 章

Java 绘图与音频

使用 Java 语言开发程序，需要掌握 AWT 绘图、图像处理以及音频播放的技术。它们是程序开发不可缺少的部分，使用这些技术可以提高程序的可读性，同时还提高了程序的交互能力。本章就来介绍 Java 多媒体开发技术。

16.1　Java 绘图基础

绘图是 Java 语言中非常重要的技术，例如绘制图片、绘制文本、绘制背景等。Java 中主要的绘图类有 Graphics 类和 Graphics2D 类。

16.1.1　绘图方法

在 Java 语言中，Component 类提供了用于 AWT 绘图的 3 个方法，分别是 paint()、update()和 repaint()方法。由于 AWT 和 Swing 组件都继承了 Component 类，所以几乎所有的 AWT 和 Swing 组件都有这 3 个方法。

1. repaint()方法

repaint()方法用来重新绘制组件，当组件的外观发生变化时，repaint()方法会被自动调用。这个方法再自动调用 update()方法来更新图形，一般来说不需要重写这个方法。

2. update()方法

update()方法用于更新图形，它先清除背景，再设置前景，最后自动调用 paint()方法来绘制组件，一般来说这个方法也不需要重写。

3. paint()方法

paint()方法用于执行具体的绘图操作，Component 类中的该方法是空方法，所以具体的绘图操作需要在 paint()方法中实现。

16.1.2　Canvas 画布类

Canvas 画布类就是用于绘图的画布，它能够在屏幕上提供一块可绘制的区域，该区域能够接收用户的输入。为此，在绘图界面必须继承 Canvas 画布类，并重写其 paint()方法来实现自定义绘图功能，当需要重绘界面或者组件时，可通过重写 repaint()方法来实现。

16.1.3　Graphics 绘图类

Graphics 类是所有图形上下文的抽象父类，允许应用程序在组件上进行绘制。Graphics 对象封装了 Java 支持的基本图形操作所需的状态信息。

Graphics 类中提供了绘图直线、矩形、多边形、椭圆、圆弧等方法以及设置绘图颜色、字体等状态属性方法，如表 16-1 所示。

表 16-1　Graphics 类中常用的方法

方法声明	方法描述
drawLine(int x1,int y1,int x2,int y2)	绘制线段
drawArc(int x,int y,int width,int height,int startAngle,int arcAngle);	绘制弧形

续表

方法声明	方法描述
drawRect(int x,int y,int width,int height)	绘制矩形的边框
drawRoundRect(int x,int y,int width,int height,int arcwidth,int archeight);	绘制圆角矩形边框
drawOval(int x,int y,int width,int height)	绘制椭圆
drawPolygon(int[] xs,int ys,int num);	绘制首尾相连的多边形
drawPolyline(int[] xs,int ys,int num);	顺点画线，首尾不相连
fillArc(int x,int y,int width,int height,int startAngle,int arcAngle);	绘制实心弧形(扇形)
fillRect(int x,int y,int width,int height)	绘制实心矩形
fill RoundRect(int x,int y,int width,int height,int arcwidth,int archeight);	绘制实心圆角矩形边框
fillOval(int x,int y,int width,int height)	绘制实心椭圆
fillPolygon(int[] xs,int ys,int num);	绘制实心多边形
drawString(String str,int x,int y)	在(x,y)坐标上绘制字符 str

实例 01 使用 Graphics 类绘制几何图形(源代码\ch16\16.1.txt)。

```java
import java.awt.Graphics;
import javax.swing.JFrame;
public class GraphicsTest extends JFrame {
    public void launchFrame() {
        // 设置窗体标题
        setTitle("Graphics 绘图");
        // 设置窗体的位置
        setBounds(400, 300, 340, 380);
        repaint();
        // 设置窗体的布局管理器是 null
        setLayout(null);
        // 设置可关闭
        setDefaultCloseOperation(EXIT_ON_CLOSE);
        // 设置窗体可见
        setVisible(true);
    }
    // 重写 paint 方法,执行具体的绘图操作
    public void paint(Graphics g) {
        // 绘制窗体中的按钮组件
        g.fillOval(50, 50, 30, 30);
        g.fillRect(80, 80, 40, 40);
        g.drawArc(80, 150, 70, 70, 0, 360);
    }
    public static void main(String[] args) {
        GraphicsTest p = new GraphicsTest();
        p.launchFrame();
    }
}
```

运行结果如图 16-1 所示。

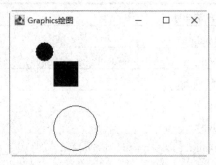

图 16-1 Graphics 绘图

16.1.4 Graphics2D 绘图类

Graphics 类提供了基本绘图方法，Graphics2D 类提供了更强大的绘图能力。Graphics2D 类继承 Graphics 类，是 Graphics 类的拓展。它在 Graphics 的基础上增加了更多的功能，使绘画更加方便。

实例 02 使用 Graphics2D 类绘制正方形(源代码\ch16\16.2.txt)。

```java
import java.awt.Graphics;
import java.awt.Graphics2D;
import java.awt.Shape;
import java.awt.geom.Rectangle2D;
import javax.swing.JFrame;
public class Graphics2DTest extends JFrame {
    public void launchFrame() {
        // 设置窗体标题
        setTitle("Graphics2D 绘图");
        // 设置窗体的位置
        setBounds(600, 200, 240, 280);
        // repaint();
        // 设置窗体的布局管理器是 null
        setLayout(null);
        // 设置可关闭
        setDefaultCloseOperation(EXIT_ON_CLOSE);
        // 设置窗体可见
        setVisible(true);
    }

    // 重写 paint 方法,执行具体的绘图操作
    @Override
    public void paint(Graphics g) {
        // 强制转换为 Graphics2D 类型
        Graphics2D g2 = (Graphics2D) g;
        super.paint(g2);
        // 创建几何图形对象,分别指定图形的 x、y 坐标以及宽和高
        Shape rect = new Rectangle2D.Double(50.0, 50.0, 60.0, 60.0);
        // 画图
        g2.draw(rect);
```

```
        Shape rect2 = new Rectangle2D.Double(140.0, 50.0, 60.0, 60.0);
        g2.fill(rect2);
    }

    public static void main(String[] args) {
        Graphics2DTest p = new Graphics2DTest();
        p.launchFrame();
    }
}
```

运行结果如图 16-2 所示。

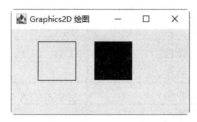

图 16-2　绘制几何图形

16.2　设置颜色与画笔

Java 中有一个很强的颜色封装类 Color，为用户提供了很多颜色。与此同时，在绘图时还可以指定画笔线条的粗细和实虚等属性，这让绘图效果更加丰富。

16.2.1　设置绘图颜色

在 Java 语言中，通过 Color 类封装了绘制图形时有关颜色的各种属性，并对颜色进行管理。使用 Color 类创建颜色对象，由于 Java 以与平台无关的方式支持颜色管理，所以不用担心不同平台对该颜色是否支持。

1. Color 类的构造方法

Color 类的构造方法有如下两种：

(1) 通过指定红绿蓝三原色的 r、g、b 值为参数得到相应的颜色。

```
Color color = new Color(int r,int g,int b);
```

(2) 通过指定红绿蓝三原色的 rgb 总和为参数得到相应的颜色。

```
Color color = new Color(int rgb);
```

其实在平常的使用当中，可以通过 Color 类提供的颜色常量值来解决颜色问题，使用方法如下：

```
Color.RED
```

直接通过 Color 类调用颜色名称。

注意　Color 类的颜色常量值有大小写两种表达方式，但是在颜色显现上没有区分。

2. Color 类的常量

Color 类提供的常用常量如表 16-2 所示。

表 16-2　Color 类提供的常用常量

常　量	说　明	常　量	说　明
BLACK	黑色	WHITE	白色
BLUE	蓝色	RED	红色
CYAN	青色	PINK	粉红色
GREEN	绿色	MAGENTA	洋红色
GRAY	灰色	ORANGE	橘黄色
DARK_GRAY	深灰色	YELLOW	黄色

3. setColor()方法

绘图时一般使用 setColor()方法设置当前颜色，绘图或绘制文本时使用该颜色作为前景色。若再使用其他颜色绘制图形或文本，需要再次调用 setColor()方法重新设置颜色。

setColor()方法的语法格式具体如下：

```
void setColor(Color c);
```

其中，c 是一个 Color 对象，指定一个颜色值，如红色、绿色等。

实例 03　绘制彩色几何图形(源代码\ch16\16.3.txt)。

```java
import java.awt.Color;
import java.awt.Graphics;
import java.awt.Graphics2D;
import javax.swing.JFrame;
public class ColorTest extends JFrame {
    public void launchFrame() {
        // 设置窗体标题
        setTitle("Graphics2D 绘图");
        // 设置窗体的位置
        setBounds(600, 200, 240, 280);
        // 设置窗体的布局管理器是 null
        setLayout(null);
        // 设置可关闭
        setDefaultCloseOperation(EXIT_ON_CLOSE);
        // 设置窗体可见
        setVisible(true);
    }

    // 重写 paint 方法,执行具体的绘图操作
    @Override
    public void paint(Graphics g) {
```

```
        // 绘制图形
        Graphics2D g2 = (Graphics2D) g;
        super.paint(g2);
        g2.setColor(Color.BLUE); // 蓝色
        g2.fillRect(80, 80, 40, 40);
        g2.setColor(Color.RED);  // 红色
        g2.drawArc(50, 150, 60, 50, 1, 360);
    }
    public static void main(String[] args) {
        ColorTest p = new ColorTest();
        p.launchFrame();
    }
}
```

运行结果如图 16-3 所示。

16.2.2　设置笔画属性

默认情况下，画笔的粗细为 1，且以实线显示。Graphics2D 类提供的 setStroke()方法可以实现画笔粗细、笔梢弧度、连接弧度、实线虚线等多个风格的设置。

setStroke()方法的语法格式如下：

`setStroke (Stroke stroke);`

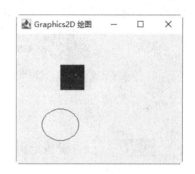

图 16-3　设置绘图颜色

setStroke()方法以 Stroke 接口的实现类对象为参数。

在 java.awt 包中提供了 Stroke 接口的实现类 BasicStroke。该类的构造方法实现了对画笔风格的设置，具体的构造方法如下。

```
BasicStroke(); //无参构造方法
BasicStroke(float width);   //设置画笔粗细的参数
BasicStroke(float width,int cap,int join);
//增加画笔画线端点弧度和线段连接弧度设置
BasicStroke(float width,int cap,int join, float miterlimit);
//增加斜接处的显示样式的设置
BasicStroke(float width,int cap,int join,float miterlimit,float[] dash);//虚线
BasicStroke(float width,int cap,int join,float miterlimit,float[] dash,float dash_phase);   //增加虚线模式的偏移量
```

以上构造方法中的参数取值说明如表 16-3 所示。

表 16-3　BasicStroke 类构造方法的参数

参　数	说　明
width	画笔的粗细设置值，默认是 1
cap	画笔画线的起末端的弧度设置。可取值为 CAP_ROUND、CAP_BUTT、CAP_SQUARE
join	画笔在线段连接处的表现弧度。可取值为 JOIN_BEVEL、JOIN_MITER、JOIN_ROUND
miterlimit	斜接处的显示样式的设置。取值必须大于 1.0

续表

参 数	说 明
dash	表示虚线的分布值。就是线段实部分和虚部分的长度以及分布
dash_phase	虚线模式的偏移量。表示在虚线数组中的偏移量,是从虚线部分开始画,还是从实线部分开始画

  cap 参数为 BasicStroke 端点的装饰,有 CAP_BUTT、CAP_ROUND、CAP_SQUARE 三个值。这三个值的效果如图 16-4 所示。

  join 参数为应用在路径线段交汇处的装饰,有 JOIN_BEVEL、JOIN_MOTER、JOIN_ROUND 三个值。这三个值的效果如图 16-5 所示。

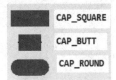

图 16-4 cap 的值

图 16-5 join 的值

实例 04 通过设置笔画属性绘制图形(源代码\ch16\16.4.txt)。

```java
import java.awt.*;
import java.awt.geom.Line2D;
import java.awt.geom.Line2D.Double;
import java.awt.geom.Rectangle2D;
import javax.swing.JFrame;
public class TestPaint extends JFrame {
    public void launchFrame() {
        //设置窗体的标题
        setTitle("绘图");
        //设置窗体的位置
        setBounds(600,200,440,480);
        //设置窗体的背景色
        setBackground(Color.gray);
        //设置窗体的布局管理器是 null
        setLayout(null);
        //设置可关闭
        setDefaultCloseOperation(EXIT_ON_CLOSE);
        //设置窗体可见
        setVisible(true);
    }
    //重写 paint 方法,执行具体的绘图操作
    public void paint(Graphics g) {
        Graphics2D g2 = (Graphics2D)g;
        super.paint(g2);
        //创建设置笔画的属性的对象
        Stroke s = new BasicStroke(50, BasicStroke.CAP_BUTT, BasicStroke.JOIN_MITER);
        g2.setStroke(s);//设置笔画的属性
        //设置颜色
        g2.setColor(Color.red);
```

```
            //画直线
            Shape line = new Line2D.Double(50, 70, 150,190);
            g2.draw(line);
            //设置画笔颜色
            g2.setColor(Color.GRAY);
            //画矩形
            Shape rect = new Rectangle2D.Double(150, 260, 150, 120);
            g2.draw(rect);
    }
    public static void main(String[] args) {
        TestPaint p = new TestPaint();
        p.launchFrame();
    }
}
```

运行上述程序，根据端点处于线段交汇处取值的不同可以分为如下 3 种情况：

(1) 当 cap = BasicStroke.CAP_BUTT，join = BasicStroke.JOIN_MITER 时，运行结果如图 16-6 所示。

(2) 当 cap = BasicStroke. CAP_ROUND，join = BasicStroke.JOIN_ROUND 时，运行结果如图 16-7 所示。

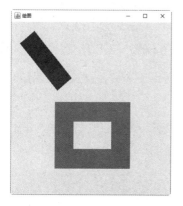

图 16-6　CAP_BUTT 和 JOIN_MITER

图 16-7　CAP_ROUND 和 JOIN_ROUND

(3) 当 cap = BasicStroke.CAP_SQUARE，join = BasicStroke.JOIN_BEVEL 时，运行结果如图 16-8 所示。

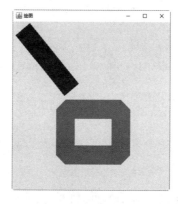

图 16-8　CAP_SQUARE 和 JOIN_BEVEL

16.3 图像处理

在 Java 语言中，对绘制的图像还可以做处理，如放大缩小图像、倾斜图像、旋转图像以及翻转图像等。

16.3.1 绘制图像

绘图类不仅可以绘制图形，还可以绘制图像。绘制图像是使用 Graphics2D 类提供的 drawImage()方法，语法格式如下：

```
drawImage(Image img,int x,int y,ImageObsertver observer)
```

参数介绍如下。
- img：要显示的图片。
- x：显示图片的 x 坐标。
- y：显示图片的 y 坐标。
- observer：图像观察者。

实例 05 通过绘图方法绘制图像(源代码\ch16\16.5.txt)。

```java
import java.awt.Graphics;
import java.awt.Graphics2D;
import java.awt.Image;
import java.io.File;
import java.io.IOException;
import javax.imageio.ImageIO;
import javax.swing.JFrame;

public class ImageTest extends JFrame{
    public void launchFrame() {
        //设置窗体标题
        setTitle("Graphics2D 绘图");
        //设置窗体的位置
        setBounds(600,200,600,400);
        //设置窗体的布局管理器是 null
        setLayout(null);
        //设置可关闭
        setDefaultCloseOperation(EXIT_ON_CLOSE);
        //设置窗体可见
        setVisible(true);
    }
    @Override
    public void paint(Graphics g) {
        //强制转换为Graphics2D 类型
        Graphics2D g2 = (Graphics2D)g;
        super.paint(g2);
        Image img = null; //声明图片对象
        try {
```

```
            //获取图片的对象
            img = ImageIO.read(new File("res/dog.jpg"));
        } catch (IOException e) {
            e.printStackTrace();
        }
        //绘制图片
        g2.drawImage(img,50,60,this);
    }
    public static void main(String[] args) {
        ImageTest p = new ImageTest();
        p.launchFrame();
    }
}
```

运行结果如图 16-9 所示。

图 16-9　绘制图像

16.3.2　缩放图像

在绘图类中提供了 drawImage() 方法，用于在窗口中绘制图像。默认情况下，drawImage() 方法是将图像以原始大小显示在窗体中，如果需要在窗体中实现图像放大或缩小，则需要使用 drawImage() 方法的重载形式。其语法格式如下：

```
drawImage(Image img,int x,int y,int width,int height,ImageObsertver observer)
```

参数介绍如下。
- img：要显示的图像。
- x：显示图像的 x 坐标。
- y：显示图像的 y 坐标。
- width：图像的宽度。
- height：图像的高度。
- observer：图像观察者。

16.3.3　倾斜图像

在 Java 语言中，可以使用 Graphics2D 类提供的 shear() 方法，设置要绘制图像的倾斜方向和倾斜大小，从而实现使图像倾斜的效果。其语法格式如下：

```
shear(double shx, double shy)
```

参数介绍如下。
- shx：在水平方向上的倾斜量。
- shy：在垂直方向上的倾斜量。

实例 06 调整图像的大小并以倾斜方式显示(源代码\ch16\16.6.txt)。

```
import java.awt.Graphics;
import java.awt.Graphics2D;
import java.awt.Image;
import java.io.File;
import java.io.IOException;
import javax.imageio.ImageIO;
import javax.swing.JFrame;
public class ImageEdit extends JFrame {
    public void launchFrame() {
        //设置窗体标题
        setTitle("Graphics2D 绘图");
        //设置窗体的位置
        setBounds(600,200,600,400);
        //设置窗体的布局管理器是 null
        setLayout(null);
        //设置可关闭
        setDefaultCloseOperation(EXIT_ON_CLOSE);
        //设置窗体可见
        setVisible(true);
    }
    @Override
    public void paint(Graphics g) {
        //强制转换为 Graphics2D 类型
        Graphics2D g2 = (Graphics2D)g;
        super.paint(g2);
        Image img = null; //声明图像对象
        try {
            //获取图像的对象
            img = ImageIO.read(new File("res/dog.jpg"));
        } catch (IOException e) {
            e.printStackTrace();
        }
        //放大缩小：设置图像的大小为宽200、高110
        g2.drawString("图片缩小", 50, 60);
        g2.drawImage(img,50,80,170,100,this);
        //图像倾斜：水平倾斜0.5，垂直倾斜0.2
        g2.drawString("图片倾斜", 300, 190);
        g2.shear(0.5, 0.2);
        //显示倾斜图像：
        g2.drawImage(img,240,170,170,100,this);
    }
    public static void main(String[] args) {
        ImageEdit p = new ImageEdit();
        p.launchFrame();
```

        }
}

运行结果如图 16-10 所示。

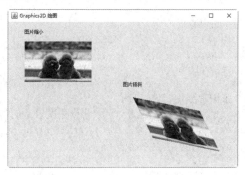

图 16-10　图像缩小和图像倾斜

16.3.4　旋转图像

在 Java 语言中，旋转图像使用 Graphics2D 类提供的 rotate()方法，根据指定的弧度旋转图像。其语法格式如下：

```
rotate(double d)
```

其中，d 为旋转的弧度。

 　　由于该方法只接受弧度，一般通过 Math 类提供的 toRadians()方法，将角度转换为弧度。toRadians()方法接受的参数是角度值，返回弧度值。

实例 07　以旋转方式绘制图像(源代码\ch16\16.7.txt)。

```java
import java.awt.Graphics;
import java.awt.Graphics2D;
import java.awt.Image;
import java.io.File;
import java.io.IOException;
import javax.imageio.ImageIO;
import javax.swing.JFrame;
public class ImageEdit2 extends JFrame{
    public void launchFrame() {
        //设置窗体标题
        setTitle("图片旋转");
        //设置窗体的位置
        setBounds(600,200,500,400);
        //设置窗体的布局管理器是 null
        setLayout(null);
        //设置可关闭
        setDefaultCloseOperation(EXIT_ON_CLOSE);
        //设置窗体可见
        setVisible(true);
    }
    @Override
```

```java
    public void paint(Graphics g){
        Graphics2D g2 = (Graphics2D) g;
        super.paint(g2);
        Image img = null; //声明图片对象
        try {
            //获取图片的对象
            img = ImageIO.read(new File("res/dog.jpg"));
        } catch (IOException e) {
            e.printStackTrace();
        }
        //图像旋转:5张图片分别旋转3度
        g2.rotate(Math.toRadians(3));//将以角度表示的角转换为以弧度表示
        g2.drawImage(img, 120, 50, 300, 200, this);
        g2.rotate(Math.toRadians(3));
        g2.drawImage(img, 120, 50, 300, 200, this);
        g2.rotate(Math.toRadians(3));
        g2.drawImage(img, 120, 50, 300, 200, this);
        g2.rotate(Math.toRadians(3));
        g2.drawImage(img, 120, 50, 300, 200, this);
        g2.rotate(Math.toRadians(3));
        g2.drawImage(img, 120, 50, 300, 200, this);
    }
    public static void main(String[] args){
        ImageEdit2 p = new ImageEdit2();
        p.launchFrame();
    }
}
```

运行结果如图 16-11 所示。

图 16-11 图片旋转

16.3.5 翻转图像

在 Java 语言中，图像的翻转是使用 Graphics2D 类提供的 drawImage()方法的另一种重载形式来实现的。其语法格式具体如下：

```
drawImage(Image img,int dx1,int dy1,int dx2,int dy2,int sx1,int sy1,int sx2,int sy2,ImageObserver observer)
```

参数介绍如下。
- img：要显示的图像对象。
- dx1：目标矩形第一个坐标的 x 值。
- dy1：目标矩形第一个坐标的 y 值。
- dx2：目标矩形第二个坐标的 x 值。
- dy2：目标矩形第二个坐标的 y 值。
- sx1：源矩形第一个坐标的 x 值。
- sy1：源矩形第一个坐标的 y 值。
- sx2：源矩形第二个坐标的 x 值。
- sy2：源矩形第二个坐标的 y 值。
- observer：要通知的图像观察者。

实例 08 在窗体中翻转图像(源代码\ch16\16.8.txt)。

```java
import java.awt.*;
import java.awt.event.*;
import java.io.File;
import java.io.IOException;
import javax.imageio.ImageIO;
import javax.swing.JButton;
import javax.swing.JFrame;
import javax.swing.JPanel;
public class ImageEdit3 extends JFrame{
    private int dx1, dy1, dx2, dy2;
    private int sx1, sy1, sx2, sy2;
    //构造方法
    public ImageEdit3(){
        dx2 = sx2 = 500;
        dy2 = sy2 = 333;
    }
    //类的成员方法
    public void launchFrame() {
        //设置窗体标题
        setTitle("图片翻转");
        //设置窗体的位置
        setBounds(600,200,500,370);
        //设置窗体的布局管理器是 null
        setLayout(new BorderLayout());
        JPanel panel1 = new JPanel();
        JPanel panel2 = new JPanel(new GridLayout(1, 2));
        JButton btn1 = new JButton("水平翻转");
        JButton btn2 = new JButton("垂直翻转");
        //按钮的监听事件
        btn1.addActionListener(new ActionListener() {
            @Override
            public void actionPerformed(ActionEvent e) {
                //水平翻转，改变源矩形两个坐标的 x 值
                sx1 = Math.abs(sx1 - 500);
                sx2 = Math.abs(sx2 - 500);
                repaint();
            }
        });
```

```java
        //按钮的监听事件
        btn2.addActionListener(new ActionListener() {
            @Override
            public void actionPerformed(ActionEvent e) {
                //垂直翻转，改变源矩形两个坐标的y值
                sy1 = Math.abs(sy1 - 333);
                sy2 = Math.abs(sy2 - 333);
                repaint();
            }
        });
        //将按钮添加到面板
        panel2.add(btn1);
        panel2.add(btn2);
        //将面板添加到窗体上
        add(panel1,BorderLayout.NORTH);
        add(panel2,BorderLayout.SOUTH);
        //设置可关闭
        setDefaultCloseOperation(EXIT_ON_CLOSE);
        //设置窗体可见
        setVisible(true);
    }
    @Override  //绘制方法
    public void paint(Graphics g){
        Graphics2D g2 = (Graphics2D) g;
        super.paint(g2);
        Image img = null;  //声明图片对象
        try {
            //获取图片对象
            img = ImageIO.read(new File("res/dog.jpg"));
        } catch (IOException e) {
            e.printStackTrace();
        }
        //绘制图像翻转
        g2.drawImage(img,dx1, dy1, dx2, dy2, sx1, sy1, sx2, sy2,this);
    }
    public static void main(String[] args){
        ImageEdit3 p = new ImageEdit3();
        p.launchFrame();
    }
}
```

运行结果如图 16-12 所示，单击"水平翻转"按钮，效果如图 16-13 所示，再单击"垂直翻转"按钮，效果如图 16-14 所示。

图 16-12 原图

图 16-13 水平翻转

图 16-14 垂直翻转

16.4 播放音频

在 Java 语言中，播放简单音频是通过 AudioClip 接口实现的。一般是通过 Applet 类提供的静态方法 newAudioClip()来获取 AudioClip 接口类型的实例，然后调用 play()方法播放音频。newAudioClip()方法的语法格式如下：

```
newAudioClip(URL url)
```

其中，url 为音频的地址。

实例 09 在程序中选择要播放的音频，单击播放按钮时播放音频(源代码\ch16\16.9.txt)。

```java
import java.applet.Applet;
import java.applet.AudioClip;
import java.awt.Dimension;
import java.awt.event.*;
import java.io.File;
import java.net.MalformedURLException;
import javax.swing.*;
import javax.swing.filechooser.FileNameExtensionFilter;
public class Vedio extends JFrame{
    private File selectedFile;
    private JTextField filePath = null;
    private AudioClip audioClip;
    //类的成员方法
    public void launchFrame() {
        //设置窗体标题
        setTitle("播放音频");
        //设置窗体的位置
        setBounds(600,200,500,120);
        //创建面板
        JPanel panel = new JPanel();
        //创建按钮对象
        JButton btn1 = new JButton("打开文件");
        JButton btn2 = new JButton("播放");
        //创建保存选择文件路径的文本框
        if (filePath == null) {
            filePath = new JTextField();   //创建文本框对象
        //设置文本框的大小,Dimension 类是封装组件大小的类,即文本框宽200、高22
            filePath.setPreferredSize(new Dimension(200, 22));
            filePath.setEditable(false);   //设置文本框不可编辑
        }
        //打开文件按钮的监听事件
        btn1.addActionListener(new ActionListener() {
            @Override
            public void actionPerformed(ActionEvent e) {
                //创建文件选择器对象
                JFileChooser fileChooser = new JFileChooser();
                //设置当前文件(即选择的文件)的过滤器
                fileChooser.setFileFilter(new FileNameExtensionFilter(
```

```java
                "支持的音频文件","*.mid、*.wav、*.au", "wav","au", "mid"));
            //弹出一个打开文件的文件选择器对话框
            fileChooser.showOpenDialog(Vedio.this);
            //返回选中文件
            selectedFile = fileChooser.getSelectedFile();
            //判断选中文件是否为null
            if(selectedFile != null){
                //选中文件不是null，将文件的绝对路径赋值给文本框
                filePath.setText(selectedFile.getAbsolutePath());
            }
        }
    });
    //播放按钮的监听事件
    btn2.addActionListener(new ActionListener() {
        @Override
        public void actionPerformed(ActionEvent e) {
            //判断选择文件是否是null
            if (selectedFile != null) {
                try {
                    //选择文件不是null，判断播放音频的接口是否是null
                    if (audioClip != null){
                        //不是null，停止播放
                        audioClip.stop();
                    }
                    //创建播放音频对象
                    audioClip = Applet.newAudioClip(selectedFile.
                        toURI().toURL());
                    audioClip.play();  //播放音频
                } catch (MalformedURLException e1) {
                    e1.printStackTrace();
                }
            }
        }
    });
    //将按钮添加到面板
    panel.add(filePath);
    panel.add(btn1);
    panel.add(btn2);
    //将面板添加到窗体上
    add(panel);
    //设置可关闭
    setDefaultCloseOperation(EXIT_ON_CLOSE);
    //设置窗体可见
    setVisible(true);
}
public static void main(String[] args){
    Vedio v = new Vedio();
    v.launchFrame(); //调用方法
}
}
```

运行结果如图 16-15 所示。

图 16-15　播放音频

 Dimension 类在 java.awt 包中，封装单个对象中组件的宽度和高度。JFileChooser 类是弹出一个针对用户主目录的文件选择器，为用户选择文件提供了一种简单的机制。

16.5　就业面试问题解答

问题 1：在绘制图像的方法中，repaint()方法有什么作用？

答：repaint()方法用来重新绘制组件，当组件的外观发生变化时，repaint()方法会被自动调用，且能够实现局部的刷新操作。repaint()方法不需要像 paint()那样整体绘制，能够提高效率，且安全，不会出现闪屏、重叠等意外情况。

问题 2：在绘制图像时，为什么我的图像不显示？

答：Java 中默认支持的图像格式主要有 jpg、gif 和 png。如果添加的图像格式不正确则不会显示图像，另外，如果图像的路径设置不正确，也不会显示图像。

16.6　上机练练手

上机练习 1：使用几何图形方法绘制一间小木屋

编写程序，使用 Java 绘图功能中的几何图形方法绘制一间小木屋。程序运行结果如图 16-16 所示。

上机练习 2：通过设置绘图颜色，绘制一些彩色气球

编写程序，通过 Java 中的 Color 类在绘制图形时给图像添加颜色属性，从而绘制一些彩色气球。程序运行结果如图 16-17 所示。

图 16-16　绘制小木屋

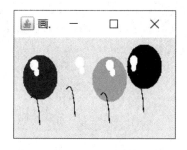

图 16-17　彩色气球的绘制

上机练习 3：绘制数据饼状图

编写程序，现有各个地区的销售比例，通过绘制一个饼状图来展现该销售比例。程序运行结果如图 16-18 所示。

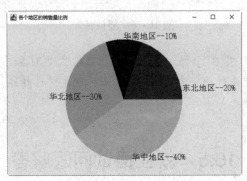

图 16-18　各地区销售比例饼状图

第17章

开发电影订票系统

本章设计一个基于窗体的电影订票系统,通过该案例的学习,读者可熟悉 Java 编程的基本操作,提升编程技能。

17.1 系统简介

电影订票系统是一个影院的综合订票管理系统，包括前台订票功能和后台管理功能两部分。开始运行项目主程序后，会显示一个欢迎界面。普通顾客可以单击"开始订票"按钮进入订票界面；系统管理人员可以通过输入账户和密码，进入后台界面进行各种管理操作。

在订票系统前台界面，首先会显示影院当前上映电影的场次，包括电影的名称和放映时间和票价等基本信息。用户选定要上映电影的场次后，会在左侧显示对应放映厅的座位图，其中已选座位会被标出，用户根据该放映厅座位图选定座位。系统允许用户切换放映场次，选多个座位(即一次订多张票)。在选定座位后，当前用户选定的所有座位信息会在窗体中以表格的形式显示。最后用户输入个人信息后提交订单，这时订单信息会保存到数据库中，放映场次的已选座位的数据也会在数据库中同步更新。

在订票系统管理后台界面，用户会根据自己的权限看到对应的管理菜单项。这些菜单项主要涉及数据库信息的查询、添加、修改、删除功能，选择菜单项可进入对应的管理页面。用户可以添加电影和放映场次，也可以查询已有的电影和放映场次，并进行修改或删除。此外，用户还可以查看和删除订单。当订单被删除时，订单所关联的座位会被重新设置为可用状态。如果用户具有根权限，还可以添加新的管理员，删除以前的管理员或者修改管理员的信息。此外，用户还可以修改自己的个人登录密码。

17.2 系统运行及配置

本节将系统学习电影在线订票系统的开发及运行所需环境、系统配置和运行方法、项目开发及导入步骤等知识。

17.2.1 开发及运行环境

本系统的软件开发环境如下：
(1) 编程语言：Java。
(2) 操作系统：Windows 10。
(3) JDK 版本：jdk-16.0.1_windows-x64。
(4) 开发工具：Eclipse IDE for Java Developers。

17.2.2 运行订票系统

使用 Eclipse 工具运行订票系统，不过运行之前，需要将订票系统项目导入项目开发环境 Eclipse 工具中，为订票系统运行做准备。具体操作步骤如下：

01 把订票系统文件夹复制到电脑硬盘中，比如 D:\CinemaTicketSystem\。

02 双击桌面上的 Eclipse 工具快捷图标，启动 Eclipse 开发工具，在菜单栏中选择

File→Import 菜单命令，如图 17-1 所示。

03 在打开的 Import 对话框中，选择 Existing Projects into Workspace 选项，如图 17-2 所示。

图 17-1 执行 Import 菜单命令

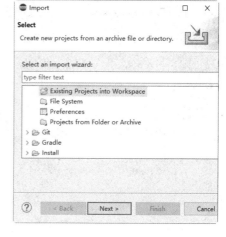

图 17-2 选择项目工作区

04 单击 Next 按钮，打开 Import Projects 对话框，如图 17-3 所示。

05 单击 Select root directory 选项右边的 Browse 按钮，打开"选择文件夹"对话框，在其中选择订票系统项目源码根目录，这里选择 D:\CinemaTicketSystem 目录，如图 17-4 所示。

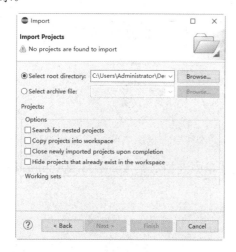

图 17-3 Import Projects 对话框

图 17-4 选择项目源码根目录

06 单击"选择文件夹"按钮，返回到 Import Projects 对话框中，可以看到添加的订票系统项目文件夹，如图 17-5 所示。

07 完成订票系统项目源码根目录的选择后，单击 Finish 按钮，即可完成项目的导入操作，如图 17-6 所示。

08 在 Eclipse 项目现有包资源管理器中，可以展开 CinemaTicketSystem 项目包资源管理器，如图 17-7 所示。

09 在 Package Explorer 包资源管理器中，依次展开选择 CinemaTicketSystem→src→ui→Welcome.java 选项，如图 17-8 所示。

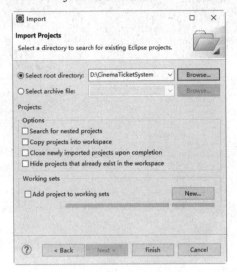

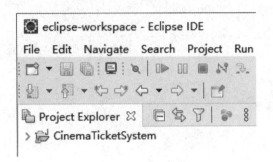

图 17-5 添加游戏项目文件夹　　　　　　　图 17-6 完成项目导入

图 17-7 项目包资源管理器　　　　　　　　图 17-8 选择 Welcome.java 选项

10 右击 Welcome.java 选项，在弹出的快捷菜单中选择 Run As→2 Java Application 菜单命令，运行该订票系统项目，如图 17-9 所示。

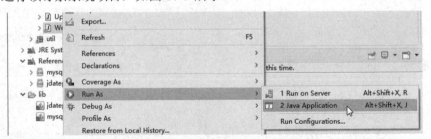

图 17-9 选择 2 Java Application 菜单命令

11 如果程序导入和运行正确，即可出现电影订票系统界面，如图 17-10 所示。

12 在欢迎界面输入初始的根管理员的用户名和密码，用户名是 admin，密码是

123456。进入后台管理界面，如图 17-11 所示。

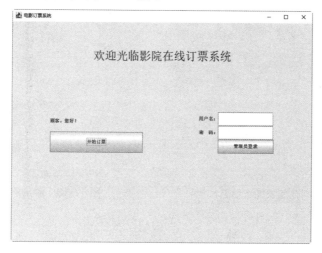

图 17-10　导入后运行欢迎界面

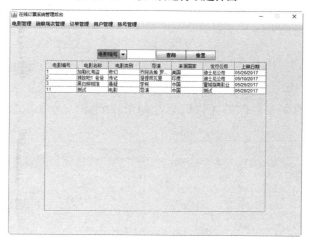

图 17-11　后台管理界面

管理员可以通过菜单项打开功能页面，查询、添加、修改、删除电影和放映场次，也可以查询和删除订单。如果是根管理员，还可以添加修改和删除一般管理员。这里以放映场次为例，显示上述功能页面。

1. 查询

单击"放映场次管理"菜单下的"查询"子菜单，可以浏览放映场次界面。用户可以根据场次编号、电影名称、放映厅、放映时间或票价查询放映场次信息，也可以通过单击"重置"按钮显示所有放映场次信息，如图 17-12 所示。

2. 添加

单击"放映场次管理"菜单下的"添加"子菜单，可以添加放映场次界面。用户在该界面的下拉列表中选择电影名称，输入放映厅，选择放映时间和输入票价，从而添加放映场次，如图 17-13 所示。

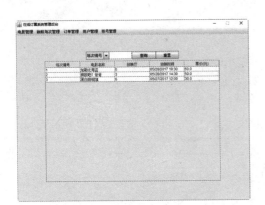
图 17-12 浏览放映场次信息

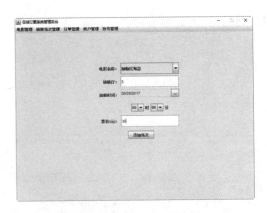
图 17-13 添加放映场次信息

3. 修改

单击"放映场次管理"菜单下的"修改"子菜单,修改放映场次界面,输入要修改的放映场次编号 2,查询放映信息显示在窗体中,用户将放映厅修改为"6",再单击"保存修改"按钮保存,如图 17-14 所示。

4. 删除

单击"放映场次管理"菜单下的"删除"子菜单,浏览放映场次界面。在该界面中输入场次编号"1",查询要放映的场次信息,如果要删除,就单击"删除场次"按钮,如图 17-15 所示。

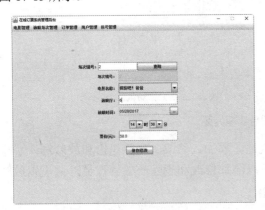
图 17-14 修改放映厅

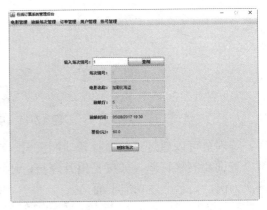
图 17-15 删除场次

5. 编辑框

在显示放映场次的列表中,用户也可以直接单击放映场次列表中的记录,在弹出的编辑框中进行编辑。在这里可以修改放映场次信息和删除场次,如图 17-16 所示。

如果在欢迎界面单击"开始订票"按钮,可以打开用户订票界面,该界面左上角位置显示一个电影放映场次的表格,用户浏览后可以选择自己感兴趣的电影。单击后,该放映场次被选中,放映厅的二维座位图会根据场次进行更新,此时用户可以选择座位并提交。

提交成功后会产生一张电影票添加到订单中。用户可以选择多次，生成多张电影票。用户选择完成后，在右下角输入个人信息，单击"提交订单"按钮。订单提交成功后，电影票的相关数据就会更新到数据库中。

图 17-16 编辑框

用户选择放映场次和座位后单击"选定座位"按钮后，效果如图 17-17 所示。用户输入姓名和手机号，单击"提交订单"按钮，效果如图 17-18 所示。

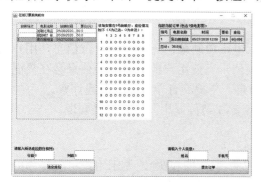

图 17-17 选定座位　　　　　　　　　　图 17-18 提交订单

单击界面上的"确定"按钮，当前界面清空用户订单信息，如图 17-19 所示。

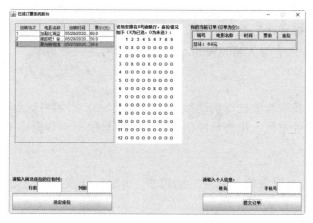

图 17-19 清空用户订单信息

> 为了更加直观地展示整个订票的过程，我们将选择放映场次、选择座位和提交订单都放在同一个界面上来实现。读者可以考虑在学习中对该界面进行优化，比如采用多个界面、多层次来实现整个订票过程的逻辑操作。

17.2.3 系统功能分析

通过需求分析，了解了电影订票系统需要实现的功能。本系统要实现的功能主要分为 6 大模块，有欢迎界面模块、前台订票模块、后台管理模块和数据库模块等。下面详细介绍各模块的功能及实现。

1．系统对象模块

系统对象模块主要是定义在电影订票系统中会用到的对象实例，一般有电影、电影放映场次、订单、电影票和管理员 5 个对象。

2．欢迎界面模块

欢迎界面是主程序运行后进入的首界面，该界面显示欢迎信息、用户开始订票的入口以及管理后台的入口。由 ui 包中的 Welcome.java 实现。

3．前台订票模块

在用户进入订票系统的界面后，该界面显示电影放映信息、放映厅座位信息，用户选择所要看的电影，再根据放映厅的座位图选择座位，当前用户的所有购票信息会在界面显示。当用户选好电影和座位信息后，填写用户信息，并提交订单，完成在线订票。

这部分的功能主要由 ui 包中的 OrderWindow.java 类再调用其他辅助类实现。

4．后台管理模块

管理员进入后台管理界面后，根据当前用户的角色(即权限)，显示用户可以操作的菜单。当用户是根用户时，会显示电影管理、放映场次管理、订单管理、用户管理和账号管理可用。当用户是完全管理权限时，会显示电影管理、放映场次管理、订单管理、用户管理和账号管理可用。当用户只有电影管理权限时，只会显示电影管理和账号管理可用。当用户只有放映场次管理时，只会显示放映场次管理和账号管理可用。当用户只有订单管理时，只会显示订单管理和账号管理可用。当用户无管理权限时，只会显示账号管理可用。

该模块主要由 ui 包中的 AdminWindow.java 类调用其他类实现。

5．数据库模块

数据库处理模块实现与数据库的连接，通过执行 SQL 语句将前台用户的订单保存到数据库中，将后台添加的电影、电影放映信息和用户信息保存到数据库中。

6．辅助处理模块

该模块主要用来做用户输入合法性的检查，例如，日期显示界面用于管理员选择日期，并检查选择的日期格式是否正确。

本项目中各个模块之间的功能结构如图 17-20 所示。

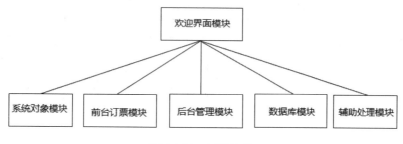

图 17-20 系统结构

17.3 数据库设计

在完成系统的需求分析以及功能分析后,接下来需要进行数据库的分析。在电影订票系统中,为了更加贴近现实情况,我们设计了一个稍微复杂的场景。

场景如下:

(1) 放映厅和电影是多对多的对应关系,即一个电影可以在多个放映厅放映,而一个放映厅可以在不同时段放映不同的电影。

(2) 用户可以一次下单买多张电影票。这些电影票可以来自不同电影的不同时间段。

(3) 同一部电影在不同时间段的票价可以不同。

为了实现上述设定,在 MySQL 数据库中创建数据库 cinema_tickets,并在数据库中创建 4 个数据库表,分别是电影信息表 movies、电影放映信息表 shows、用户订单信息表 orders、管理员账号表 staff。

17.3.1 电影信息

movies 表记录当前上映的电影信息,该表主要有 mid、name、type、director、source、publisher 和 release_date 这 7 个字段。该表的具体字段信息如表 17-1 所示。

表 17-1 movies 表

字段名称	字段类型	说　　明
mid	int(11)	mid 自动增长,主键
name	varchar(200)	电影名称
type	varchar(50)	类型
director	varchar(100)	导演
source	varchar(50)	来源国家
publisher	varchar(100)	发行公司
release_date	varchar(30)	上映日期

17.3.2 放映信息

shows 表用于存储电影放映信息,该表主要有 id、mid、hall、time、price、seats_used 这 6 个字段。该表的具体字段信息如表 17-2 所示。

表 17-2 shows 表

字段名称	字段类型	说明
id	int(11)	id 自动增长，主键，场次编号
mid	int(11)	电影编号
hall	int(11)	放映厅
time	varchar(50)	放映时间
price	double	票价
seats_used	varchar(2000)	已经预定的座位

已经预定的位置会随着顾客的订票完成而同步更新。

17.3.3 用户订单信息

orders 表用于存储用户订单信息，该表主要有 id、name、phone、data 和 place_time 这 5 个字段。该表的具体字段信息如表 17-3 所示。

表 17-3 orders 表

字段名称	字段类型	说明
id	int(11)	订单编号 id，自动增长，主键
name	varchar(50)	用户姓名
phone	varchar(11)	电话号码
data	varchar(1000)	订单内容
place_time	datatime	下单时间，数据库自动生成

17.3.4 管理员账号

staff 表用于存储管理员账号信息，该表主要有 4 个字段，分别是 uid、username、password 和 role。这里设置了 6 种权限，分别是无管理权限，管理电影权限，管理放映权限，管理订单权限，管理电影、放映、订单权限，根管理权限。该表的具体字段信息如表 17-4 所示。

表 17-4 staff 表

字段名称	字段类型	说明
uid	int(11)	用户 id，主键，自动增长
username	varchar(20)	管理员名
password	varchar(20)	管理员密码
role	int(11)	角色

第17章 开发电影订票系统

从表格的结构我们可以看出，放映厅和电影的多对多的对应关系是通过 shows 表格进行关联的；用户可以一次下单买多张电影票是通过 orders 表格进行关联的。

17.4 系统代码编写

在电影订票系统中，系统对象模块、欢迎界面模块、前台订票模块、后台管理模块、数据库模块以及辅助处理模块主要由 Java 程序来完成。

17.4.1 欢迎界面模块

在电影订票系统中，欢迎界面模块是运行程序的入口，它的功能是负责整个系统的运行。该模块是前台订票模块和后台管理模块的入口。

欢迎界面模块由一个 Welcome.java 实现，该程序的具体代码如下(源代码\ch17\CinemaTicketSystem\src\ui\Welcome.java)：

```java
package ui;
import java.awt.*;
import java.awt.event.ActionEvent;
import java.awt.event.ActionListener;
import java.awt.event.WindowAdapter;
import java.awt.event.WindowEvent;

import javax.swing.JButton;
import javax.swing.JFrame;
import javax.swing.JLabel;
import javax.swing.JOptionPane;
import javax.swing.JPanel;
import javax.swing.JPasswordField;
import javax.swing.JTextField;
import javax.swing.SwingConstants;
import javax.swing.border.EmptyBorder;

import com.Staff;

import util.GlobalVars;
import database.StaffDao;

public class Welcome extends JFrame {
    private JLabel userLabel;
    private JTextField userField;
    private JLabel passLabel;
    private JPasswordField passField;
    private JButton orderButton;
    private JButton submitButton;

    public Welcome() {
        //调用私有的初始化方法
        initUI();
```

```java
    }
    private void initUI() {
        //设置窗体的标题
        setTitle("电影订票系统");
        //获取当前窗体对象
        Container welcomePane = getContentPane();
        //设置当前窗体的布局管理器是:3行1列的网格布局
        welcomePane.setLayout(new GridLayout(3, 1));
        //创建顶端面板
        JPanel topPane = new JPanel();
        //设置面板的Insets值:顶、左、底、右。设置面板与当前窗体的顶端距离是60
        topPane.setBorder(new EmptyBorder(60, 0, 0, 0));
        //创建标签,并指定显示信息
        JLabel welcomeLabel = new JLabel("欢迎光临影院在线订票系统");
        //设置标签的字体信息
        welcomeLabel.setFont(new Font("Serif", Font.PLAIN, 20));
        //将标签添加到面板上
        topPane.add(welcomeLabel);
        //创建中间面板和底端面板
        JPanel midPane = new JPanel();
        JPanel btmPane = new JPanel();
        //设置中间面板的布局是1行2列的网格布局
        midPane.setLayout(new GridLayout(1, 2));
        //设置面板的距离左边100,右边100
        midPane.setBorder(new EmptyBorder(0, 100, 0, 100));
        //创建用户订票面板custPane
        JPanel custPane = new JPanel();
        //设置custPane面板的insets值
        custPane.setBorder(new EmptyBorder(40, 0, 40, 50));
        //这个面板是2行1列的网格布局
        custPane.setLayout(new GridLayout(2, 1));

        JLabel helloLabel = new JLabel("顾客,您好!");
        custPane.add(helloLabel);  //标签添加到面板上
        orderButton = new JButton("开始订票");
        //按钮的单击事件
        orderButton.addActionListener(new ActionListener() {
            public void actionPerformed(ActionEvent e) {
                //用户单击"开始订票"按钮的处理程序
                orderButtonActionPerformed(e);
            }
        });
        custPane.add(orderButton);//按钮添加到面板custPane
        midPane.add(custPane);//custPane面板添加到中间面板

        JPanel adminPane = new JPanel();  //管理员登录面板
        adminPane.setBorder(new EmptyBorder(40, 0, 40, 0));
        adminPane.setLayout(new GridLayout(3, 2));

        // 添加用户名标签
        userLabel = new JLabel("用户名:");
        //设置沿x轴,右对齐
        userLabel.setHorizontalAlignment(SwingConstants.RIGHT);
```

```java
        adminPane.add(userLabel);//将标签添加到管理员面板
        // 添加用户名输入框
        userField = new JTextField();
        adminPane.add(userField);
        // 添加密码标签
        passLabel = new JLabel("密    码: ");
        passLabel.setHorizontalAlignment(SwingConstants.RIGHT);
        adminPane.add(passLabel);
        // 添加密码输入框
        passField = new JPasswordField();
        adminPane.add(passField);

        adminPane.add(new JLabel());
        // 添加提交按钮
        submitButton = new JButton("管理员登录");
        //单击"管理员登录"按钮的事件
        submitButton.addActionListener(new ActionListener() {
            public void actionPerformed(ActionEvent e) {
                //管理员登录处理方法
                submitButtonActionPerformed(e);
            }
        });
        //按钮添加到面板
        adminPane.add(submitButton);
        midPane.add(adminPane);//将管理员面板添加到中间面板
        //将顶端、中间、底端面板添加到主面板中
        welcomePane.add(topPane);
        welcomePane.add(midPane);
        welcomePane.add(btmPane);
        //设置窗体大小
        setSize(800, 600);
        //getOwner()返回此窗体的所有者,即设置该窗体相对于它自己的位置
        setLocationRelativeTo(getOwner());
        //添加窗口监听
        this.addWindowListener(new WindowAdapter() {
         public void windowClosing(WindowEvent e) {
            dispose();//关闭窗体时,不显示当前窗体
          }
        });
    }
    private void submitButtonActionPerformed(ActionEvent e) {
        String username = userField.getText(); // 获得用户名
        // 获得密码
        String password = String.valueOf(passField.getPassword());
        //在没有输入用户名时,提示用户名为空
        if (username.equals("")) {
            JOptionPane.showMessageDialog(this, "用户名不允许为空!");
            return;
        }
        try {
            //根据用户名,在数据库中查询用户是否存在
            Staff user = StaffDao.getUserByCredential(username, password);
            if (user == null) { //是null,说明用户不存在
```

```java
                    //信息提示框,提示用户名或密码不正确!
                    JOptionPane.showMessageDialog(this, "用户名或密码不正确!");
                    return;
                }
                //将登录的管理员 id、管理员名和密码存入 GlobalVars 类中
                GlobalVars.userId = user.getUid();  // 记录当前用户 id
                GlobalVars.userName = user.getUsername();  // 记录当前用户名
                GlobalVars.userRole = user.getRole();  // 记录当前用户角色
                //进入管理员后台管理界面
                AdminWindow main = new AdminWindow();
                //根据管理员的权限,设置当前登录管理员可以进行的操作
                main.setViewVisable(user.getRole());
                this.dispose();//当前窗体不显示
            } catch (Exception ex) {
                ex.printStackTrace();
            }
        }
        //"开始订票"按钮单击响应事件
        private void orderButtonActionPerformed(ActionEvent e) {
            try {
                // 进入订票主界面
                OrderWindow orderWindow = new OrderWindow();
                //设置用户订票界面可见
                orderWindow.setVisible(true);
                this.dispose();//当前窗体不可见
            } catch (Exception ex) {
                ex.printStackTrace();
            }
        }
        public static void main(String args[]) {
            Welcome wel = new Welcome();
            wel.setVisible(true);
        }
    }
```

在上述代码中,定义了前台用户订票的入口按钮"开始订票",用户单击时进入前台订票界面;定义了后台管理员的入口,即管理员输入用户名和密码,查询到数据库中该管理员的权限,在后台管理界面显示其可以操作的具体功能。

17.4.2 系统对象模块

在电影订票系统中,主要定义了电影、放映场次、订单、后台管理员和电影票 5 个不同的对象。它们的实现类,主要在系统的 com 包中,如图 17-21 所示。

电影的对象类是 Movie.java,放映场次的对象类是 Show.java,订单的对象类是 Order.java,后台管理员的对象类是 Staff.java,电影票的对象类是 Ticket.java。其中,Movie.java 类的具体实现代码如下:

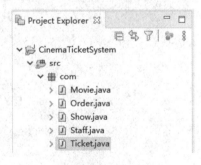

图 17-21 com 包文件

```java
package com;
public class Movie {

    private int mid;                    //电影编号
    private String name;                //电影名称
    private String type;                //电影类别
    private String director;            //导演
    private String source;              //来源国家
    private String publisher;           //发行公司
    private String releaseDate;         //上映时间

    public int getMid() {
        return mid;
    }
    public void setMid(int mid) {
        this.mid = mid;
    }
    public String getName() {
        return name;
    }
    public void setName(String name) {
        this.name = name;
    }
    public String getType() {
        return type;
    }
    public void setType(String type) {
        this.type = type;
    }
    public String getDirector() {
        return director;
    }
    public void setDirector(String director) {
        this.director = director;
    }
    public String getSource() {
        return source;
    }
    public void setSource(String source) {
        this.source = source;
    }
    public String getPublisher() {
        return publisher;
    }
    public void setPublisher(String publisher) {
        this.publisher = publisher;
    }
    public String getReleaseDate() {
        return releaseDate;
    }
    public void setReleaseDate(String releaseDate) {
        this.releaseDate = releaseDate;
    }
}
```

在上述代码中,定义了私有成员变量电影编号 mid、电影名称 name、电影类型 type、导演 director、来源国家 source、发行公司 publisher 和上映时间 releaseDate,并定义了它们的 public 权限的 get 和 set 方法。

其他类的代码,用户可以到"源代码\ch17\CinemaTicketSystem\src\com"文件夹下查看。

17.4.3 前台订票模块

前台订票模块是用来处理用户的订票信息,该模块的 Java 程序(OrderWindow.java)通过调用 MovieDao.java、ShowDao.java、OrderDao.java 程序,来获取数据库中的电影放映信息,显示电影订票座位信息,向数据库中插入用户订单。

前台用户订票界面的实现代码具体如下(源代码\ch17\CinemaTicketSystem\src\ui\OrderWindow.java):

```
package ui;
import java.awt.BorderLayout;
import java.awt.Color;
import java.awt.Container;
import java.awt.Dimension;
import java.awt.GridLayout;
import java.awt.event.ActionEvent;
import java.awt.event.ActionListener;
import java.awt.event.WindowAdapter;
import java.awt.event.WindowEvent;
import java.util.ArrayList;
import java.util.List;

import javax.swing.DefaultCellEditor;
import javax.swing.JButton;
import javax.swing.JFrame;
import javax.swing.JLabel;
import javax.swing.JOptionPane;
import javax.swing.JPanel;
import javax.swing.JScrollPane;
import javax.swing.JTable;
import javax.swing.JTextField;
import javax.swing.SwingConstants;
import javax.swing.border.EmptyBorder;
import javax.swing.event.ListSelectionEvent;
import javax.swing.event.ListSelectionListener;
import javax.swing.table.DefaultTableModel;

import util.CheckHandler;
import util.Constant;

import com.Movie;
import com.Order;
import com.Show;
```

```java
import com.Ticket;

import database.MovieDao;
import database.OrderDao;
import database.ShowDao;

public class OrderWindow extends JFrame {
    private JTable showTable;
    private JLabel seatMatrix;
    private JLabel ticketTable;
    private List<Ticket> ticketList;
    private Container contentPane;
    private JPanel mainPane;
    private JPanel bottomPane;
    private JTextField seatRowVal; //座位行数
    private JTextField seatColVal; //座位列数
    private JTextField userNameVal;
    private JTextField userPhoneVal;
    private Ticket ticketTmp;

    //类的构造方法
    public OrderWindow() {
        //创建存放电影票的 List 容器
        ticketList = new ArrayList<Ticket>();
        ticketTmp = new Ticket(); //创建电影票类的对象
        initUI();
    }

    //该方法用于生成用户界面
    public void initUI() {
        setTitle("在线订票系统前台");
        contentPane = getContentPane();
        contentPane.setLayout(new BorderLayout());

        //1、设置主要的展示区域(页面上半部分)
        mainPane = new JPanel();
        mainPane.setBorder(new EmptyBorder(10, 10, 10, 10));

        //(1) 展示放映场次表格,用户选择后显示座位信息
        final JPanel showPane = new JPanel();
        //设置 showPane 面板的首选大小
        showPane.setPreferredSize(new Dimension(300, 350));
        final BorderLayout bdLayout = new BorderLayout();
        bdLayout.setVgap(5); //设置边框布局管理器的组件之间的垂直间距是 5
        showPane.setLayout(bdLayout);
        final JScrollPane scrollPane = new JScrollPane();
        showPane.add(scrollPane);//将滚动条添加到 showPane 面板上

        showTable = new JTable();//创建显示数据的表格
        JTextField tf = new JTextField();
        tf.setEditable(false);//设置文本域不可编辑
        //创建一个文本字段的编辑器 editor
        DefaultCellEditor editor = new DefaultCellEditor( tf );
        showTable.setDefaultEditor(Object.class, editor); // 设置表格无法编辑
```

```java
showTable.setRowSelectionAllowed(true);// 设置表格项可以选择
//将表格 showTable 添加到滚动条面板上
scrollPane.setViewportView(showTable);
paintShowTable("", "");//调用用户显示当前场次列表的方法
showTable.getSelectionModel().addListSelectionListener(//更新座位信息
        new ListSelectionListener() {
            public void valueChanged(ListSelectionEvent event) {
                //显示放映厅座位图的方法
                paintSeatMatrix((int) showTable.getValueAt(
                    showTable.getSelectedRow(), 0), "");
            }
        });
//将显示面板添加到主面板的 west
mainPane.add(showPane, BorderLayout.WEST);

//(2) 展示该场次的座位信息，用户选择场次和座位后生成的电影票会添加到订单中
seatMatrix = new JLabel();
seatMatrix.setPreferredSize(new Dimension(200, 350));
seatMatrix.setVerticalAlignment(SwingConstants.TOP);
paintSeatMatrix(0, "");//放映厅座位图
//座位图放到 mainPane 面板的 center
mainPane.add(seatMatrix, BorderLayout.CENTER);
seatMatrix.setOpaque(true);   //绘制边界内所有像素
seatMatrix.setBackground(Color.WHITE);//设置标签背景色是白色

//(3)展示订单信息
ticketTable = new JLabel();
ticketTable.setPreferredSize(new Dimension(350, 350));
ticketTable.setBorder(new EmptyBorder(0, 20, 0, 0));;
//设置订单信息沿 y 轴的对齐方式，顶部对齐
ticketTable.setVerticalAlignment(SwingConstants.TOP);
paintTicketTable();  //显示订单信息的方法
//将订单信息放到主面板的 east
mainPane.add(ticketTable, BorderLayout.EAST);

//2、设置主要的功能区域(页面下半部分)
bottomPane = new JPanel();
bottomPane.setLayout(new BorderLayout());
bottomPane.setBorder(new EmptyBorder(10, 10, 10, 10));

//(1)选择座位功能区域
JPanel selectPane = new JPanel();
selectPane.setLayout(new BorderLayout());
selectPane.setPreferredSize(new Dimension(300, 100));
JLabel selectDesc = new JLabel("请输入所选座位的行和列：");
//将提示标签 selectDesc 添加到 selectPane 面板的 NORTH
selectPane.add(selectDesc, BorderLayout.NORTH);
JPanel inputPane = new JPanel();
inputPane.setLayout(new GridLayout(1, 4));
JLabel seatRowName = new JLabel("行数");
JLabel seatColName = new JLabel("列数");
//设置提示列和行标签沿 X 轴的对齐方式是右对齐
seatRowName.setHorizontalAlignment(SwingConstants.RIGHT);
seatColName.setHorizontalAlignment(SwingConstants.RIGHT);
```

```java
        seatRowVal = new JTextField(); //座位行：输入文本框
        seatColVal = new JTextField(); //座位列：输入文本框
        //将行和列的标签以及文本框添加到inputPane
        inputPane.add(seatRowName);
        inputPane.add(seatRowVal);
        inputPane.add(seatColName);
        inputPane.add(seatColVal);
        //将输入部分的面板inputPane添加到selectPane
        selectPane.add(inputPane, BorderLayout.CENTER); // 添加选择输入框
        JButton selectBtn = new JButton("选定座位"); //选定座位的按钮
        selectBtn.setPreferredSize(new Dimension(300, 50));
        selectBtn.addActionListener(new ActionListener() { //座位选定后提交
            public void actionPerformed(ActionEvent e) {
                //选定提交后的座位信息处理
                btnSelectSeatActionPerformed(e);
            }
        });
        //选定作为提交按钮添加到面板的south
        selectPane.add(selectBtn, BorderLayout.SOUTH); //添加选择提交按钮

        //将selectPane面板添加到bottomPane的west
        bottomPane.add(selectPane, BorderLayout.WEST);

        //(2) 订单提交功能区域
        JPanel orderPane = new JPanel();
        orderPane.setLayout(new BorderLayout());
        orderPane.setPreferredSize(new Dimension(300, 100));
        JLabel orderDesc = new JLabel("请输入个人信息：");
        orderPane.add(orderDesc, BorderLayout.NORTH);
        JPanel inputPane1 = new JPanel();
        //输入用户信息的面板
        inputPane1.setLayout(new GridLayout(1, 4));
        JLabel userName = new JLabel("姓名");
        JLabel userPhone = new JLabel("手机号");
        //姓名和手机号沿X轴的对齐方式是右对齐
        userName.setHorizontalAlignment(SwingConstants.RIGHT);
        userPhone.setHorizontalAlignment(SwingConstants.RIGHT);
        userNameVal = new JTextField();
        userPhoneVal = new JTextField();
        //将输入信息的标签和文本框添加到面板上
        inputPane1.add(userName);
        inputPane1.add(userNameVal);
        inputPane1.add(userPhone);
        inputPane1.add(userPhoneVal);
        //将inputPane1添加到orderPane的中间
        orderPane.add(inputPane1, BorderLayout.CENTER);
        JButton placeBtn = new JButton("提交订单");
        placeBtn.setPreferredSize(new Dimension(300, 50));
        placeBtn.addActionListener(new ActionListener() { // 开始提交订单
            public void actionPerformed(ActionEvent e) {
                //提交订单的处理方法
                btnPlaceOrderActionPerformed(e);
            }
        });
```

```java
        //将提交订单按钮添加到orderPane的south
        orderPane.add(placeBtn, BorderLayout.SOUTH);
        //将orderPane添加到bottomPane的east
        bottomPane.add(orderPane, BorderLayout.EAST);

        //将展示区mainPane和功能区bottomPane添加到主页面contentPane
        contentPane.add(mainPane, BorderLayout.NORTH);
        contentPane.add(bottomPane, BorderLayout.SOUTH);
        setSize(900, 600);
        setResizable(false);
        //getOwner()返回此窗体的所有者
        setLocationRelativeTo(getOwner());
        setVisible(true);

        //设置关闭主页面时中止主程序
        this.addWindowListener(new WindowAdapter() {
         public void windowClosing(WindowEvent e) {
            dispose();  //当前窗体不可见
         }

       });
    }

    //该方法用于所选座位提交后的处理
    private void btnSelectSeatActionPerformed(ActionEvent e) {
        if(ticketTmp.getShow()==0) { // 尚未选择放映场次
            JOptionPane.showMessageDialog(this, "请先选择电影!");
            return;
        }
        Ticket ticket = new Ticket();
        //所选座位格式错误
        try{
        ticket.setMovie(ticketTmp.getMovie());
        ticket.setShow(ticketTmp.getShow());
        ticket.setTime(ticketTmp.getTime());
        ticket.setPrice(ticketTmp.getPrice());
        ticket.setSeatRow(Integer.parseInt(seatRowVal.getText()));
        ticket.setSeatColumn(Integer.parseInt(seatColVal.getText()));
        }catch (NumberFormatException ex) {
            //错误信息提示框
            JOptionPane.showMessageDialog(this,"输入为空或格式不正确,请重新输入!");
            return;
        }
        //所选座位超出放映厅的范围
        if(ticket.getSeatRow()<1 || ticket.getSeatRow()> Constant.HALL_ROW_NUM
    || ticket.getSeatColumn() <1 || ticket.getSeatColumn()>Constant.HALL_COLUMN_NUM){
            JOptionPane.showMessageDialog(this, "输入的座位位置有误,请重新输入!");
            return;
        }
        //检查该场次所选座位是否已经被别人预订(或者已经在自己的订单中)
        //没被预订返回true,预订则返回false
        boolean paintSuccess = paintSeatMatrix(ticket.getShow(),
                    ticket.getSeatRow()+","+ticket.getSeatColumn());
```

```java
        if(!paintSuccess){
            JOptionPane.showMessageDialog(this, "该座位无法预订,请重新选择!");
            return;
        }
        ticketList.add(ticket);
        paintTicketTable();   // 更新该场次放映厅座位图
    }

    // 该方法用于订单提交后的处理
    private void btnPlaceOrderActionPerformed(ActionEvent e) {
        String userName = userNameVal.getText().trim();
        String userPhone = userPhoneVal.getText().trim();
        if(ticketList.size()==0){
            JOptionPane.showMessageDialog(this, "你的当前订单为空,无法提交!");
            return;
        }
        if(userName.length()==0 || userPhone.length()==0 ){
            JOptionPane.showMessageDialog(this, "姓名或手机为空,请重新输入!");
            return;
        }else if(CheckHandler.containsDigit(userName)|| CheckHandler.containsChar(userName)){
            JOptionPane.showMessageDialog(this, "输入的姓名包含非中文信息,请修改!");
            return;
        }else if(!CheckHandler.isValidMobile(userPhone)){
            JOptionPane.showMessageDialog(this, "输入的手机号格式不正确(应为11位整数,第1位为1,第2位为3,4,5,7,8中的一个)!");
            return;
        }
        //创建用户订单类对象,并保存用户信息
        Order order = new Order();
        order.setName(userName);
        order.setPhone(userPhone);
        String data = "";
        String seat = "";
        //记录用户订单数据。为了简单演示,此处每张票的内部数据采用竖线隔开,
        //不同票的数据采用分号隔开。该数据也可采用json方式来存储
        for(Ticket ticket : ticketList){
            seat = ticket.getSeatRow()+","+ticket.getSeatColumn();
            if(data.length()>0) data += ";";
            data += ticket.getShow()+" "+seat+"|"+ticket.getMovie()+ "|"+ticket.getTime();
            Show show = ShowDao.getShow(ticket.getShow());
            String seatsUsed = show.getSeatsUsed()+" "+seat;
            show.setSeatsUsed(seatsUsed.trim());
            ShowDao.updateShow(show);
        }
        order.setData(data);
        boolean addSuccess = OrderDao.addOrder(order);
        JOptionPane.showMessageDialog(this, addSuccess?"恭喜,订票成功。为了方便你继续订购,订单区将被清空!":"对不起,下单失败!");
        if(addSuccess){ // 完成提交后,清理订单界面数据,方便用户继续订票
            ticketList = new ArrayList<Ticket>();
            paintTicketTable();
            seatRowVal.setText("");
```

```java
            seatColVal.setText("");
            userNameVal.setText("");
            userPhoneVal.setText("");
        }
    }

    //该方法用于显示当前场次列表
    private void paintShowTable(String field, String value) {
        DefaultTableModel model = new DefaultTableModel();
        showTable.setModel(model);
        // 执行查询操作，将查询结果显示到界面
        Object[][] tbData = null;
        int i = 0;
        String[] labels = { "放映场次", "电影名称", "放映时间", "票价(元)" };
        //查询数据库中所有的电影放映信息
        List<Show> shows = ShowDao.getShows(field, value);
        tbData = new Object[shows.size()][labels.length];
        for (Show show : shows) {
            //根据放映mid查询电影信息
            Movie movie = MovieDao.getMovie(show.getMid());
            //如果无法查到对应的电影信息，则不显示该场次，以防管理员输入错误
            if (movie == null)
                continue;
            tbData[i][0] = show.getId();
            tbData[i][1] = movie.getName();
            tbData[i][2] = show.getTime();
            tbData[i][3] = show.getPrice();
            i++;
        }
        model.setDataVector(tbData, labels);
    }

    //该方法用于显示放映厅座位图，checkSeat为用户所选座位
    private boolean paintSeatMatrix(int showId, String checkSeat) {
        String usedSeats = "";
        String seatHtml = "";
        Show show = ShowDao.getShow(showId);
        if (show != null) { //已选放映场次
            usedSeats = show.getSeatsUsed();

ticketTmp.setMovie(MovieDao.getMovie(show.getMid()).getName());
            ticketTmp.setPrice(show.getPrice());
            ticketTmp.setShow(show.getId());
            ticketTmp.setTime(show.getTime());
            seatHtml += "<p>该场安排在<font color=red>" + show.getHall()
                    + "</font>号放映厅，座位情况如下(X为已选，O为未选)：</p>";
            for (Ticket ticket : ticketList) {
                if (ticket.getShow() == showId)
                    usedSeats += " " + ticket.getSeatRow() + ","
                            + ticket.getSeatColumn();
            }
        }else{ //尚未选放映场次
            seatHtml += "<p>请选择电影，座位情况如下(X为已选，O为未选)：</p>";
        }
```

```java
            usedSeats = " " + usedSeats.trim() + " ";
            //所选座位被占用,无法完成当前座位的提交
            if(checkSeat.length()>0 && usedSeats.indexOf(" "+checkSeat+" ")>=0) {
                return false;
//所选座位未被占用,完成当前座位的提交,并将当前座位信息添加到已选定座位列表信息中
            }else if(checkSeat.length()>0){
                usedSeats += checkSeat + " ";
            }else;

            //打印出所有列的标记
            seatHtml += "<table><tr><th></th>";
            for (int j = 0; j < Constant.HALL_COLUMN_NUM; j++) {
                seatHtml += "<th>" + (j + 1) + "</th>";
            }
            seatHtml += "</tr>";
            //执行循环打印出座位图
            String curSeat;
            for (int i = 0; i < Constant.HALL_ROW_NUM; i++) {
                for (int j = 0; j < Constant.HALL_COLUMN_NUM; j++) {
                    if (j == 0)
                        seatHtml += "<tr><th>" + (i + 1) + "</th>";
                        // 打印出当前行的标记
                    curSeat = " " + (i + 1) + "," + (j + 1) + " ";
                    if (usedSeats.indexOf(curSeat)>= 0)  //判断该座位是否已被预定
                        seatHtml += "<td><font color=red>X</font></td>";
                    else
                        seatHtml += "<td>O</td>";
                    if (j == Constant.HALL_COLUMN_NUM - 1)
                        seatHtml += "</tr>";
                }
            }
            seatHtml += "</table>";
            seatHtml = "<html>" + seatHtml + "</html>";

            seatMatrix.setText(seatHtml);
            return true;

        }

        //该方法用于显示订单中的电影票列表
        private void paintTicketTable() {
            String ticketHtml = "";
            double priceTotal = 0;
            ticketHtml += "<table width=320 border=1><tr>";
            for (String label : Constant.ticketLabels) {
                ticketHtml += "<th>" + label + "</th>";
            }
            int i=0;
            for (Ticket ticket : ticketList) {
                ticketHtml += "<tr><td>" + (i+1) + "</td>";
                ticketHtml += "<td>" + ticket.getMovie() + "</td>";
                ticketHtml += "<td>" + ticket.getTime();
                ticketHtml += "<td>" + ticket.getPrice() + "</td>";
                ticketHtml += "<td>" + ticket.getSeatRow() + "行"
                        + ticket.getSeatColumn() + "列</td></tr>";
```

```
            priceTotal += ticket.getPrice();
            i++;
        }

        ticketHtml += "<tr><td colspan=5>总计: " + priceTotal + "元
</td></tr></table>";
        String title = "<p>你的当前订单 ("+(i>0?("包含"+i+"张电影票"):"订单为
空")+"): </p>";
        ticketHtml = "<html>" + title + ticketHtml + "</html>";
        ticketTable.setText(ticketHtml);
    }
}
```

在上述代码中，在窗体的左上角使用 JTable 显示放映场次信息，当用户选择要放映的场次后，在中间使用标签显示该放映厅的座位图，用户通过在左下角输入行数和列数选定座位，单击"选定座位"按钮后，会提交该电影票的订单信息，并在窗体的右上角显示。当用户选择完多张电影票后，在右下角输入用户名和电话，单击"提交订单"按钮完成订单的在线预订。

17.4.4 后台管理模块

后台管理模块主要实现管理员登录界面后，根据管理员权限的不同，对后台进行管理。后台主要包括电影管理、放映场次管理、订单管理、用户管理和账号管理等，如图 17-22 所示。

主要文件功能如下：

(1) RecordQuery.java 类实现查询数据库中已有的电影、放映场次、订单和管理员信息。

(2) RecordUpdate.java 类的主要功能是对电影、放映场次和用户的数据进行修改。

(3) RecordAdd.java 类的主要功能是实现电影、放映场次和用户的添加。

(4) RecordDelete.java 类的主要功能是删除数据库中电影、放映场次、订单和用户信息。

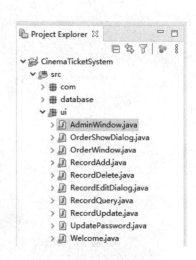

图 17-22　ui 包文件

(5) AdminWindow.java 类的主要功能是实现后台界面显示。在窗体中添加菜单栏，在菜单栏上分别添加电影管理、放映场次管理、订单管理、用户管理和账号管理。根据登录管理员的权限不同，该类会判断哪些功能可以让当前管理员操作。

(6) UpdatePassword.java 类的作用是修改当前用户的密码。

(7) RecordEditDialog.java 类对查询的电影、放映场次、订单和用户列表中的信息进行编辑(修改或者删除)。

(8) OrderShowDialog 类创建一个窗体，用于显示用户订单中的座位信息。调用 CheckHandler 类的 showOrder()方法，以表格的形式显示电影票信息。

17.4.5 数据库模块

数据库模块主要分为两类，一类是具体操作数据库的类，如图 17-23 所示；另一类是连接具体操作数据库和窗体界面的 Dao 类，如图 17-24 所示。

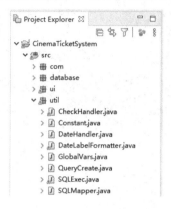

图 17-23　util 包文件

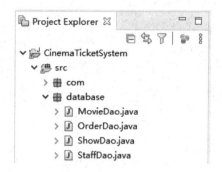

图 17-24　database 包文件

1. 具体操作类

具体操作数据库的类主要有 3 个，分别是 QueryCreate.java 类、SQLExec.java 类和 SQLMapper.java 类。

(1) QueryCreate.java 类：定义一组生成查询命令的静态方法，方法返回生成的 SQL 语句，用于从数据库中提取或者更新数据。

(2) SQLExec.java 类：定义一组常用的数据库命令执行及执行结果的处理方法。

(3) SQLMapper.java 类：定义一组将返回的数据库记录存储到对象的方法。

2. Dao 类

在该系统中，Dao 类主要有 MovieDao.java、ShowDao.java、OrderDao.java 和 StaffDao.java，它们分别定义了电影、放映场次、订单、后台管理员和电影票数据的操作方法，通过将数据封装到对象中，简便快捷地实现了数据库中的查询、添加、删除和更新等功能。

(1) 电影操作类：定义 MovieDao.java 类，实现与电影相关的数据库操作。

(2) 放映场次操作类：定义 ShowDao.java 类，实现与放映场次相关的数据库操作。

(3) 订单操作类：定义 OrderDao.java 类，实现与订单相关的数据库操作。

(4) 管理员操作类：定义 StaffDao.java 类，实现与后台管理相关的数据库操作。

17.4.6 辅助处理模块

辅助处理模块的主要功能是定义在该系统中常用的常量、全局变量和辅助类等。该模块主要有 3 个 Java 类，分别是 Constant.java 类、GlobalVars.java 类和 CheckHandler.java 类。

1. 常量类

常量类由 Constant.java 类实现,它定义了该系统中的常量。该类的具体代码如下:

```java
(源代码\ch17\CinemaTicketSystem\src\util\Constant.java)
package util;
public class Constant {
    // 定义了一组管理员角色
    public static final int VISITOR_ROLE = 0;
    public static final int ONLY_VIEW_ROLE = 1;
    public static final int MOVIE_ADMIN_ROLE = 2;
    public static final int SHOW_ADMIN_ROLE = 3;
    public static final int ORDER_ADMIN_ROLE = 4;
    public static final int FULL_ADMIN_ROLE = 50;
    public static final int ROOT_ADMIN_ROLE = 99;
    // 定义了放映厅的大小
    public static final int HALL_ROW_NUM = 12;
    public static final int HALL_COLUMN_NUM = 9;
    // 定义了电影的标签和对应的数据库表格里的名称
    public static String[] movieLabels = { "电影编号", "电影名称", "电影类别",
        "导演","来源国家", "发行公司", "上映日期" };
    public static String[] movieDBFields = { "mid", "name", "type",
        "director","source", "publisher", "release_date" };
    // 定义了放映场次的标签和对应的数据库表格里的名称
    public static String[] showLabels = { "场次编号", "电影名称", "放映厅",
        "放映时间","票价(元)" };
    public static String[] showDBFields = { "id", "mid", "hall", "time",
            "price" };
    // 定义了订单的标签和对应的数据库表格里的名称
    public static String[] orderLabels = { "订单编号", "姓名", "电话", "订单
        数据" };
    public static String[] orderDBFields = { "id", "name", "phone", "data" };
    // 定义了用户的标签和对应的数据库表格里的名称
    public static String[] staffLabels = { "用户编号", "用户名", "密码", "权限" };
    public static String[] staffDBFields = { "uid", "username", "password",
            "role" };
    // 定义了电影票的标签
    public static String[] ticketLabels = { "编号", "电影名称", "时间",
        "票价", "座位" };
    // 定义了管理员角色的标签和对应的角色编号
    public static String[] userRoleDescs = { "无管理权限", "只能管理电影",
        "只能管理场次", "只能管理订单", "完全管理权限", "根权限" };
    public static int[] userRoleIds = { ONLY_VIEW_ROLE, MOVIE_ADMIN_ROLE,
            SHOW_ADMIN_ROLE, ORDER_ADMIN_ROLE,
            FULL_ADMIN_ROLE, ROOT_ADMIN_ROLE };
    public static String[] timeHours = { "00", "01", "02", "03", "04",
        "05", "06", "07", "08", "09", "10", "11", "12", "13", "14", "15",
        "16", "17", "18", "19", "20", "21", "22", "23" };
    public static String[] timeMinutes = { "00", "05", "10", "15", "20",
        "25", "30", "35", "40", "45", "50", "55" };
}
```

在上述代码中,定义了一组管理员角色,放映厅的大小,电影的标签和对应的数据库表中的名称,放映场次的标签和对应的数据库表中的名称,订单的标签和对应的数据库表

中的名称，订单的标签和对应的数据库表中的名称，用户的标签和对应的数据库表中的名称，电影票的标签，管理员角色的标签和对应的角色编号。

2. 全局变量类

全局变量类由 GlobalVars.java 类实现。该类的具体代码如下(源代码\ch17\CinemaTicketSystem\src\util\GlobalVars.java):

```java
package util;
public class GlobalVars {
    //系统登录用户
    public static String userName;
    public static int userId;
    public static int userRole;
}
```

在上述代码中,定义了该项目中的全局变量,为了演示需要,暂时将登录用户的信息记录于此。

3. 辅助类

辅助类主要有检查格式的 CheckHandler.java 类、加载 jar 文件实现界面选取日期的 DateHandler.java 类和定义日期格式的 DateLabelFormatter.java 类。

(1) CheckHandler.java 类用于定义一些辅助检查的方法。例如,检查用户角色的下拉菜单项的方法,提取下拉菜单中的编号的方法,检查是否输入框为空的方法,获得订单座位信息的方法,检验输入是否为数字的方法,判断输入是否含有数字的方法,判断是否含有字母的方法,验证输入是否为整数的方法,验证是否为手机号的方法,是否以表格形式显示用户订单中座位信息的方法。

(2) 界面显示日期类 DateHandler.java 调用一个加载的 jar 文件来实现通过界面选取日期的功能。在用户添加电影和放映场次时,调用该类来选择电影上映时间和电影放映时间。

(3) 日期格式类 DateLabelFormatter.java 用于定义日期的格式。该类在 DateHandler.java 类中调用。